PLC原理及应用

（三菱FX2N系列）

主编　周　林　王　娟

河南大学出版社
HENAN UNIVERSITY PRESS
·郑州·

图书在版编目(CIP)数据

PLC 原理及应用:三菱 FX2N 系列/周林,王娟主编. 一郑州:河南大学出版社,2018.5(2019.8 重印)

ISBN 978-7-5649-3322-7

Ⅰ.①P… Ⅱ.①周…②王 Ⅲ.①PLC 技术—教材 Ⅳ.①TM571.6

中国版本图书馆 CIP 数据核字(2018)第 098065 号

责任编辑 薛建立
责任校对 柴桂玲
封面设计 马 龙

出版发行 河南大学出版社
地址:郑州市郑东新区商务外环中华大厦 2401 号 邮编:450046
电话:0371-86059712(高等教育出版分社)
0371-86059713(营销部) 网址:www.hupress.com

排 版	郑州市今日文教印制有限公司		
印 刷	北京虎彩文化传播有限公司		
版 次	2018 年 8 月第 1 版	**印 次**	2019 年 8 月第 2 次印刷
开 本	787mm×1092mm 1/16	**印 张**	12.75
字 数	310 千字	**定 价**	35.00 元

前　言

可编程控制器(Programmable Logic Controller)简称PLC,是一种实用性非常强的新型工业控制装置。它将传统的计算机控制技术、自动控制技术和通信技术融为一体,深受广大技术人员的欢迎。到2020年我国要全面建成小康社会,全社会越来越需要高层次技术人才,许多高校为了适应社会的需求,均开设了PLC这门课程。学生在掌握了这一实用技术后,能为他们日后走向工作岗位打下坚实的基础。

本书以目前国内广泛使用的日本三菱公司的高性能小型机FX2N系列为背景,从工程应用的角度出发,重点介绍了可编程控制器的结构、工作原理、程序设计方法和实际应用,并对编程软件的使用、手持编程器的使用作了详细的说明。本着以应用为主的目的,本书的理论内容由浅入深,以便读者自学。每一部分的理论讲解完后都附有典型的应用实例,如基本指令部分、顺序功能图与步进梯形图指令部分、应用指令部分、通信和模拟量模块部分均附有大量的工程应用实例。本书还对PLC控制系统的工程设计应用进行了讲解,对系统总体方案的设计、PLC的选型、硬件系统的设计以及故障的诊断等作出了系统的介绍,以便于学生和工程人员学习与参考。

本书编写人员分工为,第1、2、3、10章由王娟编写,第4、5章由周林编写,第6、7章由付春玲编写,第8、9章由张延宇编写,最后由董淑娟统稿。

本书在编写过程中收集和参考了一些已经出版的教材和文献,在此表示衷心感谢。

由于编者水平有限及编写时间仓促,书中难免存在错误和不妥之处,恳请广大读者批评指正。

编　者

2017年7月于河南大学

目　录

第 1 章　绪论

本章要点

1. 可编程控制器的产生与发展。
2. 可编程控制器的功能特点。

§1.1　可编程控制器简介

1.1.1　可编程控制器的产生

可编程控制器(Programmable Controller,PC),为了与个人计算机 PC(Personal Computer)相区别,常用 PLC(Programmable Logic Controller)表示。

1968 年美国的汽车工业(通用汽车公司)首先提出了可编程控制器的概念,1969 年美国数字设备公司(DEC)研制出了世界上第一台 PLC,这时的可编程控制器只能用于执行逻辑判断、定时、计数等顺序控制功能,所以称为可编程序逻辑控制器(Programmable Logic Controller),简称 PLC。PLC 最早用于取代汽车生产线上的继电器控制系统,随即扩展到食品加工、制造、冶金等工业部门。1971 年日本引进了这项生产技术,并开始生产自己的 PLC。1973 年欧洲的一些国家也研制生产了自己的 PLC。

进入 20 世纪 70 年代后,随着半导体技术及微机技术的发展,PLC 采用了微处理器作为中央处理器,输入/输出单元和外围电路也都采用了中、大规模甚至超大规模的集成电路,使 PLC 具有多项优点,并形成了各种规格的系列产品,成为一种新型的工业自动控制标准设备。这时的 PLC 已经有逻辑判断、数据处理、PID 控制和数据通信功能,因此被改称为可编程控制器,简称 PC。

从此,这项新技术就迅速发展起来。1971 年,日本从美国引进了这项新技术,很快研制成功日本的第一台可编程控制器 DSC—8;1973 年,西欧国家也研制出他们的第一台 PLC;我国从 1974 年开始研制,1977 年研制成功了以一位微处理器 MC14500 为核心的可编程控制器,并开始应用于工业控制。

1.1.2 可编程控制器的定义

PLC 是在传统的顺序控制器的基础上引入了微电子技术、计算机技术、自动控制技术和通信技术而形成的一代新型工业控制装置,其目的是用来取代继电器,执行逻辑、计时、计数等顺序控制功能,建立柔性的程控系统。1987 年,国际电工委员会(IEC)颁布了对 PLC 的规定:“可编程控制器是一种数字运算操作的电子系统,专为在工业环境先应用而设计。它采用可编程序的存储器,用来在其内部存储执行逻辑运算,控制各种类型的机械或生产过程。”可编程控制器及其有关设备,都应按照易于与工业控制系统形成一个整体、易于扩充其功能的原则设计。

目前,可编程控制器的生产厂家众多,产品型号和规格不可胜数,但主要分为欧洲产、日本产和美国产三大块。在中国市场上,欧洲的代表是西门子,日本的代表是三菱和欧姆龙,美国的代表是 AB 和 GE。在中国市场上最具有竞争力的是西门子、三菱公司,所推出的 PLC 均为从大到小的系列产品,基本上可以满足各种各样的要求。令人遗憾的是,国产的可编程控制器始终没有突破性的发展,市场占领份额很小。

§1.2 可编程控制器的功能特点

1.2.1 PLC 的功能

随着自动化、计算机技术及网络通信技术的迅猛发展,PLC 的功能日益增多。它不仅能实现单机控制,而且能实现多机群控制;不仅能实现逻辑控制,还能实现过程控制、运动控制和数据处理等。其主要功能如下。

(1) 基本控制功能

PLC 提供了与、或、非等各种逻辑指令,可实现继电器触点的串联、并联和串并联等各种连接的开关量控制。

使用 PLC 提供的定时、计数指令,可实现定时、计数功能,其定时值和计数值既可由用户在编程时设定,也可用数字拨码开关来设定,其值可进行在线修改,操作十分灵活方便。

(2) 步进控制功能

PLC 提供了专门用于步进控制的步进指令,编程使用极为方便。所谓步进控制,就是在多工步控制中,按照一定顺序分步动作,即上一个工序完成后,再进行下一个工序。

(3) 模拟控制功能

PLC 提供了各种智能模块,如模拟输入模块、模拟输出模块、模拟输入输出模块、热电阻用模拟输入模块、热电偶用模拟输入模块等，通过使用这些模拟输入输出模块，可实现温度、流量、压力、速度、位移等模拟量的控制。

(4) 定位控制功能

定位控制是PLC不可缺少的控制之一。PLC提供了高速计数模块、定位模块、脉冲输出模块等智能模块，以实现各种要求的定位控制。

(5) 网络通信功能

通过RS232C接口可与各种RS232C设备进行通信。例如，可与个人计算机、打印机、条码读出器等具有RS232接口的外部设备相连；通过RS422接口可与数据存取单元(DU)、人机界面(GOT)相连；通过RS485通信适配器和机能扩充板，可用计算机作为主站，PLC作为就地控制站，形成一个PLC网络系统，对PLC进行集中监视管理，从而对整个生产线乃至整个工厂进行监控。

(6) 自诊断功能

PLC本身具有较强的自诊断功能，保证在CPU、RAM、I/O总线等核心硬件都正常的情况下，执行用户控制程序。一旦出现故障，立即给出出错信息，并采取相应的处理措施(如自动切换到后备状态或手动工作状态等)。为了提高PLC的可靠性，在硬件上，采取了屏蔽、滤波、隔离、电源保护以及模块式结构等措施；在软件上，采取了定期进行故障检测，注意对出现偶发性故障时的信息保护和恢复，加强对程序的校验和死循环的检查，以及对程序和动态数据的电池后备等措施。

(7) 显示监控功能

借助于编程器或人机界面，可直观地显示有关部分的运行状态，并可方便地调整定时器、计数器的设定值，为调试和维护提供了方便。

1.2.2 PLC的特点

(1) PLC与继电器控制系统相比所具有的特点

可编程控制器与继电器相比具有通用性强、灵活性好、接线简单等特点。PLC是针对普遍的工业环境而设计的，可以通过选配不同的控制模块，以适用于各种不同的工业系统。由于PLC是用程序逻辑控制的，当生产工艺和设备改变时，不用改变PLC的硬件，只需改变程序即可。PLC程序既有生产厂家的系统程序，又有用户自己开发的应用程序。系统程序提供运行平台，同时，还为PLC程序可靠运行及信息与信息转换进行必要的公共处理；用户程序由用户按控制要求设计。

可编程控制器不需要使用处于分离状态的继电器、计数器和步进开关等，而是利用程序进行定时、计数、顺序、步进等控制，因而十分可靠；可编程控制器具有A/D和D/A转换、数据处理和运算、步进控制等功能，因此，它既可以对开关量进行控制，又可以对模拟量进行控制；可编程控制器具有联网通信功能，它可以同时控制一个机群、多条生产线，既可以现场控制，也可以远距离控制。

在硬件方面，可编程控制器采用了电磁屏蔽、滤波、光电隔离等一系列抗干扰措施。一般的 PLC 允许的工作环境温度上限为 600℃，环境相对湿度为 15%～85%，确保了 PLC 可以在恶劣的工业环境中可靠地工作，并能抗震荡、抗噪声、抗射频，可靠性极高。

(2) PLC 与计算机控制系统相比所具有的特点

PLC 与微型计算机不同，微型计算机除了用在控制领域外，还大量用于科学计算、数据处理、计算通信等方面，而 PLC 主要用于工业控制，适用于工程现场的环境，它的编程语言简单、容易掌握，采用了和实际的电气原理图非常接近的图形编程方式，不需要专门的计算机知识和语言，只需要一定的电工和工艺知识，即可在短时间内学会。

(3) PLC 与单片机相比所具有的特点

PLC 比单片机更容易掌握。单片机要用到机器指令和其他的助记符，对于不熟悉机电控制的技术人员来说，需要相当一段时间的学习才能掌握；而 PLC 大部分指令与继电器的串联、并联等相对应，使用者只需要较短的时间去熟悉 PLC 的指令及操作方法，就能应用到工业现场。并且，单片机用于工业现场的突出问题就是其抗干扰能力差，而 PLC 是专门用于工程现场的设备自动控制装置，在系统硬件和软件上都采用了抗干扰措施。

§1.3 可编程控制器的应用及发展前景

1.3.1 PLC 的应用

目前，PLC 在国内外已广泛应用于钢铁、石油、化工、电力、建材、机械制造、汽车、轻纺、交通运输、环保及文化娱乐等各个行业，使用情况大致为如下几类。

(1) 开关量的逻辑控制

开关量的逻辑控制是 PLC 最基本、最广泛的应用领域，它取代传统的继电器电路，实现逻辑控制、顺序控制，既可用于单台设备的控制，也可用于多机群控及自动化流水线，如注塑机、印刷机、订书机械、组合机床、磨床、包装生产线、电镀流水线等。

(2) 模拟量控制

在工业生产过程中，有许多连续变化的量，如温度、压力、流量、液位和速度等都是模拟量。为了使可编程控制器能够处理模拟量，必须实现模拟量(Analog)和数字量(Digit)之间的A/D转换及D/A转换。PLC厂家都生产配套的A/D和D/A转换模块，使可编程控制器用于模拟量控制。

(3) 运动控制

PLC可以用于圆周运动或直线运动的控制。从控制机构配置来说，早期直接用于开关量I/O模块连接位置传感器和执行机构，现在一般使用于专用的运动控制模块，如可驱动步进电机、伺服电机的单轴或多轴位置控制模块。世界上各主要PLC厂家的产品几乎都有运动控制功能，广泛应用于各种机械、机床、机器人、电梯等场合。

(4) 过程控制

过程控制是指对温度、压力、流量等模拟量的闭环控制。作为工业控制计算机，PLC能编制各种各样的控制算法程序，完成闭环控制。PID(比例积分微分)调节是一般闭环控制系统中用得较多的调节方法。大中型PLC都有PID模块，目前许多小型PLC也具有此功能模块，PID处理一般是运行专用的PID子程序。过程控制在冶金、化工、热处理、锅炉控制等场合有非常广泛的应用。

(5) 数据处理

现代PLC具有数学运算(含矩阵运算、函数运算、逻辑运算)、数据传送、数据转换、排序、查表、位操作等功能，可以完成数据的采集、分析及处理。这些数据可以与存储在存储器中的参考值比较，完成一定的控制操作，也可以利用通信功能传送到别的智能装置，或将它们打印制表。数据处理一般用于大型控制系统，如无人控制的柔性制造系统，也可用于过程控制系统，如造纸、冶金、食品工业中的一些大型控制系统。

(6) 通信及联网

PLC通信包含PLC间的通信及PLC与其他智能设备间的通信。随着计算机控制的发展，工厂自动化网络发展得很快，各PLC厂商都十分重视PLC的通信功能，纷纷推出各自的网络系统。新近生产的PLC都具有通信接口，通信十分方便。

1.3.2 PLC的发展前景

随着微电子技术、计算机技术、网络通信技术和容错技术等的高速发展，PLC也在不断发展，其发展前景有以下几个方面。

(1) CPU的处理速度进一步加快

目前，PLC的处理速度与计算机相比还较慢，其最高级的CPU也不过为80486，将来会全面使用64位的RISC芯片，采用多CPU并行处理、分时处理或分任务处理方式，将各种模块智能化，部分系统程序用门阵列电路固化，这样可使PLC的处理速度达到纳秒级。

(2) 控制系统将分散化

根据控制分散、管理集中的原则,PLC 控制系统的各种 I/O 模块将直接安装在控制现场,通过通信电缆与主 CPU 进行数据通信。因此,各种个人计算机、图形工作站、小型机等都可以作为 PLC 的监控主机或工作站。这些装置的结合能够提供屏幕显示、数据采集、记录保持、回路面板显示等功能。在过程控制领域,PLC 已成为低成本实现分散控制的一种技术,并开发了智能模拟量 I/O 模块、专用智能 PID 控制器、智能通信模块、智能位置控制模块等,这些模块本身具有 CPU,能独立工作。它们与 PLC 主机并行操作,无论在速度、精度、适应性和可靠性等方面都对 PLC 做了极好的补充。它们与 PLC 紧密结合,有助于克服 PLC 扫描算法的局限,完成 PLC 本身无法完成的许多功能。

(3) 控制和管理功能一体化

为了满足现代化大生产的控制与管理的需要,PLC 将广泛采用计算机信息处理技术、网络通信技术和图形显示技术,使 PLC 系统的生产控制功能和信息管理功能融为一体。大量的 PLC 连接到通信链路上接入信息网络以及不同厂家生产的 PLC 兼容性的增强将使分散控制和集中管理变得更加容易实现。在由 PLC 构成的网络中,各机之间的通信仍然像一台 PLC 一样简捷方便,这本身又促进了网络的发展和应用。

(4) 可靠性进一步提高

随着 PLC 进入过程控制领域,对可靠性的要求进一步增强,硬件冗余的容错技术将进一步得到应用。不仅会有 CPU 单元冗余、通信单元冗余、电源单元冗余、I/O 单元冗余,而且还有整个系统的冗余。此外,除通过 PLC 的自诊断功能检测故障外,各 PLC 生产厂家还在发展专门用于检测外部故障的专用智能模块,以进一步提高 PLC 系统的可靠性。

§1.4 小结

本章主要介绍了可编程控制器的产生、发展与特点以及在工业中的应用和发展前景等,使读者对可编程控制器有一个概括的了解。

习 题 1

1. 简述可编程控制器的定义。
2. 简述可编程控制器的功能和特点。
3. 简述可编程控制器较继电器控制器有哪些优点。

第 2 章　可编程控制器的基础知识

本章要点

1. 可编程控制器的基本组成及工作原理。
2. 可编程控制器的性能指标。
3. 可编程控制器的编程语言。

§2.1　可编程控制器的结构组成

PLC 是一种以微处理器为核心,综合了计算机技术、半导体存储技术、自动控制技术和通信技术的工业控制用的专用计算机,其实际组成与微型计算机(简称微机)基本相同,也是由硬件系统和软件系统两大部分组成。

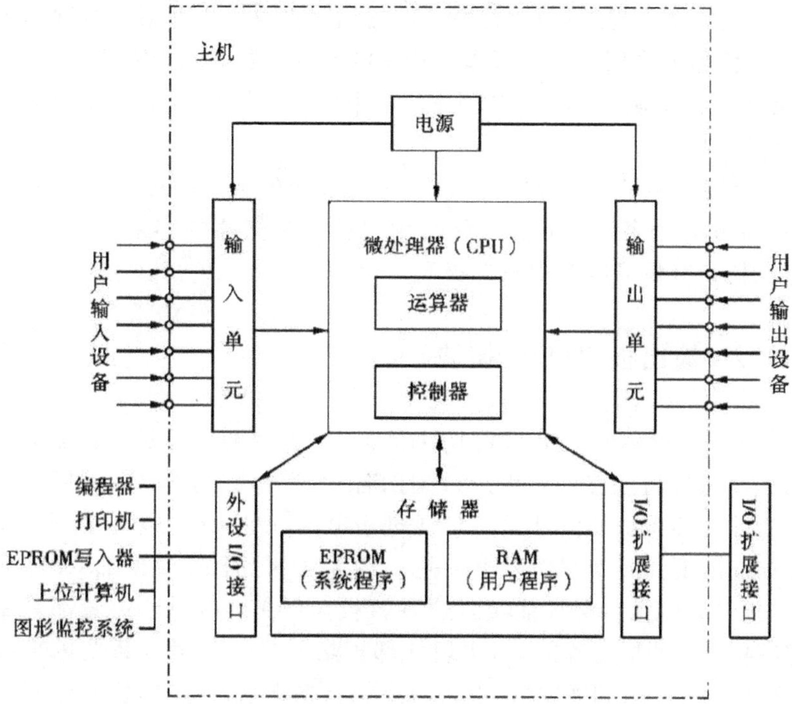

图 2.1　PLC 的硬件系统框

图 2.1 所示为 PLC 的硬件系统框,它由主机、I/O 扩展机及外部设备组成。主机和扩展机采用微机的结构形式,其内部由运算器、控制器、存储器、输入单元、输出单元以及专门的接口电路等部分组成。

运算器和控制器集成在一片或几片大规模集成电路中,称之为微处理器或中央处理器,简称 CPU。主机内各部分之间均通过总线连接。总线分电源总线、控制总线、地址总线和数据总线。

2.1.1 中央处理单元 CPU

中央处理单元是 PLC 的核心,它主要采用以下几种类型的 CPU 芯片:通用微处理器(如 Inter 公司的 8080、8086、80386 到 Pentium 系列芯片等)、单片机(如 Inter 公司的 8051、8096 系列等)以及双极位片式微处理器(如 AM2900、AM2901、AM2903 等)三种类型,也有厂家采用自行设计的专用 CPU 芯片。

一般小型 PLC 的 CPU 多采用单片机或专用 CPU,大型 PLC 多采用位片式结构。PLC 的档次越高,CPU 的位数越多,系统处理的信息量越大,运算的速度就越快,指令功能也越强。

2.1.2 存储器

PLC 内部配有两种存储器:系统程序存储器和用户程序存储器。系统程序存储器用于存放 PLC 内部系统的管理程序;用户程序存储器用于存放用户编制的控制程序。PLC 采用 COMS—RAM 存储器或采用 EPROM 及 EEPROM 存储器。EEPROM 是一种电可擦除的只读存储器,既可以字节擦除,也可以整片擦除,用于存放用户程序,使用 EEPROM 无需电池就能实现掉电保护。

用户程序存储器的容量一般以字为单位,三菱公司的 FX 系列 PLC 的用户程序存储器以步为单位(每步占 2 个字)。小型 PLC 的用户程序存储器的容量一般是固定的,大中型 PLC 的用户存储器的容量可以由用户选择。

2.1.3 输入/输出接口(I/O 模块)

I/O 接口单元通常也称 I/O 单元或 I/O 模块,是 PLC 与工业过程控制现场之间的连接部件。PLC 通过输入接口能够得到生产过程的各种参数,并向 PLC 提供开关信号量,经过处理后,变成 CPU 能够识别的信号。PLC 通过输出接口将处理结果送给被控制对象。由于外部输入设备和输出设备所需的信号电平是多种多样的,而 PLC 内部 CPU 处理的信息只能是标准电平,所以 I/O 接口必须能实现这种转换。I/O 接口电路一般都具有光电隔离和滤波功能,以提高 PLC 的抗干扰能力,实现外部现场的各种信号与系统内部统一信号的匹配和信号的正确传递。另外,I/O 接口上通常还有状态指示,使工作状况直观、便于维护。

I/O 扩展单元用来扩展 PLC 的 I/O 点数。当用户所需要的 I/O 点数超过 PLC 基本单元的 I/O 点数,即主机单元(带 CPU)的 I/O 点数不能满足 I/O 设备点数需要时,可通过此接口用扁平电缆线将 I/O 扩展单元(不带有 CPU)与主机单元相连接,以增加 PLC 的 I/O 点数、适应控制系统的要求。其他很多的智能单元 PLC 的对外功能主要是通过各种 I/O 接口模块与外界联系的,按 I/O 点数确定模块规格及数量。I/O 模块可多可少,但其最大数受 CPU 所能管理的基本配置的能力,即受最大的底板或机架槽数限制。I/O 模块集成了 PLC 的 I/O 电路,其输入暂存器反映输入信号状态,输出点反映输出锁存器状态。

2.1.4　电源模块

PLC 的电源是指把外部供应的交流电经过整流、滤波、稳压处理后,转换成满足 PLC 内部的 CPU、存储器和 I/O 接口等电路工作所需要的直流电源的电路或电源模块。不同型号的 PLC 有不同的供电方式,所以 PLC 的电源输入电压既有直流 12V 和 24V,又有交流 110V。有些 PLC 中电源是与 CPU 模块合二为一的,有些是分开的,其主要用途是为 PLC 各模块的集成电路提供工作电源。同时,有的还为输入电路提供 24V 的工作电源。电源的输入类型有:交流电源,加的为交流 220V 或 110V 电压;直流电源,加的为直流电压,常用的为 24V。

2.1.5　底板或机架

大多数模块式 PLC 使用底板或机架,其作用是:电气上实现各模块间的联系,使 CPU 能访问底板上的所有模块;机械上实现各模块间的连接,使各模块构成一个整体。

2.1.6　PLC 的外部设备

外部设备是 PLC 系统不可分割的一部分,由以下四大类组成。

(1) 编程设备:有简易编程器和智能图形编程器,用于编程、对系统作一些设定、监控 PLC 及 PLC 所控制的系统的工作状况。编程器是 PLC 开发应用、监测运行、检查维护不可缺少的器件,但它不直接参与现场控制运行。

(2) 监控设备:有数据监视器和图形监视器,直接监视数据或通过画面监视数据。

(3) 存储设备:有存储卡、存储磁带、软磁盘或只读存储器,用于永久性地存储用户数据,使用户程序不丢失,如 EPROM、EEPROM 写入器等。

(4) 输入/输出设备:用于接收信号或输出信号,一般有条码读入器、输入模拟量的电位器、打印机等。

2.1.7　PLC 的通信联网设备

PLC 具有通信联网的功能,它使 PLC 与 PLC 之间、PLC 与上位计算机以及其他智能设备之间能够交换信息,形成一个统一的整体,实现分散集中控制。现在,几乎所有 PLC 新产品都有通信联网功能，它和计算机一样具有RS-232接口，通过双绞线、同轴电缆或光缆，可以在几千米甚至几十千米的范围内交换信息。

当然，PLC之间的通信网络是各厂家专用的，对于PLC与计算机之间的通信，一些生产厂家采用工业标准总线，并向标准通信协议靠拢，这将使不同机型的PLC之间、PLC与计算机之间可以方便地进行通信与联网。

2.1.8 编程器

编程器用于将用户程序送入PLC的存储器，是PLC最重要的外部设备。编程器可用于编程，也可用来进行程序的修改和检查，还可对PLC工作状态进行监控。小型机一般使用简易的手持编程器，大中型PLC采用带有显示屏的编程器及在通用计算机上采用专用软件编程。

了解PLC的基本结构，用户在购买程控器时就有了一个基本配置的概念，做得既经济又合理，尽可能发挥PLC所提供的最佳功能。

§2.2 PLC的分类及性能指标

2.2.1 PLC的分类

(1) 根据生产厂家的产品类型、系列分类

目前，可编程控制器的生产厂家很多，但主要分为欧、美、日三大块。在中国市场上，欧洲最具有代表性的是西门子公司的产品。各公司产品型号、规格的命名方式都不统一。

(2) 根据PLC的I/O点数和存储器容量分类

按照PLC的I/O点数、存储器容量的不同，PLC大体上可以分为大、中、小和微型机共四个等级。微型机的I/O点数在100点左右。小型PLC的I/O点数在256点左右，用户程序器容量为2K字以下(1K=1024，存储一个0或1的二进制码称为一位，一个字为16位)；有的PLC用“步”来衡量，一步占用一个地址单元，它表示PLC能存放多少用户程序。中型PLC的I/O点数在500～1000之间，用户程序存储器容量一般为2～8K字。大型PLC的I/O点数在1000点以上，用户程序存储器容量达8K字以上。

(3) 按照结构形式分类

按照PLC的结构形式可将可编程控制器分为整体式和模块式两种。

① 整体式(箱体式)结构的PLC。这种结构的PLC是将PLC的电源、中央处理器、输

入/输出部件集中配置在一起，有的甚至全部安装在一块印制电路板上，装在一个箱体内，通常称为主机（或基本单元）。例如，三菱公司的 FX0N、FX2N 系列 PLC，整体结构紧凑，体积小，重量轻，价格低，但主机的 I/O 点数固定，使用不灵活。小型 PLC 常使用这种结构。

② 模块式（积木式）结构的 PLC。这种结构的 PLC 是将 PLC 的各个部分以模块的形式分开，如电源模块、CPU 模块、输入模块、输出模块，把这些模块插入机架底板上，组装在一个机架内。这种结构配置灵活，装配方便，便于扩展，一般中型和大型 PLC 常采用这种结构。例如，三菱公司的 A 系列 PLC，模块式结构复杂，且造价高。

(4) 按照 PLC 功能的强弱来分

按照 PLC 的功能强弱来分，可以大致分为低档机、中档机、高档机三种。低档 PLC 具有逻辑运算、定时、计数等基本功能；有的还增设了模拟量的处理、算术运算、数据传送等功能，可以实现逻辑、顺序、定时、计数等控制。中档 PLC 除了具有低档机的功能外，还具有较强的模拟量输入/输出、算术运算、数据传送、通信联网等功能，可完成既有开关量又有模拟量的控制任务。高档 PLC 除具有中档机的功能外，增设带符号算术运算、矩阵运算等功能，使其运算能力提高；高档机还具有模拟调节、联网通信、监视、记录和打印等功能，使 PLC 的功能更多更强，能进行远程控制和大规模过程控制，构成集散控制系统。

2.2.2　PLC 的性能指标

PLC 的性能通常用硬件指标和软件指标来描述。其中硬件指标主要包括环境温度、环境湿度、抗振、抗冲击、抗噪声干扰、耐压、接地要求和使用环境等。由于 PLC 是专门为适应恶劣的工业环境而设计的，因此，PLC 一般都能满足以上硬件指标的要求。

PLC 的软件指标通常用以下几项来描述。

(1) I/O 点数

I/O 即输入、输出端子的个数。PLC 有开关量和模拟量两种输入、输出。对开关量 I/O 总数，通常用最大 I/O 点数表示；对模拟量 I/O 总数，通常用最大 I/O 通道数表示。I/O 点数越多，PLC 可外接的输入、输出器件就越多，控制规模就越大。因此，I/O 点数是衡量 PLC 性能的一个重要指标。

(2) 用户程序存储器容量和类型

用户存储器用来存储用户通过编程器输入的程序。其容量的大小决定了 PLC 可以容纳用户程序的长短，通常以“字”或“步”为单位计算。每 16 位二进制数为一个字，每 1024 个字为 1K 字。比如，FX2 的存储容量为 2K 步。常用的用户程序存储器类型有 RAM、EEPROM、EPROM 三种。

(3) 编程语言

不同机型的 PLC 具有不同的编程语言，常用的编程语言有梯形图、指令表、控制系统流程图 3 种。

(4) 指令种类及条数

指令种类及条数是衡量 PLC 编程能力强弱的主要指标。一般指令种类及条数越多,其编程功能越强,即处理能力和控制能力越强。

(5) 软元件的种类和数量

软元件(简称元件)指辅助继电器、定时器、计数器、状态、数据寄存器和各种特殊继电器等,其种类和数量越多,同样反映其控制功能越强。

在描述 PLC 的内部元件时,经常用到以下术语:位(bit)、数字(digit)、字节(byte)及字(word)或通道(channel)。

位是 1 位二进制数,仅取 0 或 1 两个值,分别对应继电器线圈失电(OFF)或得电(ON)及继电器触点的断开(OFF)或接通(ON)两个状态。4 位二进制数构成一个数字。这个数字可以是 0～9(用于十进制数的表示),也可以是 0～F(用于十六进制数的表示)。2 个数字或 8 位二进制数构成 1 个字节。2 个字节构成 1 个字。1 个字即是 1 个通道,1 个通道(或 1 个字)包含 16 个二进制位,或者说包含 16 个继电器。

(6) 扫描速度

扫描速度是指 PLC 执行程序的速度,是衡量 PLC 控制速度的重要指标,以“ms/K 字”或“us/步”表示。例如,“20ms/K 字”表示每扫描 1k 字的用户程序所需要的时间为 20ms;“0.74us/步”表示每扫描一步用户程序所需的时间为 0.74us。PLC 的扫描速度越快,其输出对输入的响应越快。

(7) 其他指标

其他指标有 PLC 的运行方式、输入/输出方式、自诊断功能、通信联网功能、远程监控等。

§2.3 PLC 的工作原理

2.3.1 PLC 的循环扫描工作方式

用户程序通过编程器输入并存放在 PLC 的用户存储器中。当 PLC 运行时,用户程序中有众多的操作需要去执行,但 CPU 是不能同时执行多个操作的,它只能按分时操作原理工作,即每一时刻只执行一个操作。由于 CPU 的运算处理速度很高,使得外部出现的结果从宏观上看好像是同时完成的。这种按分时原则顺序执行程序的各种操作的过程称为 CPU 对程序的扫描。执行一次扫描的时间称为扫描周期。

当 PLC 投入运行时，首先执行系统程序和 CPU 自检等工作，然后开始顺序执行用户程序。PLC 的用户程序由若干条指令(语句)组成，这些指令在存储器中是按步序号的顺序排列的。用户程序的执行是按顺序扫描工作方式完成的。在没有中断或跳转控制的情况下，CPU 从第一条指令开始，顺序逐条地执行用户程序，直到用户程序结束。每扫描完一次程序就构成一个扫描周期，然后再返回第一条指令开始新的一轮扫描。PLC 就是这样周而复始地重复上述的扫描周期。

值得说明的是，PLC 的扫描除可按固定的顺序进行外，还可按用户程序规定的可变顺序进行。这不仅仅是因为有的程序不需要每扫描一次，执行一次，也因为在一个大型控制系统中，需要处理的 I/O 点数较多。通过不同的组织模块的安排，采用分时分批扫描的方法，可缩短扫描周期和提高控制的实时响应性。

2.3.2　PLC 的工作过程

可编程控制器采用扫描的方式工作。当 PLC 投入运行后，其工作过程一般分为三个阶段，即输入处理、用户程序执行和输出刷新。完成上述三个阶段称为一个扫描周期。在整个运行期间，PLC 的 CPU 以一定的扫描速度重复执行上述三个阶段，如图 2.2 所示。

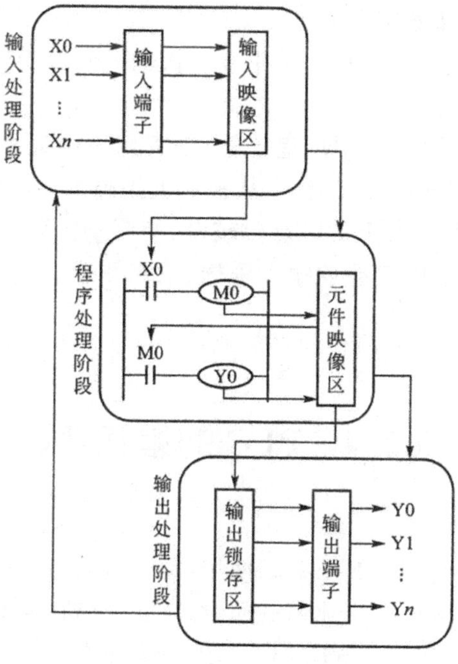

图 2.2　PLC 的扫描过程

（1）输入刷新阶段

在输入刷新阶段，PLC 以扫描方式依次地读入所有输入状态和数据，并将它们存入 I/O 映像区中的相应单元内，此时，输入映像区被刷新。输入刷新结束后，转入用户程序执行和输出刷新阶段。在这两个阶段中，即使输入状态和数据发生变化，I/O 映像区中的相应单元的状态和数据也不会改变。输入信号变化了的状态,只能在下一个扫描周期的输入采样阶段才被读入。换句话说,在输入刷新阶段采样结束后,无论输入信号如何变化,输入映像区中的内容保持不变,直到下一个扫描周期的输入刷新阶段,才重新写入输入端新的内容。

(2) 用户程序执行阶段

在用户程序执行阶段,PLC 总是按照由上而下的顺序依次地扫描用户程序(梯形图)的。在扫描每一条梯形图时,按照先上后下、先左后右的顺序进行扫描(执行)。若遇到跳转指令,则根据跳转条件是否满足来决定程序的跳转地址。在顺序执行程序时,所需要的输入状态输入映像区读出,所需要的其他软元件的状态从元件映像区中读出,而将执行的结果写入到元件映像区中。对于每一个软元件(输入继电器 X 除外)来说,元件映像区中所存的内容会随着程序执行的进程而变化。

(3) 输出刷新阶段

当扫描用户程序结束后,PLC 就进入了输出刷新阶段。在此阶段,集中将元件映像区中的输出元件(即输出继电器)的状态(此状态存放在对应的输出映像区中)转存到输出锁存器中,经过输出模块隔离和功率放大,转换成被控设备所能接收的电压或电流信号后,再去驱动被控制的用户输出设备(即外部负载)。

PLC 重复地执行上述的三个阶段。每重复一次的时间即为一个扫描周期。扫描周期的长短与用户程序的长短有关。

对于小型 PLC,I/O 点数较少,用户程序较短,采用集中采样、集中输出的工作方式,虽然在一定程度上降低了系统的响应速度,但从根本上提高了系统的抗干扰能力,系统的可靠性增强。而对于中、大型 PLC,由于 I/O 点数较多,控制功能强,编制的用户程序相应较长。为提高系统响应速度,可以采用定周期输入采样、输出刷新、直接采样、直接输出刷新、中断 I/O 以及智能化 I/O 接口等方式。

§2.4 PLC 的编程语言

PLC 的编程语言是面向用户的,不要求使用者具备高深的知识,不需要长时间的专门训练。前面讲到,PLC 是一种专门为工业控制而设计的计算机,其具体控制功能的实现也是通过开发人员设计的程序来完成的。所以,采用 PLC 进行控制就涉及用相应的程序设计语言来完成编程的任务。PLC 存在的缺点在于其软件和硬件体系结构是封闭而不是开放的。绝大多数的 PLC 是专用总线、专用通信网络及协议的,编程虽然都可采用梯形图,但不同公司的 PLC 产品在寻址、语法结构等发面不一致,使各种 PLC 互不兼容。国际电工委员会(IEC)在 1992 年颁布了可编程控制器的编程软件标准 IEC 1131-3,为各 PLC 厂家编程的标准化铺平了道路。目前,开放以 PC 为基础、在 Windows 平台下符合 IEC 1131-3 国标标准的新一代开放体系结构的 PLC 正在规划中。

与一般计算机语言相比，PLC 的编程语言具有明显的特点，它既不同于高级，也不同于一般的汇编语言，既要满足易于编写，又要满足易于调试的要求。目前，还没有一种对各厂家产品都能兼容的编程语言。例如，三菱公司的产品有它自己的编程语言，OMRON 公司的产品也有它自己的编程语言。

国际电工委员会制定的五种标准编程语言如下。

2.4.1　梯形图

梯形图(Ladder Diagram，LD)是适合于逻辑控制的程序设计。梯形图语言是 PLC 中应用程序设计的一种标准语言，也是在实际设计中最常用的一种语言。它因与继电器电路很相似，具有直观易懂的特点，很容易被熟悉继电器控制的电气人员所掌握，特别适合于数字逻辑控制，但不适合于编写控制功能复杂的大型程序。

梯形图是一种图形化的编程语言，沿用了传统的电气控制原理图中的继电器触点、线圈、串联和并联等术语和一些图形符号，如图 2.3(a)所示，左右的竖线称为左右母线。在程序中，最左边是主信号流，信号流总是从左向右流动的。梯形图由触点、线圈和指令框等构成。触点代表逻辑输入条件，线圈代表逻辑运算结果，指令框用来表示定时器、计数器或数学运算等功能指令。梯形图中的触点有常开和常闭两种，触点可以是 PLC 外部开关连接的输入继电器的触点，也可以是 PLC 内部继电器的触点或内部定时器、计数器等触点。梯形图中的触点可以任意串、并联，但线圈只能并联，不能串联。内部继电器、定时器、计数器、寄存器等均不能直接控制外部负载，只能作为中间结果共 CPU 内部使用。

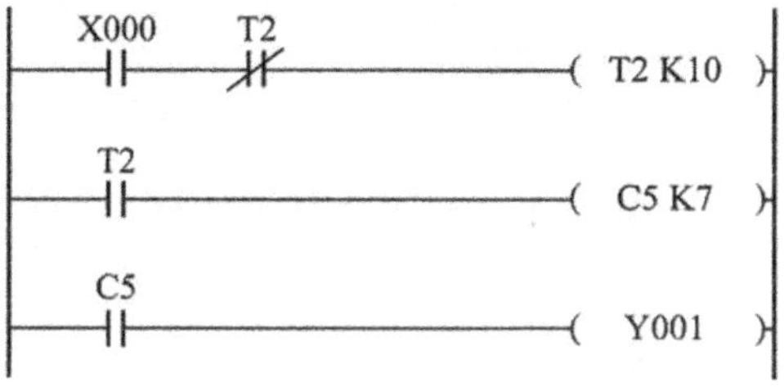

(a) 梯形图语言

0	LD	X000	
1	ANI	T2	
2	OUT	T2	K10
5	LD	T2	
6	OUT	C5	K7
9	LD	C5	
10	OUT	Y000	

(b) 指令表语言

图 2.3　梯形图语言和指令表语言

PLC 按照循环扫描的方式处理控制任务，沿梯形图的先后顺序执行。在同一扫描周期中的结果存储在输出状态暂存器中，所以，输出点的值在用户程序中可以当作条件使用。

2.4.2　指令表

指令表(Instruction List，IL)是适合于简单文本的程序设计。指令表是类似于计算机汇编语言的文本编程语言，即用特定的助记符来表示某种逻辑运算关系，一般由多条语句组成一个程序段。指令表适合于经验丰富的程序员使用，可以实现某些梯形图不易实现的功能。

此外,梯形图和指令表之间可以相互转换,例如,如图 2.3(a)所示的梯形图可以转换为如图 2.3(b)所示的指令表。

2.4.3 顺序功能图

顺序功能图(Sequential Function Chart,SFC)是适合于时序混合型的多进程复杂控制。顺序功能图也是一种图形化的编程语言,用来编写顺序控制的程序(如机械手控制程序)。在进行程序设计时,工业工程被划分为若干个顺序出现的步,每步中包括控制输出的动作,从一步到另一步的转换由转换条件来控制,特别适合于生产制造过程。顺序功能图形式如图 2.4 所示。顺序功能图也可以与梯形图、指令表互相转换。

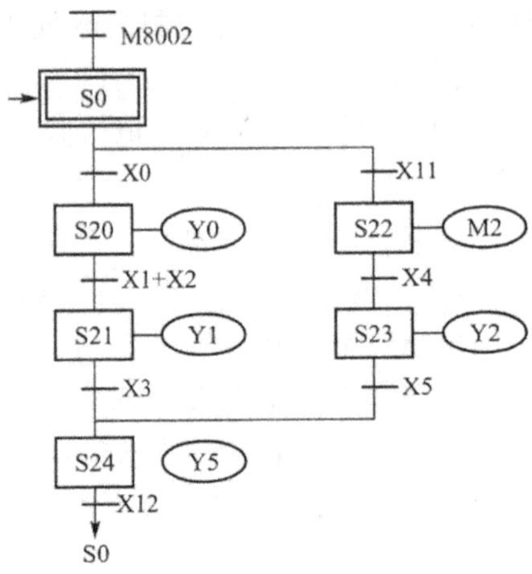

图 2.4 顺序功能图语言

2.4.4 其他编程语言

(1) 逻辑方程式或布尔代数式

对应于图 2.3(a)逻辑方程式为:

$$T2 = X0 \cdot \overline{T2}$$
$$C5 = T2$$
$$Y1 = C5$$

式中,Y 表示输出量,X 表示输入量,T、C 分别为定时器和计数器,其后的数字表示对应的继电器地址编号。

(2) 高级语言

在大型 PLC 中,为了完成比较复杂的控制任务,有的也采用 BASIC 等计算机高级语言来编程,使 PLC 的功能更强。

目前,各种类型的 PLC 一般都同时具备两种或两种以上的编程语言,梯形图语言和语句表是大多数 PLC 都有的。虽然不同厂家和不同类型的 PLC 的梯形图、指令系统和使用符号有所不同，但其编程的基本原理和方法是相似的。因此，只要掌握了一种型号 PLC 的编程语言和方法，再去学习其他类型 PLC 的编程语言和方法就容易多了。

习　题　2

1. PLC 的主机由哪几部分组成？试简述各部分的作用。
2. PLC 常用的存储器有哪几种？各有什么特点？用户存储器主要用来存储什么信息？
3. 简述 PLC 循环扫描的工作过程及特点。
4. PLC 主要有哪些性能指标？
5. 按照结构形式的不同，PLC 可分为几类？每一类的特点是什么？
6. PLC 的常用编程语言有哪些？各有什么特点？

第 3 章　三菱 FX2N 系列 PLC 的基本指令及其编程

本章要点

1. FX2N 系列编程元件的功能及用法。
2. FX2N 系列基本指令及其编程应用。

§ 3.1　FX2N 系列 PLC 的概述

FX 系列 PLC 是日本三菱公司继 F1、F2 系列 PLC 之后新推出的小型机。它同时具有单元式 PLC 的简单易用和模块式 PLC 的功能强大、配置灵活的优点,其机型种类较多,主要有 FX0S、FX0N、FX1S、FX1N、FX2、FX2N、FX2NC 等。系统配置既固定又灵活,基本上能满足各种工业控制要求。当控制要求较简单时,可选用容量较小的 FX0S 或 FX0N 机型;当控制要求较复杂时,可选用性能高、处理速度快、容量大的 FX2N 或 FX2NC 机型。

3.1.1　FX2N 系列 PLC 的型号

三菱 FX2N 系列可编程控制器的型号一般标注为以下格式:

FX2N—□□ □ □—□
　　　① ②③ ④

说明以下几点:

(1) —输入/输出的总点数:范围从 4 到 128。

(2) —单元类型:M 为基本单元,E 为输入/输出混合扩展单元与扩展模块,EX 为输入专用扩展模块,EY 为输出专用扩展模块。

(3) —输出形式:R 为继电器输出,T 为晶体管输出,S 为双向可控硅输出。

(4) —特殊品种的区别:D 为 DC(直流)电源,DC 输出;A1 为 AC(交流)电源,AC 为输入(AC 100～120V)或 AC 输出模块;H 为大电流输出扩展模块(1A/1 点);V 为立式端子排的扩展模块;C 为接插口输入/输出方式;F 为输入滤波时间常数为 1ms 的扩展模块;L 为 TTL 输入扩展模块;S 为独立端子(无公共端)扩展模块;若无符号,则为 AC 电源、DC 输入、横式端子排、标准输出。

例如:FX2N - 40MR - D,即为FX2N系列,有40个I/O点的基本单元,继电器输出型,DC 24V电源。

3.1.2 FX系列PLC的主要特点

(1) 系统配置灵方便

FX系列PLC的基本单元内有CPU、I/O、存储器和供给扩展模块及传感器的标准电源,除基本单元外,还备有各种点数和各种输出类型(继电器、晶体管、可控硅)的扩展单元和扩展模块,可与基本单元灵活配置。扩展单元用于扩展I/O点数,内设可供扩展模块使用的标准电源,以便进一步扩展;扩展模块用于增加I/O点数及改变I/O特性,其电源从基本单元或扩展单元处取得,无需外加电源。可见,基本单元可独立构成控制系统,而扩展单元和扩展模块必须与基本单元连接才能使用。

(2) 具有在线和离线编程功能

可以在线写入或修改程序,具有丰富的逻辑和搜索功能,可实现元件监控和测试功能,还可在个人计算机上进行离线编程。

(3) 高速处理功能

FX系列PLC内置多点高速计数器,可对输入脉冲进行计数而无需增加任何其他设备。利用不受扫描周期限制的直接输出功能可实现定位控制。对具有优先权和紧急情况的输入,可采用中断输入方式,使之快速响应,防止问题的发生。

(4) 高级应用功能

FX系列PLC提供了多种应用指令以适应各种应用场合,可实现数据运算、传送、比较、移位等多种功能。

3.1.3 FX系列PLC的主要性能

FX系列PLC的基本单元和扩展单元的电源电压适应范围为100～240AV,用户程序存储器容量大,有丰富的内部软元件,功能强且多,处理速度快。现将FX0S、FX2、FX2N三种PLC的主要技术性能对比列入表3.1中。

从表3.1可见,在FX系列的众多机型中,要数FX2N(或FX2NC)系列的功能最强、处理速度最快、容量最大,属于高档的超小型机。本章将以三菱FX2N(或FX2NC)系列PLC为背景机,全面介绍FX系列PLC的软元件地址编号及其功能、指令系统及其编程方法。对于三菱公司的其他机型,可参考FX2N(或FX2NC)系列PLC进行学习。

表 3.1　FX 系列 PLC 的性能指标

项　目		FX0S	FX2(FX2C)	FX2N(FX2NC)
运动控制方式		反复扫描程序		
I/O 刷新方式		批处理方式(在执行 END 指令时成批刷新),但有输入输出刷新指令		
处理速度(基本指令)		1.6～3.6μs/步	0.74μs/步	0.08μs/步
存储器容量和类型		内附 800 步 EEPROM(不可装存储卡盒)	内附 2K 步 RAM(可装 EEPRROM、EPROM 存储卡盒),最大可达 8K 步	内附 8K 步 RAM(可装 RAM、EEPROM、EPROM 存储卡盒),最大可达 16K 步
程序语言		梯形图、指令表、SFC(状态转移图)		
指令数		基本指令 20 条,步进指令 2 条,应用指令 50 条	基本指令 20 条,步进指令 2 条,应用指令 85 条	基本指令 27 条,步进指令 2 条,应用指令 298 条
最大 I/O 点数		30	256	256
输入继电器(8 进制编号)		最多 16 点,X0～X17	最多 128 点 X0～X177	最多 184 点 X0～X267
输出继电器(8 进制编号)		最多 14 点,Y0～Y15	最多 128 点 Y0～Y177	最多 184 点 Y0～Y267
辅助继电器(M)	普通型	496 点,M0～M495	500 点,M0～M499	500 点,M0～M499
	保持型	16 点,M496～M511	524 点,M500～M1023	2572 点,M500～M3071
	特殊型	255 点,M8000～M8254	256 点,M8000～M8255	256 点,M8000～M8255
状态(S)	普通型	64 点 S0～S63(其中 S0～S9 用于初始化)	500 点 S0～S499(其中 S0～S9 用于初始化,S0～S19 用于返回原点)	
	保持型	无	500 点 S500～S999(其中 S900～S999 固定用于故障报警)	
定时器(T)	100ms	只有 56 点 100ms 定时器(T0～T55),其中有 24 点在 M8028 为 ON 时可变更为 10ms	200 点,T0～T199	
	10ms		46 点,T200～T245	
	1ms(积算型)	无	4 点,T246～T249(电池后备)	
	100ms(积算型)		6 点,T250～T255(电池后备)	

续表

项目			FX0S	FX2(FX2C)	FX2N(FX2NC)
计数器	加计数器	普通型	14 点(16 位)C0～C13	100 点(16 位)C0～C99	
		保持型	2 点(16 位)C14,C15	100 点(16 位)C100～C199	
	加/减计数	普通型	无	20 点(32 位)C200～C219	
		保持型	无	15 点(32 位)C220～C234	
	高速计数器	1 相 1 输入	7 点 C235～C238 C241、C242、C244	11 点 C235～C245(32 位加/减计数 保持型)	
		1 相 2 输入	3 点 C246、C247、C249	5 点 C246～C250(32 位加/减计数 保持型)	
		2 相 2 输入	3 点 C251、C252、C254	5 点 C251～C255(32 位加/减计数 保持型)	
数据寄存器		普通型	30 点(16 位) D0～D29	200 点(16 位) D0～D199	200 点(16 位) D0～D199
		保持型	2 点(16 位) D30、D31	312 点(16 位) D200～D511	7800 点(16 位) D200～D7999
		特殊用	70 点(16 位) D8000～D8069	256 点(16 位) D8000～D8255	256 点(16 位) D8000～D8255
		变址用	2 点(16 位) V、Z	2 点(16 位) V、Z	16 点(16 位) V0～V7,Z0～Z7
指针		跳转用	64 点 P0～P63	64 点 P0～P63	128 点 P0～P127
		中断用	4 点 I00□～I30□	9 点 I0□□～I8□□	15 点 I0□□～I8□□ I010～I060
嵌套(N)			8 点 N0～N7(主控线路用)		
常数		十进制(K)	16 位:－32768～＋32767　32 位:－2147483648～＋2147483647		
		十六进制(H)	16 位:0000～FFFF(H)　32 位:00000000～FFFFFFFF(H)		

§3.2 FX2N 系列 PLC 的编程元件及其功能

下面着重介绍三菱公司的 FX2N 系列产品的一些编程元件及其功能。FX 系列产品内部的编程元件也就是支持该机型编程语言的软元件,按通俗叫法分别称为继电器、定时器、计数器等,但它们与真实元件有很大的差别,一般称它们为“软继电器”。这些编程用的继电器,其工作线圈没有工作电压等级、功耗大小和电磁惯性等问题;触点没有数量限制、没有机械磨损和电蚀等问题。在不同的指令操作下,其工作状态可以无记忆,也可以有记忆,还可以作为脉冲数字元件使用。一般情况下,X 代表输入继电器,Y 代表输出继电器,M 代表辅助继电器,T 代表定时器,C 代表计数器,S 代表状态继电器,D 代表数据寄存器,MOV 代表传输等。

3.2.1 输入继电器 X 和输出继电器 Y

输入继电器 X 和输出继电器 Y 用于 PLC 的 CPU 和外部用户设备之间的数据传送。在 PLC 的主机上有许多标有输入地址号和输出地址号的接线端子,分别叫作输入端子和输出端子。输入端子是从外部用户设备接收信号的窗口,输出端子是向外部负载输出信号的窗口。

输入继电器和输出继电器的地址是按八进制数进行编号。例如,对于型号为 FX2N—32M 的 PLC,其输入和输出各占 16 点,输入继电器的编号为 X0～X7、X10～X17,输出继电器的编号为 Y0～Y7、Y10～Y17。对于 FX2N 系列 PLC,其基本单元的输入和输出的总点数最多可到 128 点(FX2N—128M)。

当基本单元的输入/输出点数不够用时,可增加扩展单元或扩展模块。扩展单元或扩展模块的输入/输出地址编号,从与之相连的基本单元的地址编号之后顺序采用八进制编号。比如,在上述的 FX2N—32M 基本单元之旁,再配接一个 FX2N—32E 扩展单元,则该扩展单元的输入/输出继电器的地址编号分别为 X20～X27、X30～X37、Y20～Y27、Y30～Y37。

通过扩展单元或扩展模块,可分别将输入或输出的点数扩展到 184 点,但输入和输出的总点数不能超过 256 点。

(1) 输入继电器 X

输入继电器是 PLC 与外部用户设备连接的接口,用来接受用户输入设备(入按钮、选择开关、限位开关等)发来的输入信号。

输入继电器的线圈与 PLC 的输入端子相连。从用户输入设备送到输入端的数据使输入继电器的线圈(软线圈)处于 ON/OFF 状态,输入继电器的触点(常开和常闭)供编程使用。在程序中,输入继电器的常开触点和常闭触点的使用次数没有限制。

例如,图 3.1 表示编号为 X0 的输入继电器的等效电路。其线圈(在梯形图中不会出现)

由外部按钮(SB)输入信号驱动,X0 的常开触点和常闭触点供编程使用。

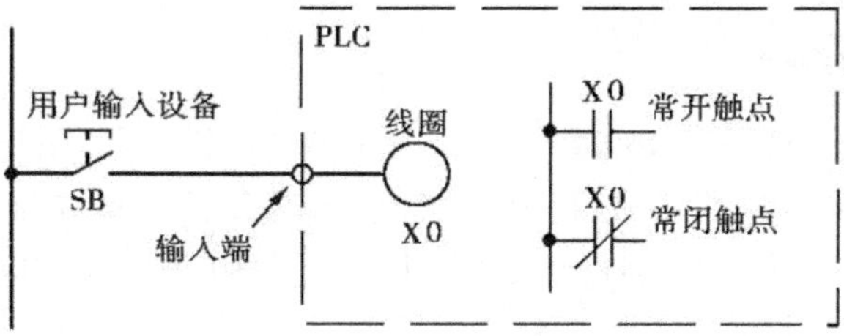

图 3.1　输入继电器电路

编程时值得注意的是:输入继电器只能由外部信号(用户输入设备)驱动,不能在程序内部用指令来驱动,其触点也不能用来驱动负载。

(2) 输出继电器 Y

输出继电器用于将程序运算的结果经过输出端送到用户输出设备(入接触器、电磁阀、指示灯等)。

输出继电器的线圈由程序执行结果所驱动(激励)。每个输出继电器只有一个外部用的触点(继电器触点、可控硅、晶体管等输出元件)与 PLC 的输出端相连,该外部触点用来直接驱动负载。这个外部触点的状态对应于输出刷新阶段的输出锁存区中的输出状态。此外,每个输出继电器还有无数对常开触点和常闭触点(内部触点)供编程使用。这些内部触点的状态对应于输出元件映像寄存区中该元件的状态。

图 3.2 是输出继电器 Y20 的等效电路。图中的输出线圈 Y20 由其左边的程序所驱动,当 X0 的常开触点和 X1 的常闭触点均闭合时,线圈 Y20 接通,Y20 的内部常开触点闭合,使 Y20 线圈保持接通,Y20 的外部触点闭合,驱动外部负载工作。

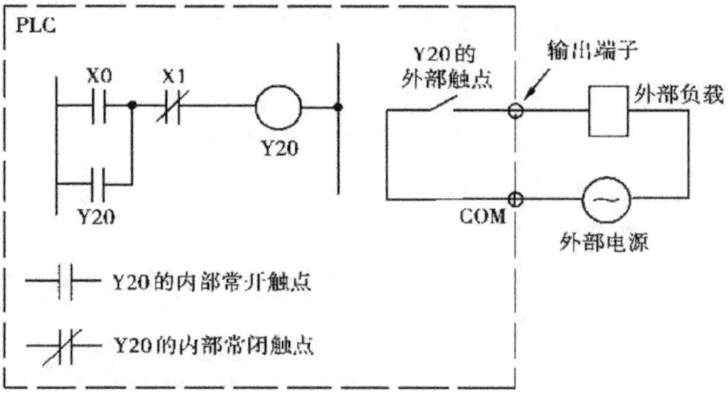

图 3.2　输出继电器电路

3.2.2　辅助继电器 M

PLC 内有很多的辅助继电器,其线圈与输出继电器一样,由 PLC 内各软元件的触点驱动。辅助继电器也称中间继电器,它没有向外的任何联系,只供内部编程使用。它的电子常开和常闭触点的使用次数不受限制。但是,这些触点不能直接驱动外部负载,必须通过输出继电器来实现。辅助继电器可以分为通用型、断电保持型和特殊辅助继电器三种。

(1) 通用型辅助继电器

FX2N 系列 PLC 有 M0~M499 共 500 个通用型辅助继电器,采用十进制地址编号。通用型辅助继电器有线圈和无数对常开/常闭触点,没有任何特殊功能,仅供内部编程使用。例如,在图 3.3 所示的梯形图中,辅助继电器 M10 只起到自锁的作用。

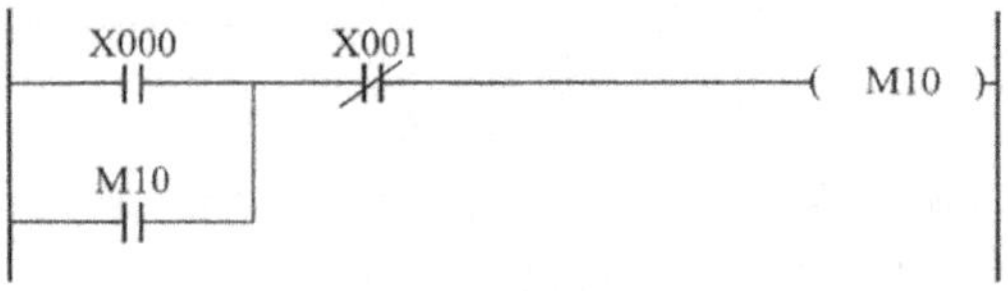

图 3.3 通用型辅助继电器的用法

(2) 断电保持型辅助继电器

FX2N 系统 PLC 有 M500~M1023 共 524 个断电保持型辅助继电器,通电后仅保持一个扫描周期,并且有 M1024~M3071 共 2048 个断电保持专用辅助继电器。例如,在图 3.4 中,X3 接通后,M700 的线圈得电并保持,此后即使 X3 断开,M700 仍然保持接通状态;但当 X4 接通而使其常闭触点断开时,M700 便处于断开状态。

注意:在时序图中,没作特别说明时,其触点的时序均指常开触点。例如,图 3.4 中的 X3、X4 的时序均指其常开触点的时序。

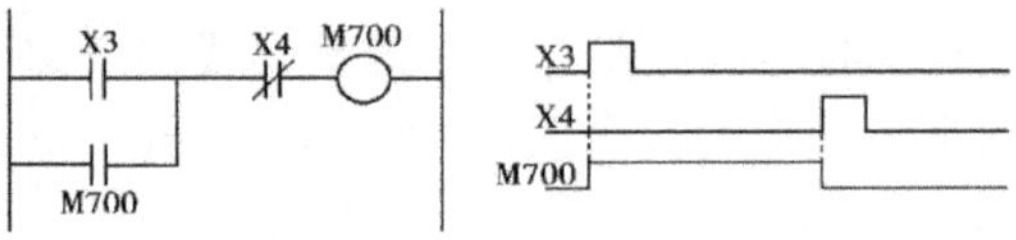

图 3.4 保持型辅助继电器的电路及动作时序

(3) 特殊辅助继电器

FX2N 系统 PLC 有 M8000~M8255 共 256 个特殊辅助继电器。每一个特殊辅助继电器都有特殊的功能,具体分为以下几种类型。

① 只能使用其触点的特殊辅助继电器

这类特殊辅助继电器在程序中只能使用其触点,线圈由 PLC 自动驱动。

a. M8000、M8001:运行监视继电器

当 PLC 运行时,M8000 接通,M8001 断开,如图 3.5 所示。在操作时,可用 M8000 的一个常开触点去驱动一个输出(如 Y30),再用 Y30 去驱动一个安装在控制面板上的指示灯,通过观察该指示灯,即可监视 PLC 的运行状态。

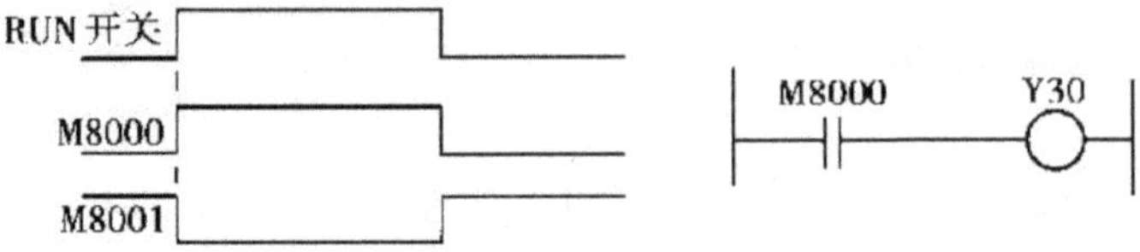

图 3.5 M8000、M8001 的动作时序

b. M8002、M8003:初始脉冲继电器

在 PLC 投入运行时,M8002 接通一个扫描周期,M8003 断开一个扫描周期,如图 3.6 所示。通常用 M8002 来作为初始信号,比如计数器清零、步进控制中的初始脉冲信号等。

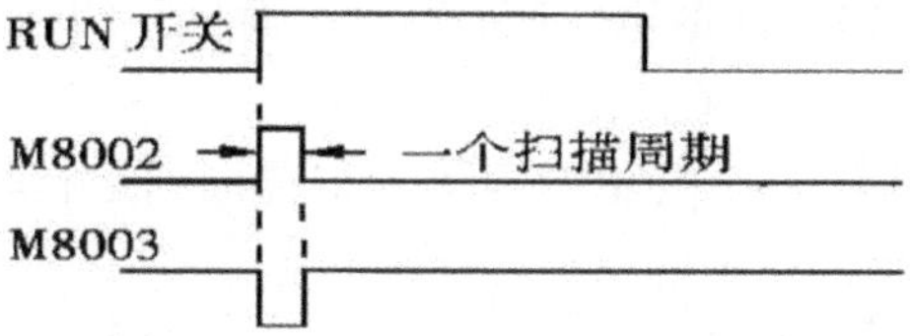

图 3.6　M8002、M8003 的动作时序

c. M8011～M8014:内部时钟脉冲

当 PLC 通电时,M8011～M8014 便产生周期分别为 10ms(接通和断开各 5ms)、100ms、1s、1min 的脉冲信号,这些时钟脉冲与 PLC 是否投入运行无关,如图 3.7 所示。

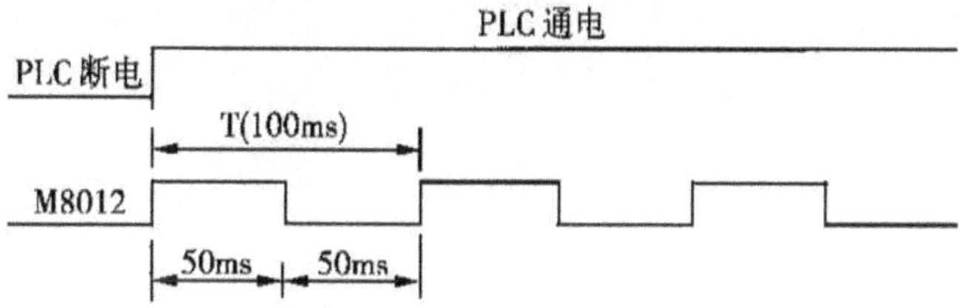

图 3.7　M8012 的动作时序

d. M8020～M8022:运算结果标志

在算术运算中,当加减运算结果等于零时,M8020 接通;当减法运算结果小于负的最大值(有借位)时,M8021 接通;当加法运算结果发生进位时,M8022 接通。

② 可驱动线圈型特殊辅助继电器

这类特殊辅助继电器的线圈由用户驱动,当用户驱动线圈后,PLC 作特定动作。下面仅介绍常用的几种。

a. M8034:全部输出禁止继电器

当 M8034 接通时,全部输出继电器均为断开状态(禁止输出),PLC 的外部输出接点均为 OFF 状态。例如,图 3.8 中,当出现紧急情况时,合上急停开关 X5,M8034 的线圈接通,此时关闭全部输出。

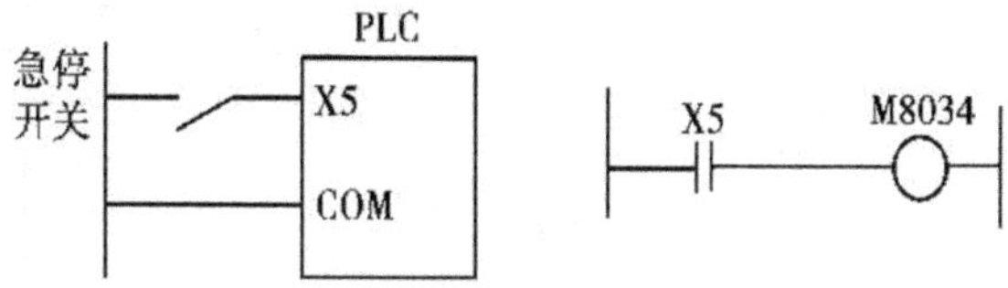

图 3.8　M8034 的用法

b. M8040:禁止状态转移

在步进控制中,当 M8040 接通时,即使状态转移条件满足,也不能实现状态间的转移。

c. M8033:停止时保持输出继电器

当 M8033 接通时,若 PLC 由运行状态切换到停止状态,即 PLC 由 RUN 切换到 STOP

时,将映像寄存器和数据寄存器中的内容保留下来(即存储器中的内容保持为 PLC 运行时的状态)。

d. M8030:电池灭灯

当 M8030 接通时,即使锂电池的电压降低,PLC 面板上的指示灯也不会亮。

e. M8039:恒定扫描

当 M8039 接通时,PLC 以 D8039 中的内容为扫描周期运行程序。

3.2.3 定时器 T

定时器相当于时间继电器,当定时器的线圈被驱动时,定时器以增计数方式对 PLC 内的时钟脉冲(1ms、10ms、100ms)进行累积计时,当计时的当前值与定时器的设定值相等时,其触点动作(常开触点闭合、常闭触点断开);当定时器线圈失电时,其触点复位。

定时器既可以用十进制常数 K 作设定值,也可以用数据寄存器(D)的内容作设定。一台 PLC 拥有几十至几百个定时器,每个定时器具有无数个常开和常闭触点可供编程使用。定时器有以下两种类型:

(1) 普通定时器

普通定时器分为 100ms 普通定时器和 10ms 普通定时器两种。

① 100ms 普通定时器

100ms 普通定时器共有 200 点,其地址编号为 T0～T199(其中,T192～T199 用于子程序或中断程序),定时范围为 0.1～3276.7s。

② 10ms 普通定时器

10ms 普通定时器共有 46 点,其地址编号为 T200～T245,定时范围为 0.01～327.67s。

下面以定时器 T5 为例,分析普通定时器的工作过程,如图 3.9 所示。在图 3.9 中,当定时器线圈 T5 的驱动输入 X1 接通时,T5 对 100ms(即 0.1s)的时钟脉冲进行累积计时,当计时当前值等于设定值 67.8s(678×0.1s)时,定时器的常开触点闭合,常闭触点断开,即定时器的触点是在其线圈驱动后的 67.8s 时动作。当驱动输入 X1 断开或发生停电时,定时器 T5 立即复位,其触点也立即复位。

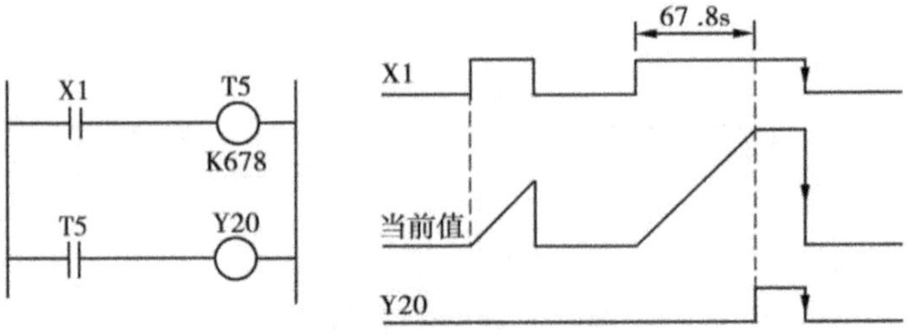

(a)梯形图　　(b)时序图

图 3.9 100ms 普通定时器的工作过程

(2) 积算定时器

积算定时器分为 1ms 积算定时器和 100ms 积算定时器两种。

① 1ms 积算定时器

1ms 积算定时器共有 4 点，其地址编号为 T246～T249，定时范围为 0.001～32.767s。

② 100ms 积算定时器

100ms 积算定时器共有 6 点，其地址编号为 T250～T255，定时范围为 0.1～32.767s。下面以定时器 T248 为例，分析积算定时器的工作过程，如图 3.10 所示。

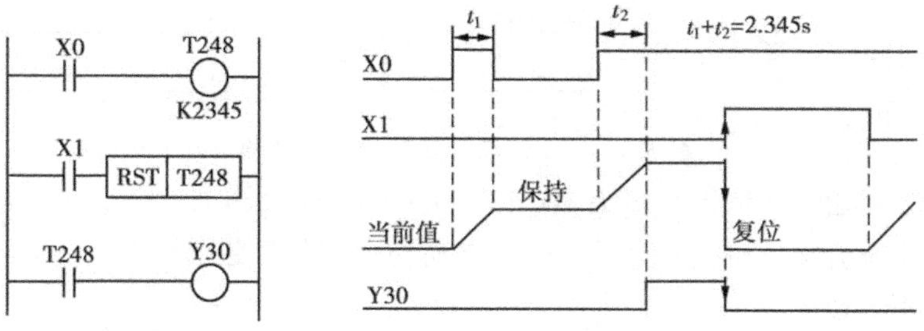

(a)梯形图　　(b)时序图

图 3.10　1ms 积算定时器的工作过程

在图 3.10 中，当定时器线圈 T248 的驱动输入 X0 接通时，T248 对 1ms(即 0.001s)的时钟脉冲进行累积计时，当计时当前值等于设定值 2.345s(2345×0.001s)时，定时器的常开触点闭合、常闭触点断开。

在计时过程中，即使输入 X0 断开或停电时，计时当前值仍可保持。当输入 X0 再次接通或复电时，计时继续进行；当其积累时间为 2.345s 时，触点动作。当复位输入 X1 接通时，定时器 T248 立即复位，其触点也立即复位。

3.2.4　计数器 C

FX 系列 PLC 的计数器分为内部计数器和高速计数器两类。下面分别介绍它们的功能及用法。

(1) 内部计数器

内部计数器是在执行扫描时对 PLC 内部元件(如 X、Y、M、S、T、C)的信号进行计数的计数器，其输入信号频率大约为几个扫描周期。PLC 内有许多内部计数器，它们以增/减计数方式计数，当计数值达到设定值时，其触点动作。内部计数器又分为以下两类。

① 16 位增计数器

16 位增计数器的计数设定范围为 1～32767(十进制常数)，其设定值可由常数 K 设定，也可通过数据寄存器间接设定。普通型 16 位增计数器共有 100 点，其地址编号为 C0～C99；停电保持型 16 位增计数器也有 100 点，其地址编号为 C100～C199。它们都按增计数方式计数。但在计数过程中，当电源切断时，普通型计数器的计数当前值立即被清除，计数器触点状态复位，而停电保持型计数器的计数当前值和触点状态均被保持。当 PLC 再通电时，停电保持型计数器的计数值从停电前的计数当前值开始增计数，触点为停电前的状态，直到计数当前值等于设定值。

下面以普通型计数器 C5 为例,说明其计数工作过程,如图 3.11 所示。

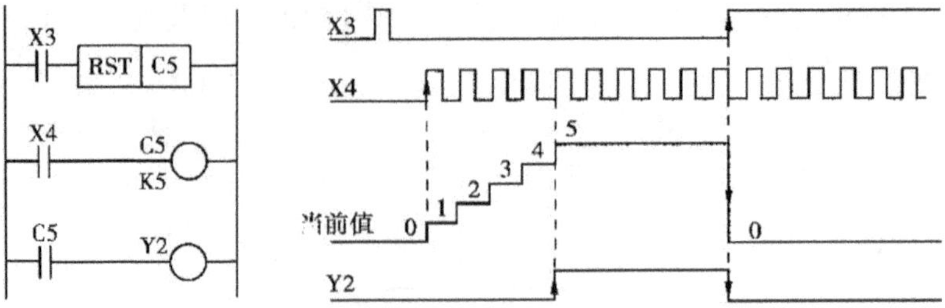

图 3.11　16 位增计数器的工作过程

当复位输入 X3 断开时,计数输入 X4 每接通一次,计数器 C5 就计一次数,其计数当前值增 1;当计数当前值等于设定值 5 时,其触点动作,之后即使计数输入 X4 再接通,计数器 C5 的当前值也不会改变。

当复位输入 X3 接通时,计数器 C0 立即复位,其当前值变为 0,输出触点复位。

② 32 位增/减计数器

32 位增/减计数器的计数设定范围为—2 147 483 648～＋2 147 483 647(十进制常数),其设定值可由常数 K 设定,也可通过两个相邻的数据寄存器间接设定。普通型 32 位增/减计数器共有 20 点,其地址编号为 C200～C219;停电保持型 32 位增/减计数器有 15 点,其地址编号为 C220～C234。它们用特殊辅助继电器 M8200～M8234 指定增/减计数方式,当 M82＊＊(“＊＊”表示 00～34 之间的数)为 ON 时,对应的计数器 C2＊＊按减计数方式计数;当 M82＊＊为 OFF 时,对应的计数器 C2＊＊按增计数方式计数。

在计数过程中,当突然停电时,普通型计数器的计数当前值立即被清除,计数器触点状态复位,而停电保持型计数器的计数当前值和触点的状态均被保持。当 PLC 再通电时,停电保持型计数器的计数值从停电前的计数当前值继续计数。32 位增/减计数器的计数当前值在—2 147 483 648 ～＋2 147 483 647 间循环变化,即从—2 147 483 648 变化到＋2 147 483 647,当＋2 147 483 647 再进行加计数时,当前值就变成—2 147 483 648;同样,当—2 147 483 648 再进行减计数时,当前值就变成＋2 147 483 647。当计数当前值等于设定值时,计数器的触点动作,但计数器仍在计数,计数当前值仍在变化,直到执行了复位指令时,计数当前值才为 0。换句话说,计数器当前值的增/减与其触点的动作无关。

下面以普通型计数器 C205 为例,说明其计数工作过程,如图 3.12 所示。

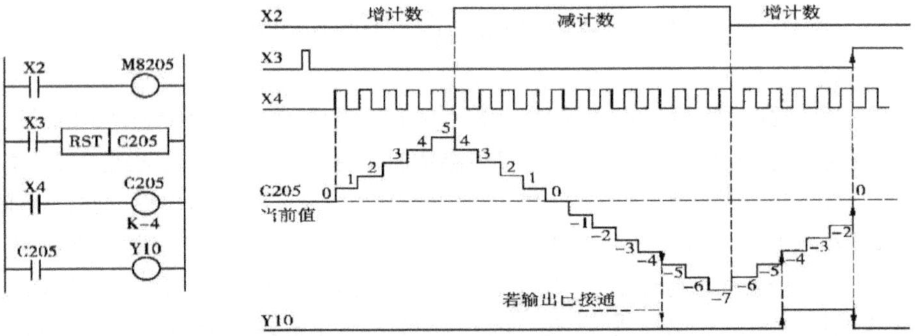

图 3.12　32 位增/减计数器的工作过程

在图 3.12 中，当复位输入 X3 断开时，若 X2 位 OFF，则 M8205 为 OFF，此时，C205 以增计数方式计数，当计数当前值由—5 增加到—4 时，其触点接通(置 1)；若 X2 为 ON，则 M8205 为 ON，此时，C205 以减计数方式计数，当计数当前值由—4 减到—5 时，其触点断开(置 0)。复位输入 X3 接通时，计数器复位，其当前值为 0。

(2) 高速计数器

高速计数器也是 32 位停电保持型增/减计数器，其计数范围为－2 147 483 648 ～＋2 147 483 647(十进制常数)，但它们只对特定的输入端子(X0～X5)的脉冲进行计数。也就是说，高速计数器的计数输入只能从 X0 ～ X5 这六个输入端接入，因此，最多可同时接入 6 个高速计数信号，即最多可同时使用 6 个高速计数器。一个特定输入端子不能同时被两个高速计数器使用。

高速计数器采用中断方式进行处理，与扫描周期无关。根据增/减计数切换方法的不同，它可分为三种类型，如表 3.2 所示。

表 3.2　高速计数器

输入	单相单计数输入高速计数器										
	C235	C236	C237	C238	C239	C240	C241	C242	C243	C244	C245
X0	U/D						U/D			U/D	
X1		U/D					R			R	
X2			U/D					U/D			U/D
X3				U/D				R			R
X4					U/D				U/D		
X5						U/D			R		
X6										S	
X7											S

输入	单相双计数输入高速计数器					双相双计数输入高速计数器				
	C246	C247	C248	C249	C250	C251	C252	C253	C254	C255
X0	U	U		U		A	A		A	
X1	D	D		D		B	B		B	
X2		R		R			R		R	
X3			U		U			A		A
X4			D		D			B		B
X5			R		R			R		R
X6				S					S	
X7					S					S

高速计数器的复位和启动(计数开始)除可用程序实现外,还可用中断方式实现。例如,表 3.2 中的 C244,其复位输入和启动计数输入分别为 X1 和 X6。

由表 3.2 可见,X6 和 X7 只用于计数启动输入信号,不能用于高速计数输入。

① 单相单计数输入高速计数器

单相单计数输入高速计数器的地址编号为 C235～C245,共 11 点。其中,C235～C240 无启动/复位输入端,C241～C245 带启动/复位输入端。它们的增/减计数方式由特殊辅助继电器 M8235～M8245 的状态决定,当 M82 * * 为 ON 时,对应的计数器 C2 * * 按减计数方式计数;当 M82 * * 为 OFF 时,对应的计数器 C2 * * 按增计数方式计数。

下面以 C245 为例,说明其工作过程,如图 3.13 所示。

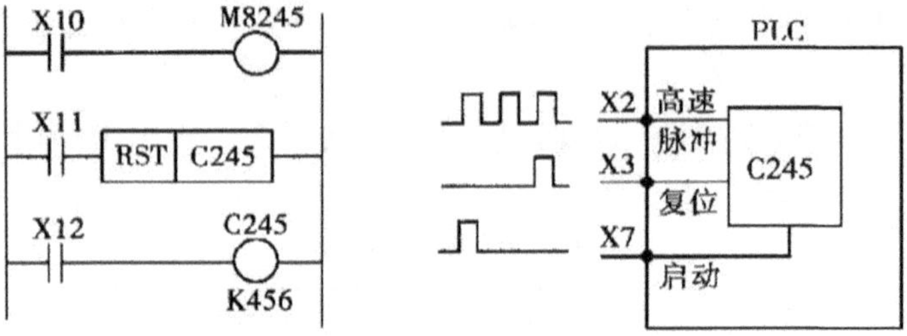

图 3.13　单相单输入高速计数器

在图 3.13 中,当 X10 接通时,计数方向标志 M8245 为 ON,C245 按减计数方式计数;当 X10 断开时,计数方向标志 M8245 为 OFF,C245 按增计数方式计数。

当 X11 接通时,执行 RST 指令使 C245 复位(程序复位)。由表 3.2 可知,C245 还可由外部输入 X3 复位。当 X3 接通时,即使 X11 为 OFF,C245 也立即复位(不受扫描周期的影响)。

当 X12 接通时,选中 C245,若输入 X7 也接通,则立即开始对接在计数输入端(X2)的高速脉冲信号进行计数,其计数过程与普通 32 位增/减计数器相同。注意:不能用计数输入端作为高速计数器线圈的驱动触点。例如,不能像图 3.14 那样,用接有高速计数输入的 X0、X1 区驱动高速计数器线圈 C244、C236。

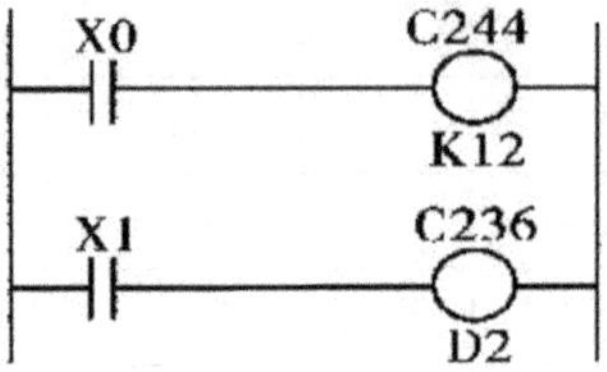

图 3.14　错误的驱动方式

② 单相双计数输入高速计数器

单相双计数输入高速计数器的地址编号为 C246～C250,共 5 点。这种计数器具有两个计数输入端,一个用于增计数输入,另一个用于减计数输入。有的还具有复位和启动输入。通过 M8246～M8250 可监视增/减计数方式。例如,当 C246 做增计数时,M8246 位 OFF 状态。

下面以 C246 为例,说明其工作过程,如图 3.15 所示。

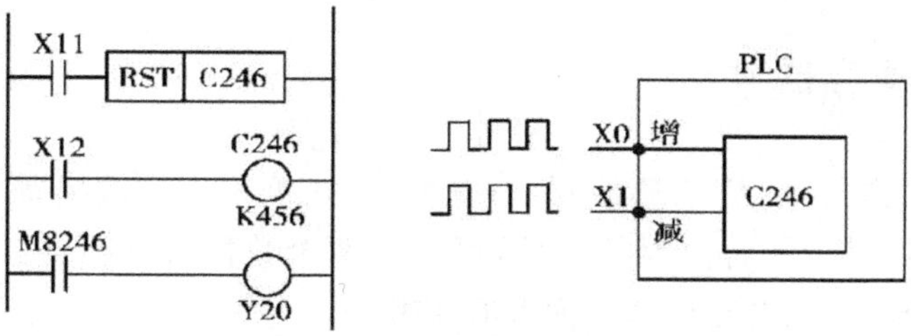

图 3.15　单相双计数输入高速计数器

在图 3.15 中，当 X11 接通时，执行 RST 指令使 C246 复位(程序复位)。由表 3.2 可知，C246 用 X0 作为增计数输入端，用 X1 作为减计数输入端。当 X12 接通时，选中 C246 高速计数器。当计数脉冲从 X0 端接入时，计数器做增计数，此时，M8246 为 OFF 状态，Y20 断开；当计数脉冲从 X1 端接入时，计数器做减计数，此时，M8246 为 ON 状态，Y20 接通。

③ 双相双计数输入高速计数器

双相双计数输入高速计数器的地址编号为 C251～C255，共 5 点。这种计数器有 A、B 两个计数输入，A、B 两相输入成 90°相位差。A、B 两相输入信号决定了增/减计数方向，当 A 相输入为 ON 时，若 B 相输入从 OFF 变到 ON(上升沿)，则为增计数；若 B 相从 ON 变到 OFF(下降沿)，则为减计数，如图 3.16(b)所示。通过 M8251～M8255，可监视计数器 C251～C255 的增/减计数状态。

下面以 C254 为例，说明其工作过程，如图 3.16(a)所示。

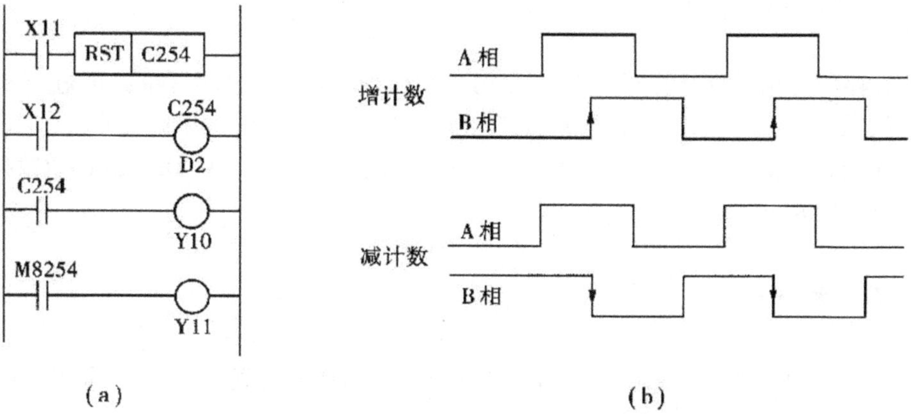

图 3.16　双相双计数输入高速计数器

在图 3.16(a)中，当 X11 接通时，执行 RST 指令使 C254 复位(通过顺控程序复位)。由表 3.2 可知，C254 还可通过外部输入 X2 复位，当 X2 接通时，即使 X11 为 OFF，C254 也立即复位(不受扫描周期的影响)。

当 X12 为 ON 时，若 X6(C254 的启动输入)也为 ON，C254 就立即开始对输入 X0(A 相)、X1(B 相)的动作计数。当计数当前值不低于设定值(D3，D2)时，Y10 接通；当计数当前值低于设定值时，Y10 断开。增计数时，M8254 为 OFF，Y11 断开；减计数时，M8254 为 ON，Y11 接通。

3.2.5 数据寄存器D

在进行输入/输出处理、模拟量控制、位置控制时,需要许多数据寄存器存储数据和参数。数据寄存器为16位,最高位为符号位,可采用两个数据寄存器合并起来存放32位数据,最高位仍为符号位。数据寄存器分为下面几类。

(1) 普通数据寄存器D0～D199,共200点。当PLC由运行到停止时,该类数据寄存器的内容均为零;当驱动特殊辅助继电器M8031后,在PLC由运行变为停止时,D0～D199数据寄存器具有保持功能。

(2) 失电保持数据寄存器D200～D511,共312点。只要不改写,该寄存器中的原有数据就不会丢失。不论电源接通与否、PLC运行与否,都不会改变该寄存器内的内容。

(3) 特殊数据寄存器D8000～D8255,共256点。这些数据寄存器供监视PLC的器件运行方式用,未定义的特殊数据寄存器用户不能使用。

(4) 文件数据寄存器D1000～D7999,共7000点。文件数据寄存器实际上是一类专用数据寄存器,用于存储大量的数据,如采样数据、统计计算数据、多组控制数据等。文件数据寄存器占用户程序存储器(RAM、EPRAM、EEPRAM)内的一个存储区,以500点为一个单位,在参数设定时,最多可设置7000点,用编程器进行写操作。

3.2.6 变址寄存器V/Z

变址寄存器常用于修改器件的地址编号。V、Z都是16位的寄存器,可进行数据的读写。当进行32位操作时,将V、Z合并使用,指定Z为低位。当不需要变址时,变址寄存器V/Z可以作为普通的数据寄存器使用。例如,若Z中的内容为5,则D2Z指定的数据寄存器为D(2+5),即D7。

3.2.7 状态S

状态S是使用步进指令的基本元件,它与步进梯形图指令配合使用。常用的状态S有下面几种类型。

(1) S0～S499为通用状态继电器,共500点,其中S0～S9用于初始状态,S10～S19用于返回原点状态。

(2) S500～S899为失电保护状态继电器,共400点。

(3) S900～S999为报警用状态继电器,共100点。步状态器的触点使用次数不限。不用步进指令时,状态S可以像辅助继电器M一样在程序中使用。

3.2.8 指针P/I

指针分为分支指针P和中断指针I两种。

（1） 分支指针 P

分支指针有 P0～P62、P64～P127，共 127 点。指针 P0～P62、P64～P127 为标号，用来指定条件跳转、子程序调用等分支指令的跳转目标。P63 为结束跳转用。

（2） 中断指针 I

中断专用指针 I 按照用途分为输入中断指针、定时器中断指针和计数器中断指针三种。在 FX 系列 PLC 中，指针用来指示分支指令的跳转目标和中断程序的入口标号。编号范围为 I0□□～I8□□。

① 输入中断用指针(I0□□～I50□□)

输入中断用指针共 6 点，它用来指示由特定输入端的输入信号而产生中断的中断服务程序的入口位置，这类中断不受 PLC 扫描周期的影响，可以及时处理外界信息。输入中断用指针的编号格式如图 3.17 所示。

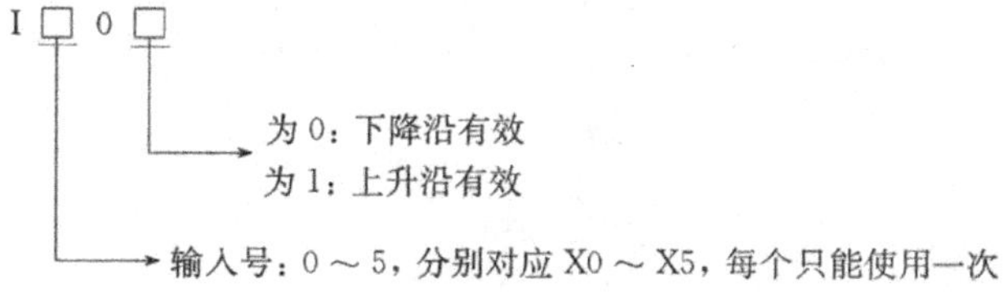

图 3.17　输入中断用指针编号格式

例如，I201 为当输入 X2 从 OFF 变化为 ON 时，执行 I101 标号后面的中断程序，并根据 IRET 指令返回。

② 定时器中断用指针(I6□□～I8□□)

定时器中断用指针共 3 点，用来指示周期定时中断的中断服务程序的入口位置。这类中断的作用是 PLC 以指定的周期定时执行中断服务程序，定时循环处理某些任务，处理的时间也不受 PLC 扫描周期的限制。□□表示定时范围，可在 10～99ms 中选取。

③ 计数器中断用指针(I010～I060)

计数器中断用指针共 6 点，用在 PLC 内置的高速计数器中，根据高速计数器的计数当前值与计数设定值的关系来确定是否执行中断服务程序。它常用于利用高速计数器优先处理计数结果的场合中。

3.2.9　常数(K/H)

常数也作为器件对待，它在存储器中占有一定的空间。十进制常数用 K 表示，如 18 表示为 K18；十六进制常数用 H 表示，如十进制常数 18 表示为十六进制数 H12。

§3.3 FX 系列 PLC 的基本指令

本节以梯形图及指令语句表的形式,介绍 FX2N 系列可编程控制器的基本指令及其编程方法。基本指令包括取、取反、与、或、块或、块指令及定时器和计数器指令等。

3.3.1 逻辑取指令及线圈驱动指令(LD、LDI、OUT)

LD(Load):取指令。表示一个与左母线相接的常开触点。LDI(Load Inverse):取反指令。表示一个与左母线相接的常闭触点。OUT:线圈驱动指令,也称输出指令。上述指令的用法如图 3.18 所示。

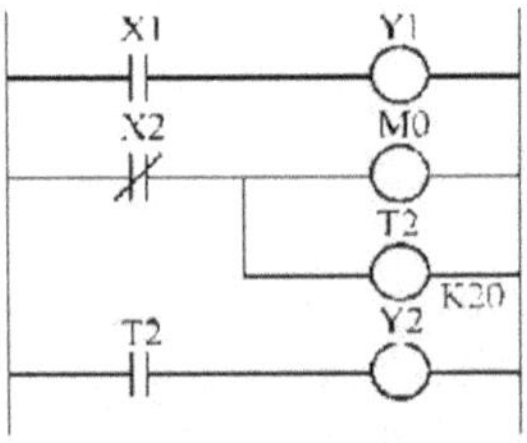

0	LD	X1
1	OUT	Y1
2	LDI	X2
3	OUT	M0
4	OUT	T2
	K	20
5	LD	T2
6	OUT	Y2

图 3.18 LD、LDI、OUT 指令的用法

LD、LDI、OUT 指令的使用说明如下:

(1) LD、LDI 指令用于将触点连接到左母线上;也可以在使用 ANB、ORB 指令时,用于分支回路的开始处。目标操作元件为 X、Y、S、M、T、C。两条指令各占 1 个程序步。

(2) OUT 指令用于驱动线圈。OUT 指令的目标操作元件为 Y、S、M、T、C。

(3) 当驱动输出继电器 Y 和辅助继电器 M 时,占 1 个程序步;驱动状态器、特殊辅助继电器 M 时,占用 2 个程序步;驱动定时器 T 时,占 3 个程序步;驱动计数器 C 时,占 4~5 个程序步。

(4) 当驱动定时器或计数器时,必须设定常数 K,或用数据寄存器编号间接指定。

(5) 并联的 OUT 指令可以连续使用多次,但不能串联使用。线圈输出后,再通过一个或一组触点去驱动一个线圈输出称为"连续输出",如图 3.19(a)所示。只要按照正确的次序编程,可以反复使用连续输出,例如,后面将要介绍的图 3.25 中的"OUT T2 K50"和"OUT M110",但要注意,若将图 3.19(a)中的两条输出支路交换位置,如图 3.19(b)所示,则不是连续输出。

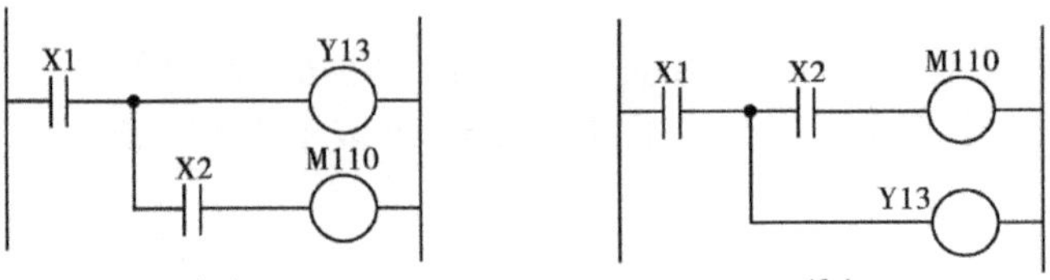

(a) (b)

(a)连续输出 (b)非连续输出

图 3.19 连续输出的编程

3.3.2　触点串联连接指令(AND/ANI)

AND 为“与”,用于单个常开触点与左边电路的串联;ANI 为“与非”指令,用于单个常闭触点与左边电路的串联。上述两条指令的用法如图 3.20 所示。

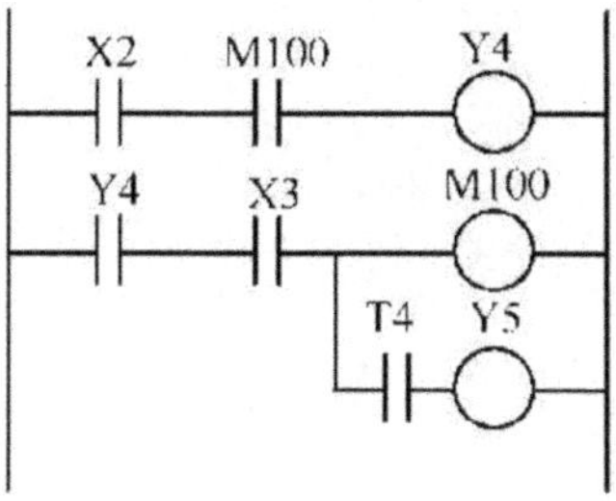


```
0000  LD    X2    (X2)→R
0001  AND   M100  (R)•(M100)→R
0002  OUT   Y4    (R)→Y4
0003  LD    Y4    (Y4)→R, (R)→S1
0004  AND   X3    (R)•(X3)→R
0005  OUT   M100  (R)→M100
0006  AND   T4    (R)•(T4)→R,(R)→S1,(S1)→S2
0007  OUT   Y5    (R)→Y5
```

图 3.20　AND ANI 指令的使用

AND、ANI 指令的使用说明如下:

(1) AND、ANI 指令仅适用于单个触点的串联连接(即被串联的触点为单个触点),可连续使用,次数不限。

(2) AND、ANI 指令的目标操作元件为 X、Y、S、M、T、C。两条指令各占一个程序步。

【特别提示】

注意:图 3.21 电路必须使用栈指令,从而会使程序步数增多。因此,不推荐使用这种电路结构,可以考虑将 Y0 所在的行与 Y1 所在的行交换一下,这样做不改变电路的功能。

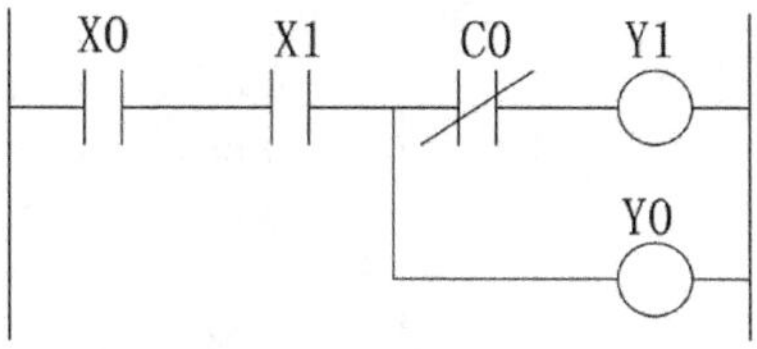

图 3.21　不推荐的电路

3.3.3　触点并联连接指令(OR/ORI)

OR 为“或”指令,用于单个常开触点与上面电路的并联;ORI 为“或非”指令,用于单个常闭触点与上面电路的并联;上述两条指令的用法如图 3.22 所示。

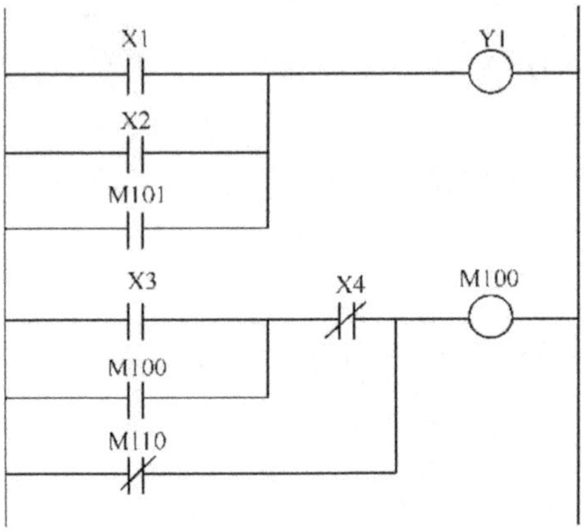

0000	LD	X1
0001	OR	X2
0002	OR	M101
0003	OUT	Y1
0004	LD	X3
0005	OR	M100
0006	ANI	X4
0007	ORI	M110
0008	OUT	M100

图 3.22 OR、ORI 的使用

OR、ORI 指令的使用说明如下:

(1) OR、ORI 指令仅用于单个触点的并联连接(即被并联的是单个触点),可以连续使用,次数不限。

(2) OR、ORI 指令的目标操作元件为 X、Y、S、M、T、C。两条指令各占 1 个程序步。

3.3.4 串联电路块的并联指令(ORB)

ORB(OR Block):或块指令。用于将串联电路块并联连接到前面的电路上。ORB 指令的用法如图 3.23 所示。

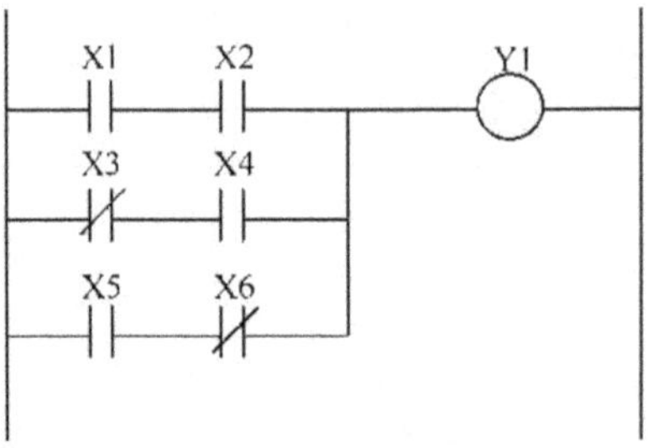

0000	LD	X1	0000	LD	X1
0001	AND	X2	0001	AND	X2
0002	LDI	X3	0002	LDI	X3
0003	AND	X4	0003	AND	X4
0004	ORB		0004	LD	X5
0005	LD	X5	0005	ANI	X6
0006	ANI	X6	0006	ORB	
0007	ORB		0007	ORB	
0008	OUT	Y1	0008	OUT	Y1

图 3.23 ORB 使用说明

ORB 指令的使用说明如下:

(1) 将串联电路块并联连接到前面的电路时,使用 ORB 指令。

(2) ORB 指令无目标操作元件,占 1 个程序步。

(3) 在串联电路块的开始需使用 LD 或 LDI 指令。

注意:当多个串联电路块并联时,若对每个电路块使用 ORB 指令,则并联电路块的个数不受限制。但是,当集中使用 ORB 指令时,如图 3.21 所示的程序,电路块的数目必须少于 8 个。因此,不推荐集中使用 ORB 指令的编程方法。

3.3.5　并联电路块的串联指令(ANB)

ANB(AND Block)：与块指令。用于将并联电路块串联连接到前面的电路上。ANB 指令的用法如图 3.24 所示。

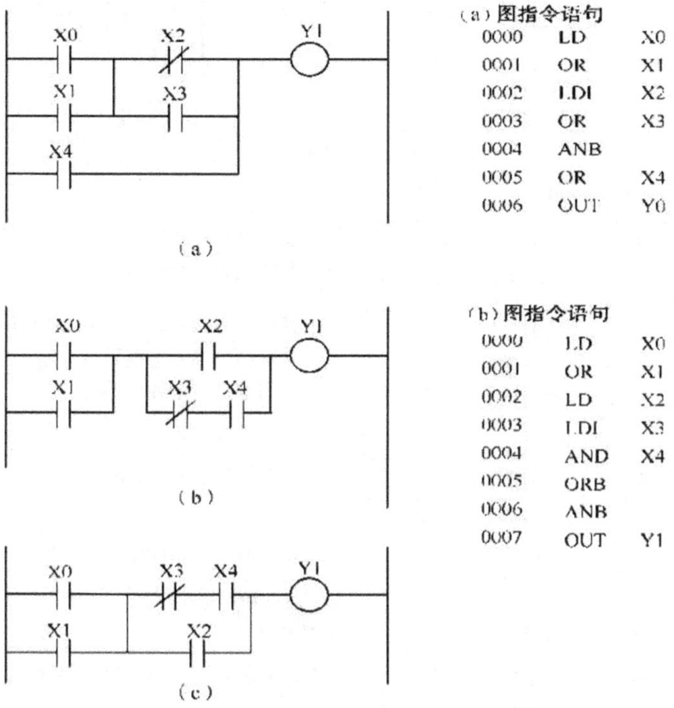

图 3.24　ANB 使用说明

ANB 指令的使用说明如下：

(1) 将并联电路块串联连接到前面的电路时，使用 ANB 指令。

(2) ANB 指令无目标操作元件，占 1 个程序步。

(3) 在并联电路块的开始需使用 LD 或 LDI 指令。

注意：同 ORB 指令的用法一样，当多个并联电路块串联时，可以对每个电路块使用一次 ANB 指令，也可以集中使用 ANB 指令。但当集中使用时，电路块的个数必须少于 8 个。

上述几条指令的编程举例的梯形图如图 3.25(a)所示，其对应的指令表如图 3.25(b)所示。

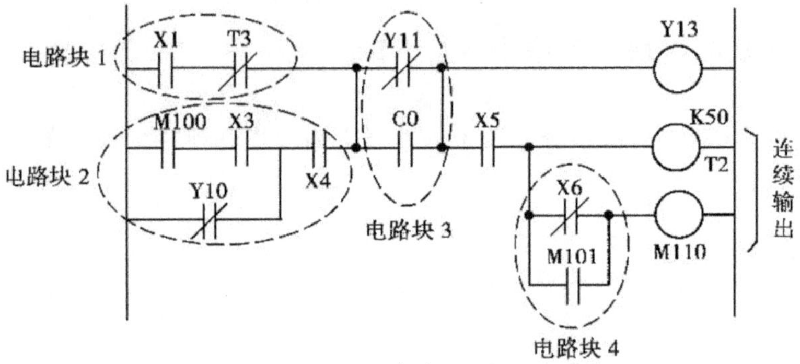

(a)

	步序号	指令	软元件	说明
电路块 1	0	LD	X1	与母线连接的常开触点
	1	ANI	T3	单个常闭触点与左边电路的串联
电路块 2	2	LD	M100	对电路块进行编程时，应从 LD/LDI 指令开始
	3	AND	X3	单个常开触点与左边电路的串联
	4	ORI	Y10	单个常闭触点与上面电路的并联
	5	AND	X4	
	6	ORB		电路块 1 和电路块 2 并联
电路块 3	7	LDI	Y11	
	8	OR	C0	单个常开触点与上面电路的并联
	9	ANB		电路块 3 和左边电路的串联
	10	OUT	Y13	线圈输出
	11	AND	X5	单个常开触点与左边电路的串联
	12	OUT	T2 K50	连续输出
电路块 4	13	LDI	X6	
	14	OR	M101	
	15	ANB		电路块 4 和左边电路的串联
	16	OUT	M110	连续输出
	17	END		顺控程序结束

(b)

(a)梯形图　　(b) 指令表

图 3.25　编程举例

3.3.6　上升沿和下降沿的取指令 LDP、LDF

LDP:用于在输入信号的上升沿接通一个扫描周期;LDF:用于在输入信号的下降沿接通一个扫描周期。LDP、LDF 指令的使用说明如图 3.26 示:使用 LDP 指令,Y1 在 X1 的上升沿时刻(由 OFF 到 ON 时)接通,接通时间为一个扫描周期;使用 LDF 指令,Y2 在 X3 的下降沿时刻(由 ON 到 OFF)接通,接通时间为一个扫描周期。

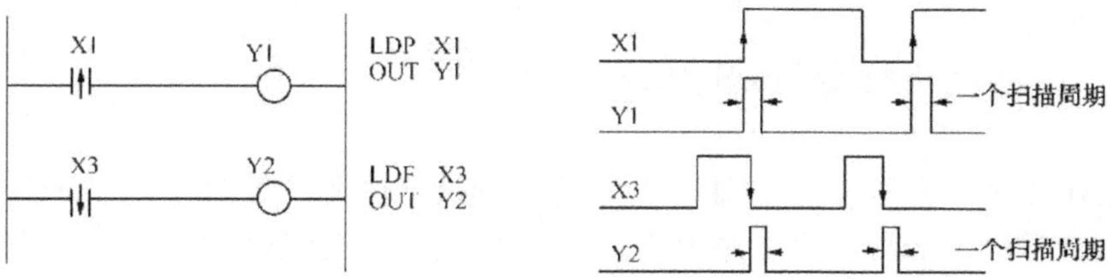

图 3.26　LDP、LDF 指令的使用

3.3.7　上升沿和下降沿的与指令 ANDP、ANDF

ANDP：为在上升沿进行与逻辑操作的指令；ANDF：为在下降沿进行与逻辑操作的指令。ANDP、ANDF 指令的使用如图 3.27 所示：使用 ANDP 指令编程，使输出继电器 Y1 在辅助继电器 M1 闭合后，且在 X1 的上升沿（由 OFF 到 ON）时仅接通一个扫描周期；使用 ANDF 指令，使 Y2 在 X2 闭合后，且在 X3 的下降沿（由 ON 到 OFF）时仅接通一个扫描周期。即 ANDP、ANDF 与指令仅在上升沿和下降沿进行一个扫描周期的与逻辑运算。

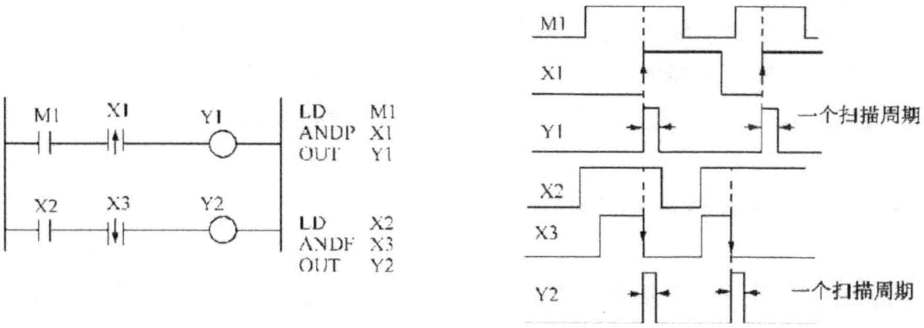

图 3.27　ANDF、ANDP 指令的使用

3.3.8　上升沿和下降沿的或指令 ORP、ORF

ORP：为在上升沿的或逻辑操作指令；ORF：为下降沿的或逻辑操作的指令。ANDP、ANDF 指令的使用如图 3.28 所示：使用 ORP 指令，辅助继电器 M0 仅在 X0、X1 的上升沿（由 OFF 到 ON）时仅接通一个扫描周期；使用 ORF 指令，Y0 仅在 X4、X5 的下降沿（由 ON 到 OFF）时接通一个扫描周期。

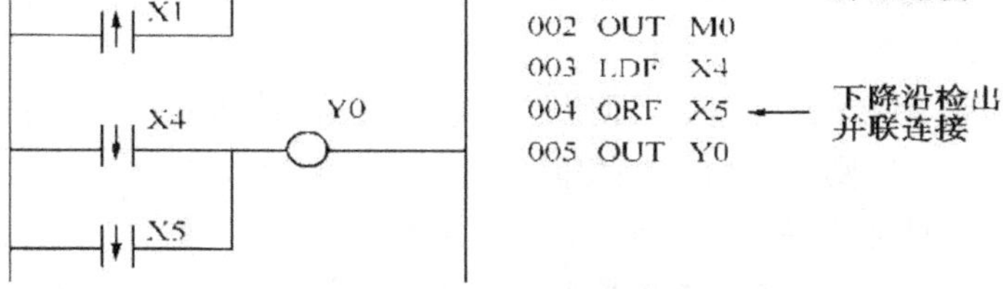

图 3.28　ORP、ORF 指令的使用

3.3.9 脉冲输出指令(PLS、PLF)

PLS:上升沿脉冲输出指令,在输入信号的上升沿产生脉冲输出;PLF:下降沿脉冲输出指令,在输入信号的下降沿产生脉冲输出。上述两条指令的用法如图 3.29 所示。

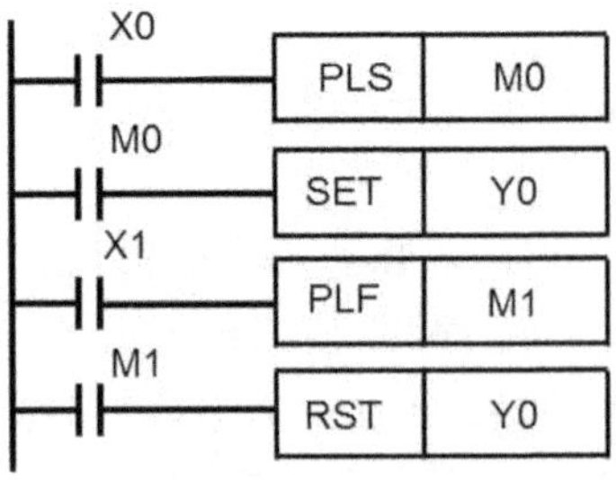

0	LD	X0
1	PLS	M0
2	LD	M0
3	SET	Y0
4	LD	X1
5	PLF	M1
6	LD	M1
7	RST	Y0

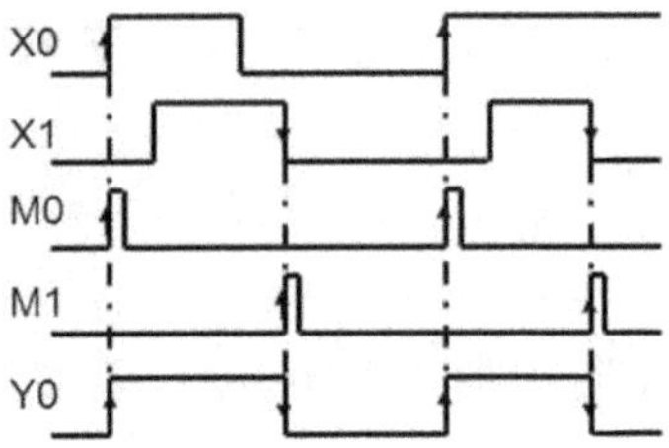

图 3.29 PLS、PLF 指令的用法

PLS、PLF 指令的使用说明如下:

(1) PLS 指令仅在驱动输入接通后的一个扫描周期内有输出;PLF 指令仅在驱动输入断开后的一个扫描周期内有脉冲输出。两条指令输出脉冲的宽度均为一个扫描周期。

(2) PLS、PLF 指令的目标元件为 Y、M,但特殊辅助继电器 M 除外。

3.3.10 置位与复位指令(SET、RST)

SET:置位指令,用于使线圈得电并保持。RST:复位指令。用于解除线圈置位,也可用于数据寄存器 D 和变址寄存器 V、Z 清零,或定时器、计数器当前计时或计数值清零。上述两条指令的用法如图 3.30 所示。

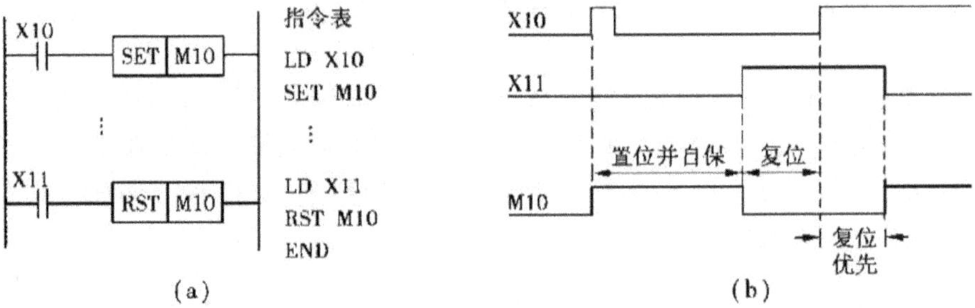

图 3.30 SET、RST 指令的用法

SET、RST 指令的使用说明如下:

(1) 使用 SET 指令,线圈得电后,即使再失电,也仍保持得电状态,除非用 RST 指令复位,即 SET 指令可以使线圈具有自保持功能。

(2) SET 指令的目标元件为 Y、M、S;RST 指令的目标元件为 Y、M、S、T、C、D、V、Z。当目标元件为输出继电器 Y、辅助继电器 M 时,占 1 个程序步;为状态器 S、特殊辅助继电器 M、定时器 T 和计数器 C 时,占 2 个程序步;为数据寄存器 D 和变址寄存器 V、Z 时,占 3 个程序步。

注意：当 SET 和 RST 指令的条件同时满足时，后编程的指令将优先执行。

3.3.11　主控指令 MC、MCR

MC(Master Control)：主控指令，用于公共串联触点的连接指令；MCR(Master Control Reset)：主控复位指令，即 MC 指令的复位指令。

主控指令所完成的操作功能是：当某一触点(或一组触点)的条件满足时，按正常顺序执行；当这一条件不满足时，则不执行某部分程序，与这部分相关的继电器状态全为零。

在编程时，经常遇到多个线圈同时受一个或一组触点控制的情况，如果在每个线圈的控制电路中都编入该逻辑条件，则必然使程序变长，对于这种情况，可以采用主控指令来解决。主控指令利用在母线中串接一个主控触点来实现控制，其作用如控制一组电路的总开关。MC、MCR 指令的使用说明如图 3.31 所示，MC 指令占 3 个程序步，MCR 指令占 2 个程序步。

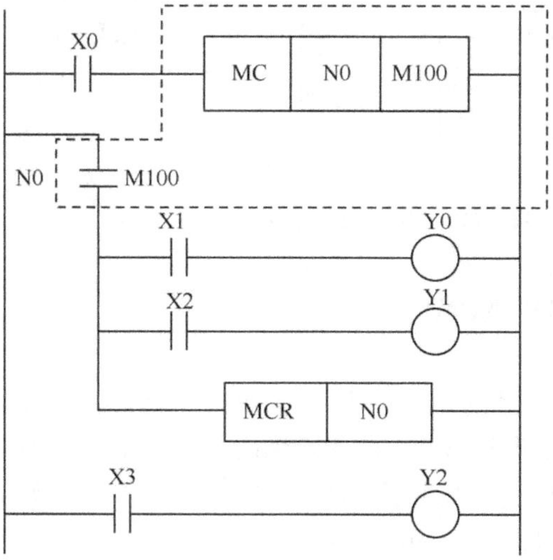

0000	LD	X0
0001	MC	N0
		M100
0004	LD	X1
0005	OUT	Y0
0006	LD	X2
0007	OUT	Y1
0008	MCR	N0
0010	LD	X3
0011	OUT	Y2

图 3.31　MC、MCR 指令使用之一

MC、MCR 两条指令的操作目标元件是 Y、M，但不允许使用特殊的辅助继电器。图 3.31中 X0 为 N0 号主控指令的执行条件，当 X0 为 ON 时，执行 MC 与 MCR 之间的指令；当 X0 为 OFF 时，不执行 MC 与 MCR 之间的指令。

在使用时应注意以下几点：

(1) 与主控触点相连接的触点用 LD、LDI 指令。

(2) 编程时对于主控触点不输入指令，如图 3.31 中的“N0 M100”，它仅是主控指令的标记。

(3) 主控指令允许嵌套使用，嵌套级 N 的编号(0～7)顺次增大，返回时使用 MCR 指令，从大的嵌套级开始解除，如图 3.32 所示。

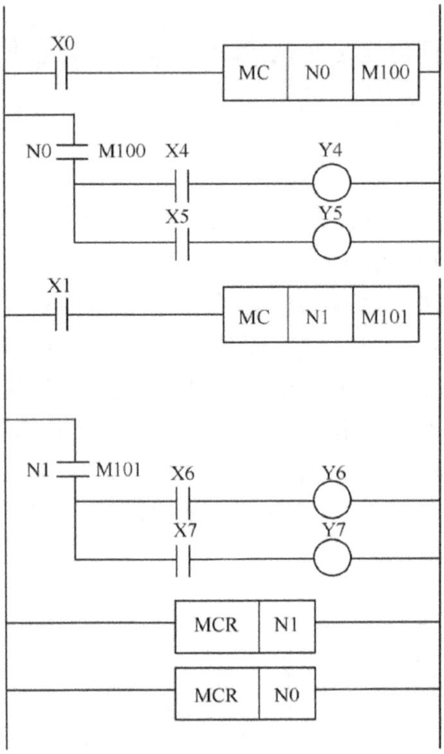

0000	LD	X0
0001	MC	N0
		M100
0004	LD	X4
0005	OUT	Y4
0006	LD	X5
0007	OUT	Y5
0008	LD	X1
0009	MC	N1
		M101
0012	LD	X6
0013	OUT	Y6
0014	LD	X7
0015	OUT	Y7
0016	MCR	N1
0018	MCR	N0

图 3.32　MC、MCR 指令使用之二

3.3.12　栈指令 MPS、MRD、MPP

MPS 为进栈指令,将状态读入栈寄存器;MRD 为读栈指令,读出用 MPS 指令记忆的状态;MPP 为出栈指令(读并清除),读出用 MPS 指令记忆的状态并清除这些状态。

栈指令用于梯形图的多路输出,所完成的操作功能是将多路输出连接点的状态先存储,以便于后面多路输出的编程。其如图 3.33 所示。

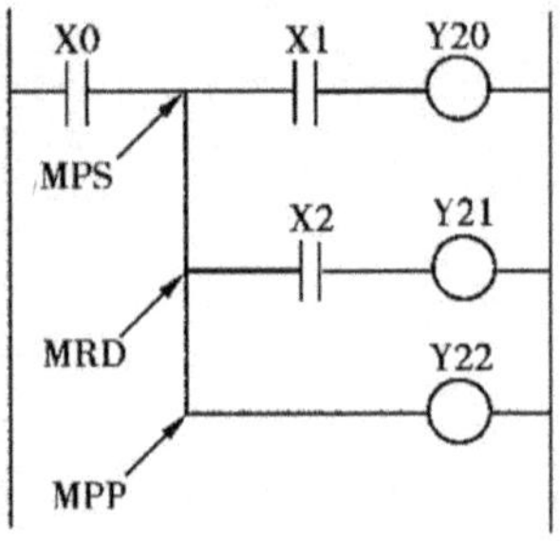

指令表

LD X0	
MPS	存储 X0 的状态
AND X1	
OUT Y20	
MRD	读出 MPS 所存储的 X0 的状态
AND X2	
OUT Y21	
MPP	读出后再清除 MPS 所存储的 X0 的状态
OUT Y22	
END	

图 3.33　MPS、MRD、MPP 指令的用法

操作结果进栈、读栈和出栈指令后面均无操作数,属于纯指令结构。

值得说明的是,MPS 指令和 MPP 指令的使用次数必须相等,如图 3.34 所示;否则,会导致出现出错。

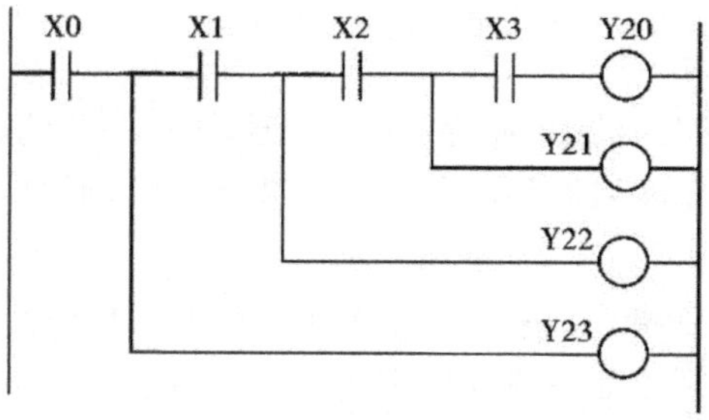

指令表

0	LD	X0	8	MPP	
1	MPS		9	OUT	Y21
2	AND	X1	10	MPP	
3	MPS		11	OUT	Y22
4	AND	X2	12	MPP	
5	MPS		13	OUT	Y23
6	AND	X3	14	END	
7	OUT	Y20			

图 3.34　MPS/MPP 指令的应用举例(三层栈)

若将图 3.34 所示的三层栈结构变换成图 3.35 所示的连续输出方式，则图 3.35 对应的指令表将简单得多，同时又节约了存储空间。因此，对多重分支输出电路应尽量采用连续输出方式编程。

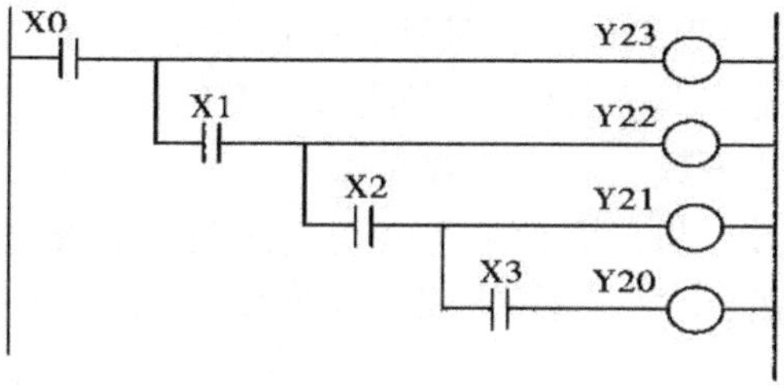

指令表
LD X0
OUT Y23
AND X1
OUT Y22
AND X2
OUT Y21
AND X3
OUT Y20

图 3.35　三层栈对应的连续输出方式

3.3.13　运算结果取反指令(INV)

INV：取反指令。用于运算结果的取反。该指令是一条无操作元件的指令，占 1 个程序步。INV 指令不能直接与母线连接，也不能像 OR、ORI 指令一样单独使用。INV 指令的用法如图 3.36 所示，当 X000 断开时，Y000 为 ON；X000 接通时，Y000 为 OFF。

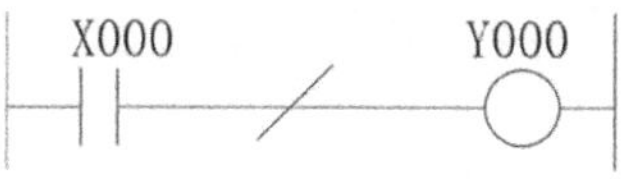

0 LD X000
0 INV
2 OUT Y000

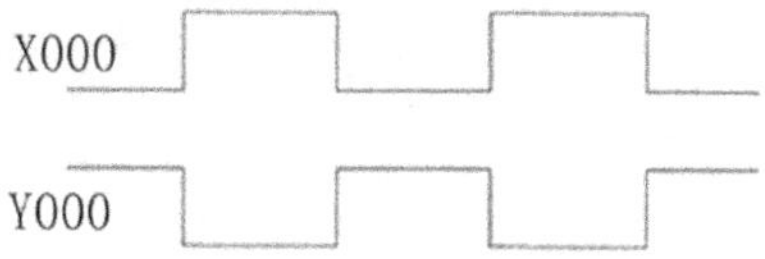

图 3.36　INV 指令的用法

3.3.14　空操作指令(NOP)

NOP：空操作指令。该指令无动作、无目标元件，占 1 个程序步。NOP 指令代替已写入的指令，可以改变电路。在程序中加入 NOP 指令，在改动或追加程序时可以减少步序号的改变。清除用户存储器后，其内容全部变为空操作指令。

3.3.15 程序结束指令 END

END:程序结束指令。END 指令是一条无目标元件指令,占 1 个程序步。PLC 逐行扫描程序,在遇到 END 指令后结束本次扫描,对 END 之后的指令不再进行扫描,而是返回程序的第一行,进行第二轮的扫描。

因此,调试程序时,可以在程序中插入 END 指令,进行分段调试。对 END 指令之前的部分检查无误后,再将 END 指令删除,并插入到后面一段程序中,调试下一段。

§3.4 FX 系列 PLC 的编程基本原则

梯形图是按照从上到下、从左到右的顺序设计,它以一个线圈的结束为一个逻辑行,也称为一个梯级。每一逻辑行的起点是左母线(主母线),接着是触点的连接,最后以线圈结束于右母线。在画图时允许省略右母线。梯形图规则如下。

(1) 触点和线圈的常规位置。梯形图的左母线与线圈间一定要有触点,而线圈与右母线间不能有任何触点,常规下触点只能在水平线上,不能画在垂直分支上,如图 3.37 所示。

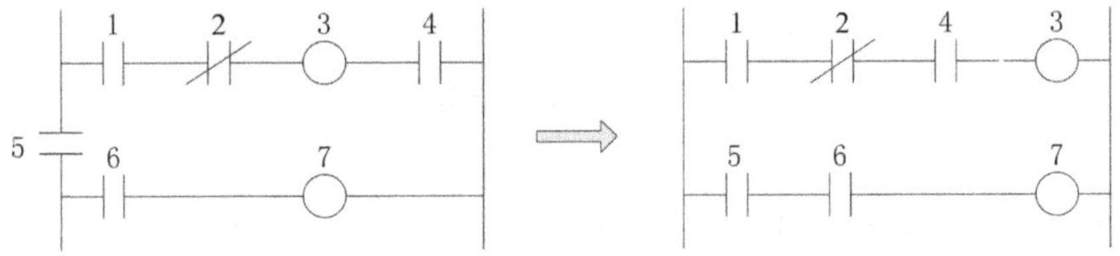

图 3.37 梯形图的设计规则(1)

(2) 程序简洁化方法。在并联连接支路时,应将有多触点的并联支路放在上方,如图 3.38所示。

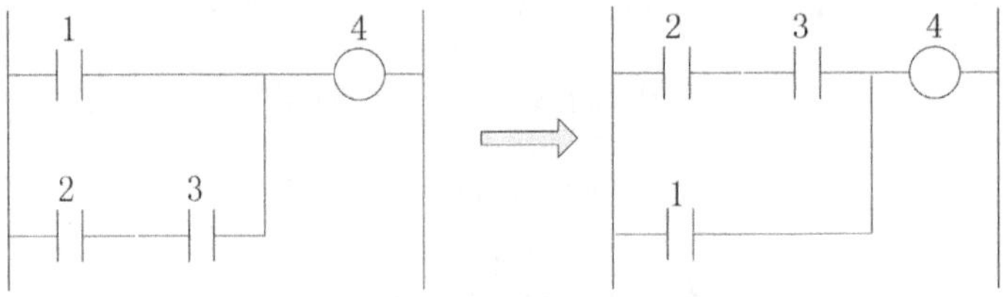

图 3.38 梯形图的设计规则(2)

(3) 避免使用双线圈。在一般逻辑指令的程序中避免使用双线圈。同一编号的线圈如果使用两次称为双线圈,双线圈输出容易引起误操作。

(4) 桥式电路的编程。桥式电路不能直接编程,必须画相应的等效梯形图,如图 3.39 所示。

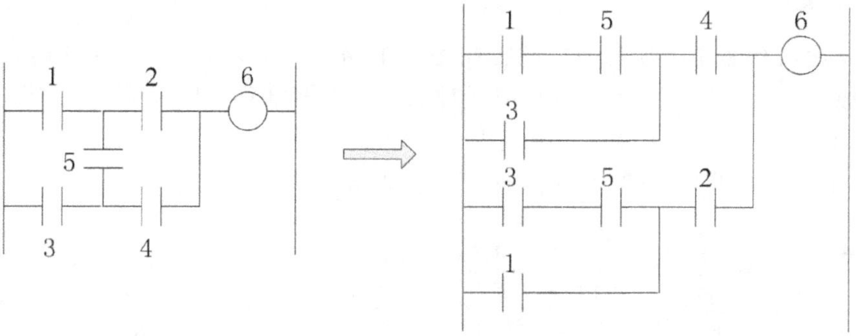

图 3.39　梯形图的设计规则(4)

(5) 复杂逻辑功能的处理。如果逻辑功能复杂，用 ANB、ORB 等难以处理，可以重复使用一些触点改画出等效梯形图，再进行编程，如图 3.40 所示。

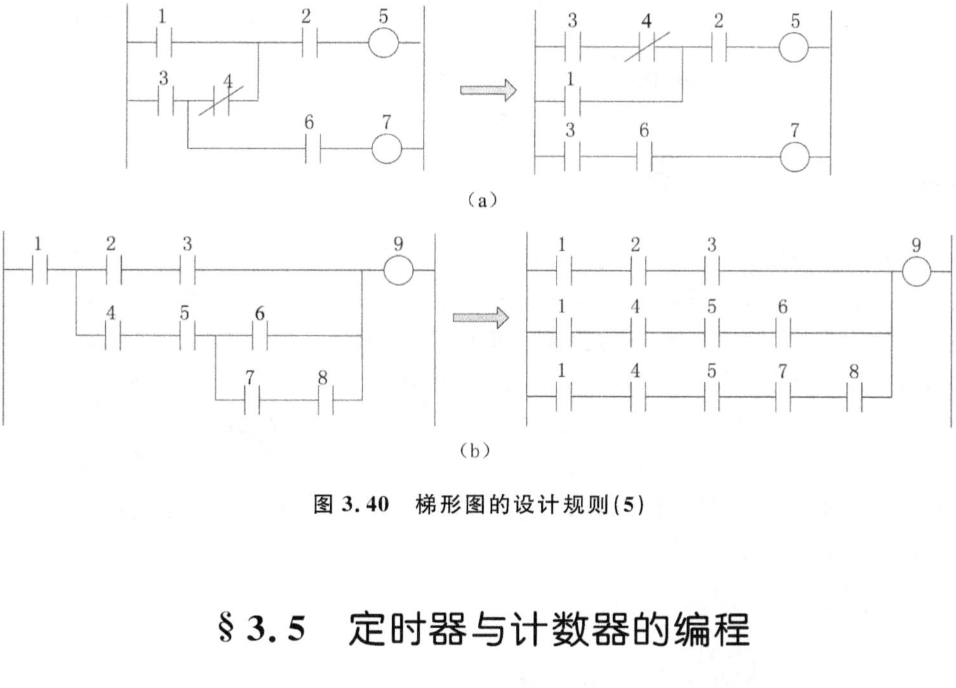

图 3.40　梯形图的设计规则(5)

§ 3.5　定时器与计数器的编程

3.5.1　接通延时定时器的编程

三菱 FX 系列的所有定时器均为接通延时定时器。图 3.41 是两个接通延时定时器的编程实例。在图 3.41 中，第 1 逻辑行是一个自复位的定时器控制逻辑电路，即用定时器 T10 的一个常闭触点作为它的控制逻辑。当常开触点 X0 接通时，定时器 T10 开始计时，当计时的当前值等于设定值 5s 时，T10 的常开触点接通、常闭触点断开，下一次扫描到定时器线圈 T10 时，使定时器复位，其常闭触点重新闭合，定时器又重新开始计时。利用这样的功能，可产生任意周期的脉冲信号。该脉冲信号的周期为定时器的设定值，其脉冲宽度等于程序的扫描周期。

第 2～4 逻辑行是 10s 延时输出的控制逻辑电路。当常开触点 X1 接通时，定时器 T11 开始计时，经 10s 延时后，T11 动作，其常开触点使输出继电器 Y10 接通，其常闭触点使输出继电器 Y11 断开。

上述 2 个定时器的梯形图、时序图及指令表如图 3.41(a)、(b)、(c)所示。

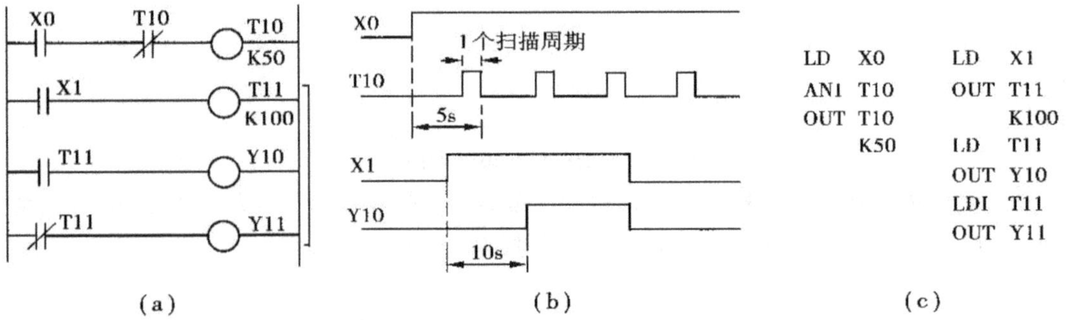

(a)梯形图　　(b)时序图　　(c)指令表

图 3.41　接通延时定时器

3.5.2　断开延时定时器的编程

由于 FX 系列 PLC 的定时器都是接通延时的，如需要断开延时，可用定时器经过一定的编程来实现断开延时功能。图 3.42 是两个断开延时定时器的编程实例，其中，第 1～2 逻辑行是当 X0 断开 5s 后 Y20 才断开的控制逻辑电路。当常开触点 X0 接通时，输出继电器线圈 Y20 接通，并通过常开触点实现自保。当 X0 断开时，定时器 T10 的线圈接通，T10 开始计时，经过设定时间 5s 后，定时器 T10 的触点动作，其常闭触点断开，使输出继电器线圈 Y20 断开，从而实现了断开延时的功能。这时 Y20 即为与 T10 对应的断开延时定时器。

第 3～5 逻辑行是实现断开延时的另一种编程方式，其功能与第 1～2 逻辑行的功能相同，请读者自己分析其动作过程。

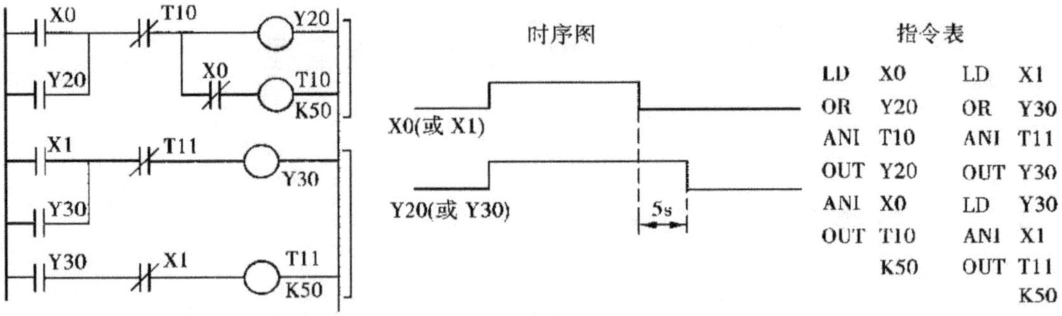

图 3.42　断开延时定时器

3.5.3　计数器的编程

在 3.2.4 节中已介绍过计数器，其梯形图及时序图如图 3.11 和图 3.12 所示。图 3.11

和图 3.12 所对应的指令表分别如下：

图3.11 对应的指令表

LD	X3
RST	C5
LD	X4
OUT	C5
	K5
LD	C5
OUT	Y2

图3.12 对应的指令表

LD	X2
OUT	M8205
LD	X3
RST	C205
LD	X4
OUT	C205
	K－4
LD	C205
OUT	Y10

对于 16 位增计数器，计数值从 0 开始，当计数当前值递增到设定值时，计数器动作，其常开触点闭合，常闭触点断开。

对于 32 位增/减计数器，计数值从 0 开始，在－2 147 483 648～＋2 147 483 647 间循环变化。当计数方向由对应的特殊辅助继电器 M8200～M8234 的状态决定，当 M82 * *（“* *”表示 00～34 之间的数）为 ON 时，对应的计数器 C2 * * 按减计数方式计数；当 M82 * * 为 OFF 时，对应的 C2 * * 按增计数方式计数。当计数当前值增加到设定值时，其触点置位；当计数当前值由设定值减少时，其触点复位。即使计数器的触点动作，但只要计数脉冲不间断，计数就不会停止，直到执行了复位指令时，计数当前值才为 0。换句话说，计数器当前值的增/减与其触点的动作无关。

3.5.4　定时范围与计数范围的扩展

在 FX 系列 PLC 中，每个定时器的最大定时值为 3 276.7s，每个 16 位计数器的最大计数值为 32 767。若需要更大的定时值或计数值，则可以通过将几个定时器和计数器串联来实现定时或计数范围的扩展。

（1）定时器与定时器的串接使用——扩展定时范围

图 3.43 为 2 个定时器的串接使用。当 X1 接通时，定时器 T0 开始计时，计到 80s 时，定时器 T0 的常开触点闭合，使定时器 T1 开始计时；当 T1 计到 90s 时，T1 的常开触点闭合，使输出继电器 Y20 接通。这样，从 X1 接通到 Y20 接通，共延迟的时间为（80＋90）s ＝ 170s。可见，多个定时器串接使用，其总的定时时间为各定时器的设定值之和。n 个定时器串接使用，其最大定时时间为 3 276.7×n(s)。

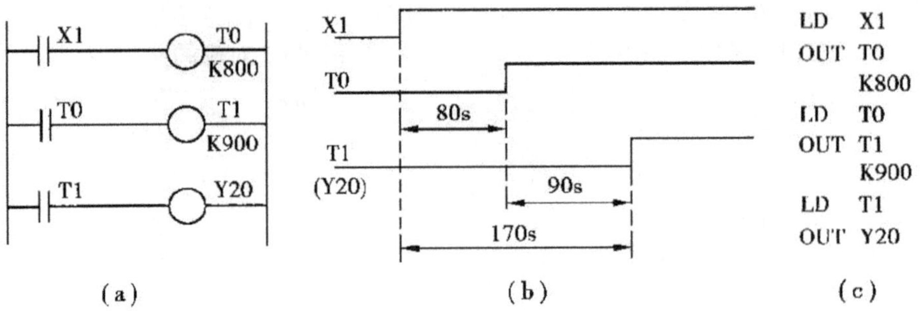

(a)梯形图　　(b)时序图　　(c)指令表

图 3.43　定时器与定时器的串接使用

(2) 定时器与计数器串接使用——扩展定时范围

图 3.44 为一个定时器和一个计数器串接使用。T0 为一个设定值为 10s 的自复位定时器。当输入 X4 接通时,T0 每 10s 接通一次,每次接通一个扫描周期。计数器 C0 对这一脉冲信号进行计数,计到 150 时,计数器触点动作,其常开触点 C0 闭合,使输出继电器 Y10 接通。可见,从 X4 接通到 Y10 接通,其延迟时间为定时器的设定值与计数器的设定值之积,即 150×10s=1 500s。一个定时器与一个计数器串接的最大定时时间为 3 276.7×32 767s。

当复位输入 X1 接通时,计数器 C0 复位,其线圈断开,计数器当前值为 0。要在 X1 断开后,C0 才能重新计数。

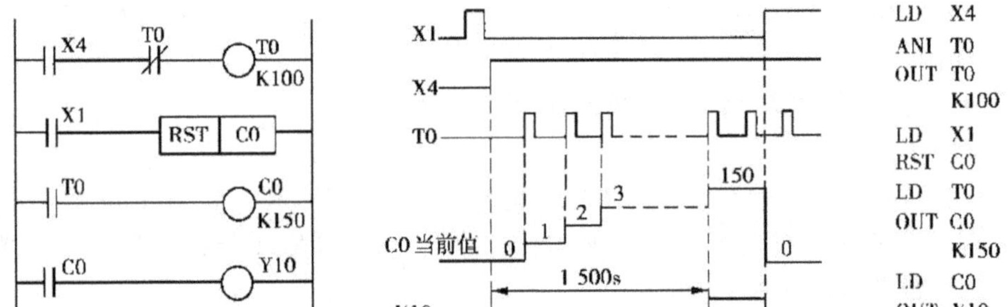

(a)梯形图　　(b)时序图　　(c)指令表

图 3.44　定时器与计数器的串接使用

(3) 计数器与计数器串接使用——扩展计数范围

图 3.45 为 2 个计数器串接使用。计数器 C0 对 X4 的接通次数进行计数,当计到 50 时,C0 的常开触点闭合,使计数器 C1 计一次数,同时,C0 用自己的一个常开触点复位(自复位),C0 重新从 0 开始对 X4 的断/通次数进行计数。当 C1 计数到 30 时(这时 X4 共接通 50×30 = 1 500 次),C1 的常开触点接通输出继电器 Y20。可见,多个计数器串接使用,其总的计数值为各计数器的设定值之积。n 个计数器串接使用,其最大计数值为 $32\ 767^n$。若再将一个定时器与之串接使用,则最大定时时间为 $3\ 276.7\times32\ 767^n$(s)。

计数器与计数器串接时应注意：除末级计数器外，其余各前级均需设计成自复位形式。例如，图 3.45 中的计数器 C0，若前级 C0 无自复位，则当 C0 计到 50 时，由于 M8002 仅在 PLC 投入运行时接通一个扫描周期，故当 C0 的当前值计到 50 时，若没有复位信号，C0 将不能再进行下一次计数。

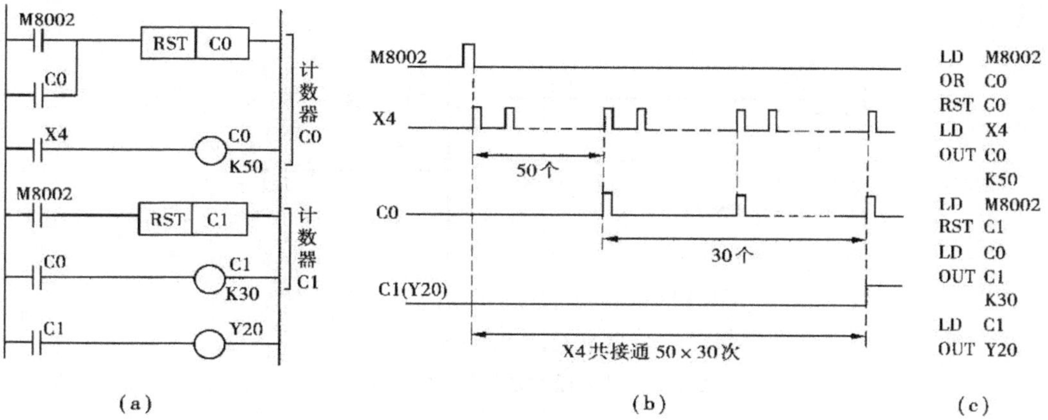

(a)梯形图　　(b)时序图　　(c)指令表

图 3.45　计数器与计数器的串接使用

§3.6　基本指令的编程举例

3.6.1　脉冲发生器(也叫振荡器)

(1)“先通后断”的脉冲发生器

由图 3.46 可见，当输入 X2 接通时，输出 Y20 产生先接通 4s、再断开 2s 的脉冲序列。这里的通/断时间可以任意设定。本例中的接通、断开时间分别由 100ms 的定时器 T20、T21 设定。

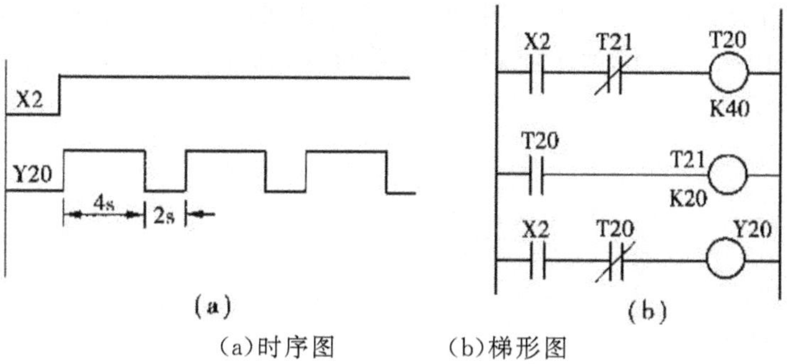

(a)时序图　　(b)梯形图

图 3.46　“先通后断”的脉冲发生器

(2)"先断后通"的脉冲发生器

由图 3.47 可见,当输入 X2 接通时,输出 Y20 产生先断开 2s、再接通 4s 的脉冲序列。这里的通/断时间可以任意设定。本例中的接通、断开时间分别由 100ms 的定时器 T26、T25 设定。

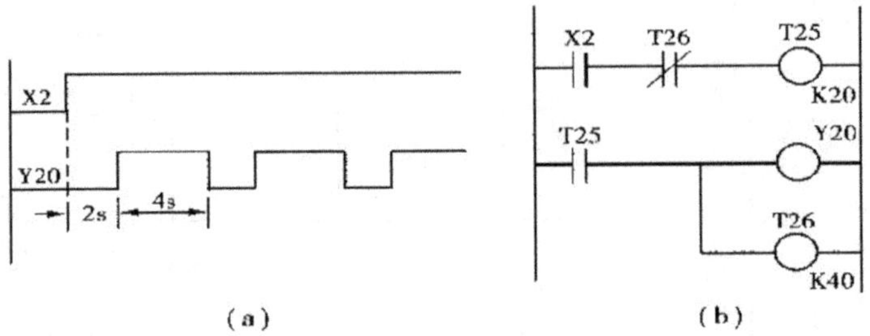

(a)时序图　　　　(b)梯形图

图 3.47 "先断后通"的脉冲发生器

3.6.2 利用脉冲发生器实现顺序控制

两台电动机动作的时序如图 3.48 所示,M1、M2 每一循环动作的周期为 28s,M1 动作 15s 后,M2 动作,且在 M1 下一次动作 5s 后,M2 停止。试用 PLC 实现其控制。

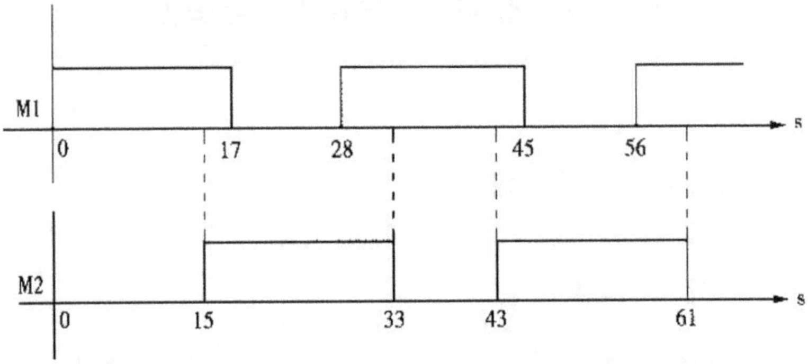

图 3.48 两台电机顺序控制时序

用 X2 作为启动输入信号,将 Y20 和 Y21 分别接 M1、M2 电动机接触器线圈。由时序图 3.48 可见,M1 的时序为先通 17s,再断 11s;M2 在启动 15s 后,其时序也是先通后断(先接通 18s,再断开 10s)。因此,两次使用"先通后断"的脉冲发生器即可实现该顺序控制,其梯形图如图 3.49 所示。

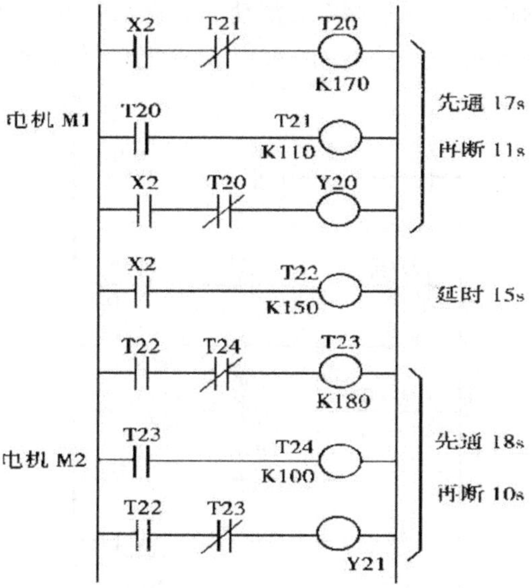

图 3.49　两台电机顺序控制的梯形

由此类推,对每次通断时间相等(周期相同)的顺序控制,无论多少台电机,都可以用此方法设计。

3.6.3　对有限循环次数的顺序控制的编程

两台电动机相互协调运转,其动作要求时序图如图 3.50 所示。M1 运行 10s 后,停止 5s;M2 要求与 M1 相反,即 M1 停止,M2 运行,M1 运行,M2 停止,如此反复动作 3 次,M1 和 M2 均停止。

将 PLC 的输入 X5 接启动按钮,X6 接停止按钮;输出端 Y20 和 Y21 分别接 M1、M2 电动机接触器线圈。

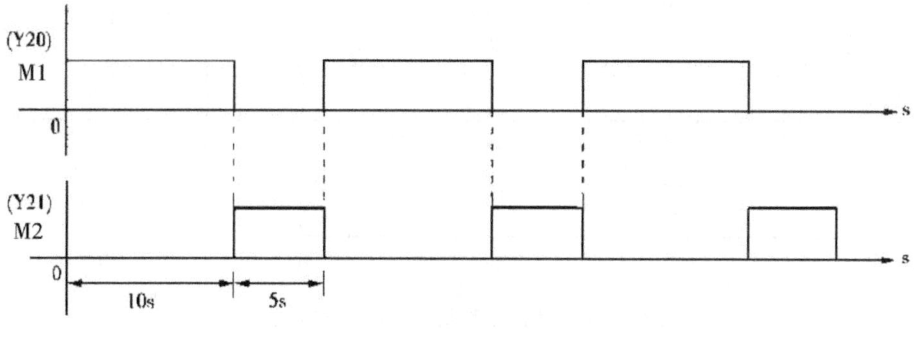

图 3.50　运行状态相反的两台电机时序

根据动作要求设计出梯形图程序,如图 3.51 所示。当按下启动按钮时,X5 接通,M100 线圈接通并自锁,T20 和 T21 组成一个振荡器(即"先通后断"的脉冲发生器),使 Y20 得到通断间隔的输出,其接通时间由 T20 的设定值决定,断开时间由 T21 的设定值决定,即 M1 运转 10s,停止 5s。Y20 的常闭触点使 Y21 的状态正好与 Y20 的状态相反。Y20 的常开触点作为计数器 C2 的计数输入，使 M1、M2 反复动作 3 次后停止。注意：这里 C2 的设定值应为 4，因为计数器的计数输入是 Y20，要使两台电动机都运转 3 个周期，必须在 Y20 第 4 次接通时，M2 才运行 3 个周期。

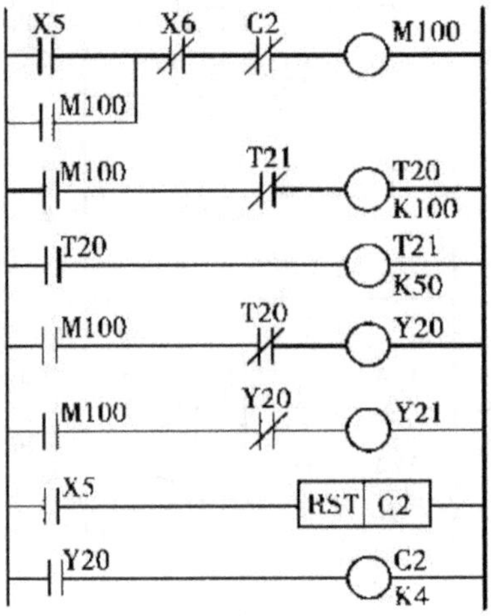

图 3.51 梯形图程序

3.6.4 利用定时器和计数器实现顺序控制

三台电动机顺序控制的时序图如图 3.52 所示。M1 运行 5s 后，M2 运行；M2 运行 5s 后，M3 运行，M1 停止；M3 运行 5s 后，M2 停止；M3 运行 10s 后，M3 停止，M1 运行，如此循环动作。

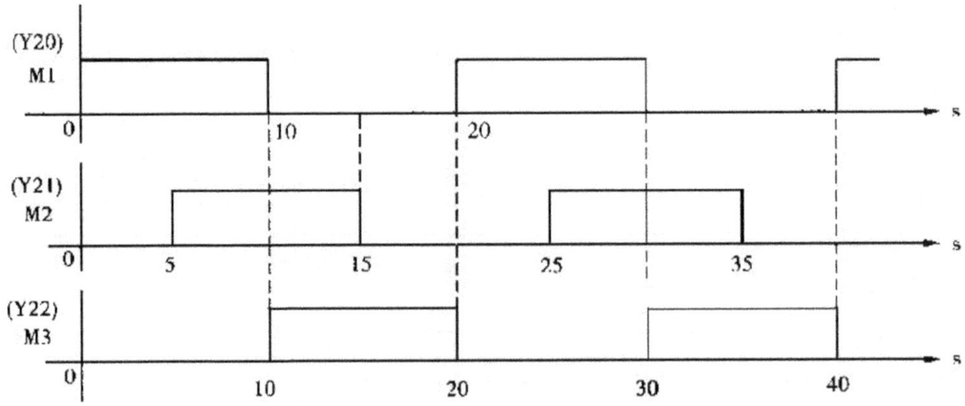

图 3.52 三台电动机顺序控制的时序

将 PLC 的输入 X5 接启动开关，其输出 Y20～Y22 分别接 M1～M3 电动机接触器线圈。根据动作要求，利用定时器和计数器功能设计的梯形图如图 3.53 所示。

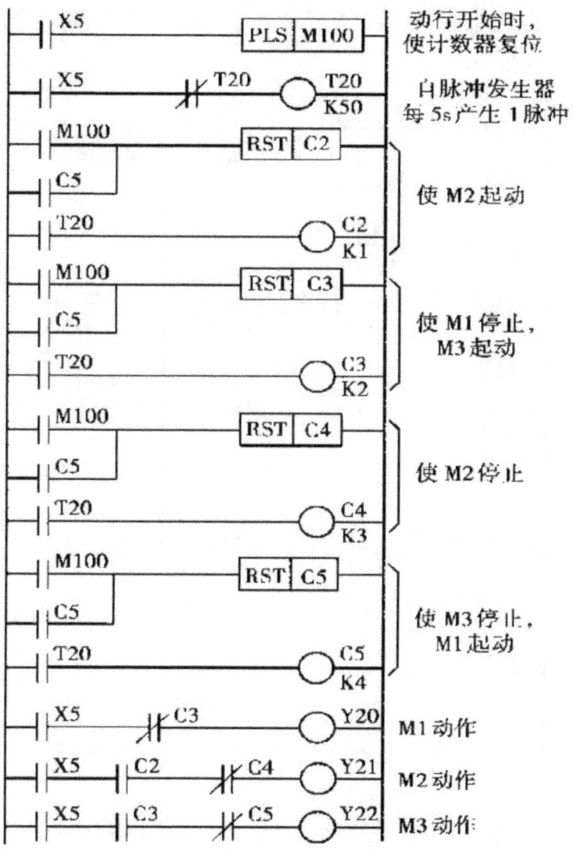

图 3.53　三台电机顺序控制梯形

由图 3.53 可见，当合上启动开关 X5 时，Y20 有输出，M1 运行，同时 M100 产生的脉冲使 4 个计数器 C2～C5 复位，定时器 T20 每 5s 产生一个脉冲，作为 C2～C5 的计数输入。当 T20 产生第一个脉冲（即第一个 5s 后）时，C2 的常开触点闭合，使 Y21 线圈接通，M2 运行。当 T20 产生第二个脉冲（即第 10s 后）时，C3 的常开触点闭合，使 Y22 线圈接通，M3 运行，同时，C3 的常闭触点断开，使 Y20 断开，M1 停止。当 T20 产生第三个脉冲（即第 15s 后）时，C4 的常闭触点断开，使 Y21 断开，M2 停止。当 T20 产生第四个脉冲（即第 20s 后）时，C5 的常闭触点断开，使 Y22 断开，M3 停止，同时，C5 的常开触点闭合，使 C2～C5 重新复位（其触点也复位），重复上一个周期的运行情况。

3.6.5　通风机监视

要求：用一只信号灯来监视三台风机的运行状态。当监视装置投入运行时，若两台以上风机运行，则信号灯常亮；若一台风机运行，则信号灯以 0.5Hz 的频率闪光；若一台风机也不运行，则信号灯以 2Hz 的频率闪光。

可见，风机运行信号为输入信号，分别将 1 号至 3 号风机接触器 KM1～KM3 的常开触点接在 PLC 的 X5～X7 的三个输入端。此外，再设一个监视装置投入开关 S，并将此开关接在 PLC 的 X10 端。信号灯为输出信号,将其接在 PLC 的 Y20 端。根据动作要求,设计出风机监视的梯形图如图 3.54 所示。

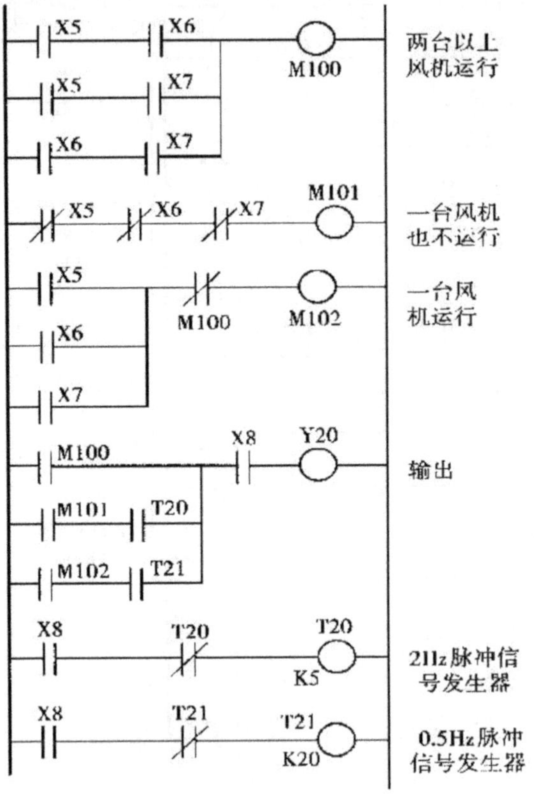

图 3.54　通风机监视的梯形

由图 3.54 可见,当监视装置投入工作时(X10 为 ON),定时器 T20、T21 分别以每 0.5s、2s 产生一个脉冲。此时,若两台以上风机运行,则 M100 接通,其常闭触点断开,使 M102 断开,避免与一台风机运行相混淆;其常开触点闭合,使 Y20 接通,信号灯常亮。若一台风机也不运行,则 M101 接通,其常开触点闭合,使 Y20 每 0.5s 接通一次,即信号灯以 2Hz 的频率闪光。若一台风机运行,则 M102 接通,其常开触点闭合,使 Y20 每 2s 接通一次,即信号灯以 0.5Hz 的频率闪光。

3.6.6　交通灯控制

十字路口的车行灯和人行灯的动作过程如图 3.55 所示。其中,车行道有红、黄、绿三种颜色的指示灯,分别接到 PLC 的 Y30、Y31、Y32 输出端;人行道有红、绿两种颜色的指示灯,分别接到 PLC 的 Y33 和 Y34 输出端。当合上启动开关 X5 时,车行道和人行道交通灯在一个周期内的动作情况如图 3.55 所示。

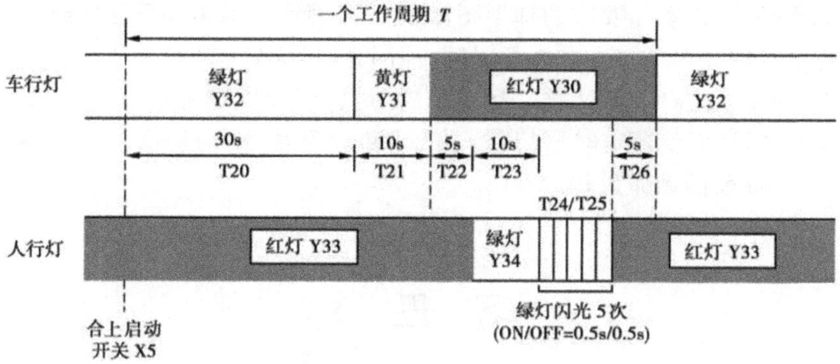

图 3.55　交通灯的动作过程

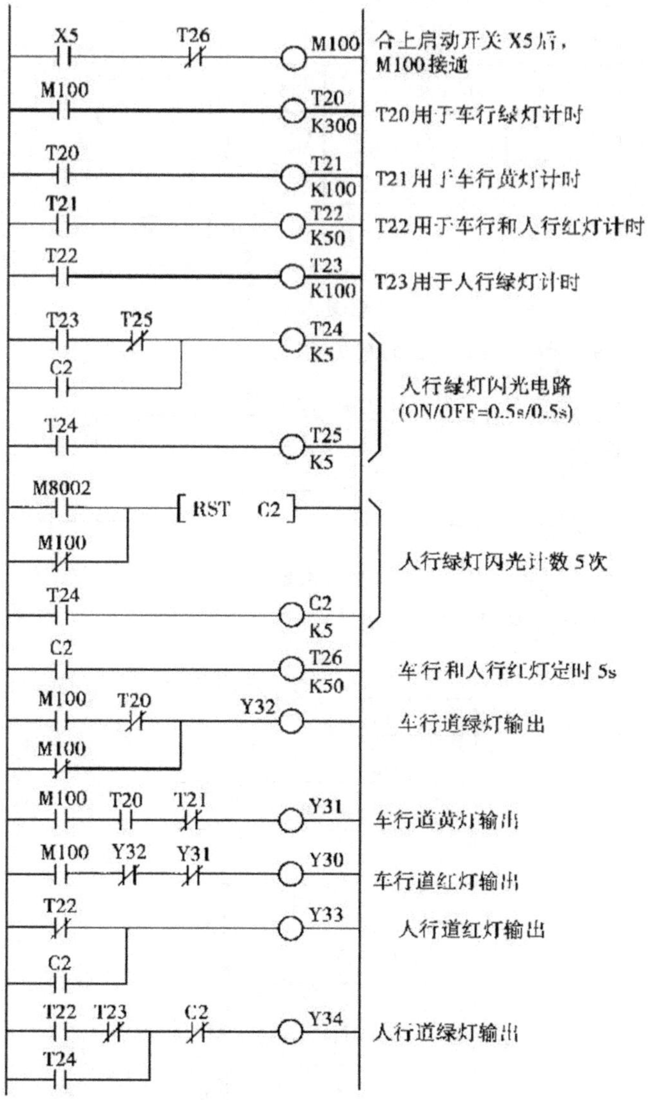

图 3.56　交通灯控制的梯形

实现图 3.55 所示的动作要求的梯形图如图 3.56 所示。图中，用定时器 T24 和 T25 分别表示人行道绿灯闪光时的接通和断开时间，即闪光时，绿灯(Y34)接通 0.5s，断开 0.5s，其闪光次数(5 次)用计数器 C2 来计数。当一个周期执行完时，定时器 T26 的常闭触点断开，使 M100 线圈断开，从而使各定时器(T20～T26)和计数器 C2 均复位，T26 的常闭触点又闭合，重复执行上一周前的动作过程。

习 题 3

1. 将题图 3.1 所示的梯形图写成指令表。

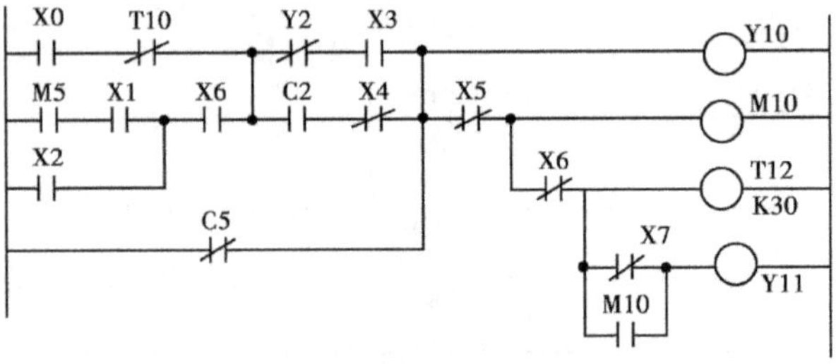

题图 3.1

2. 画出题图 3.2 梯形图中 Y1、Y2 的时序图。

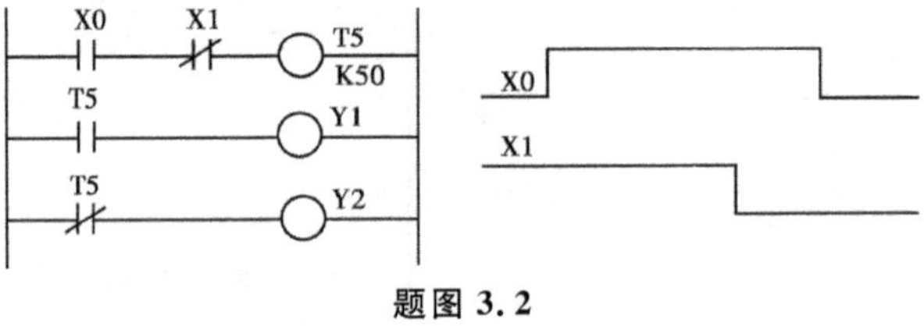

题图 3.2

3. 分析题图 3.3 所示梯形图，回答以下问题。

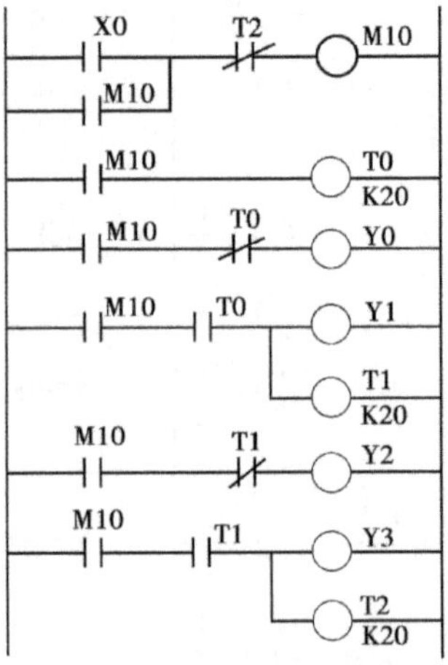

题图 3.3

① 若 X0 接通，__________、__________有输出，__________、__________无输出。
② 若 X0 接通，延时 2s 后，________、________有输出，________、________无输出。
③ 若 X0 接通，延时 4s 后，________、________有输出，________、________无输出。
④ 若 X0 接通，延时 6s 后，________、________有输出，________、________无输出。
⑤ 若 X0 一直接通，分析延时 8s、10s、12s 后的输出结果，总结其规律。

4. 写出题图 3.4 对应的指令表(要求用栈指令编程)。

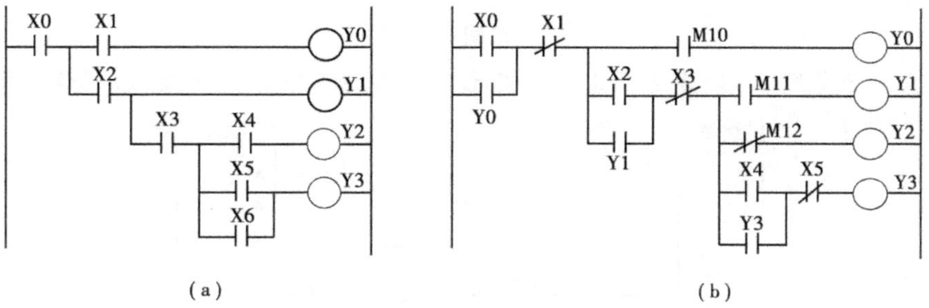

题图 3.4

5. 选择题：将正确答案的编号填在括号内。

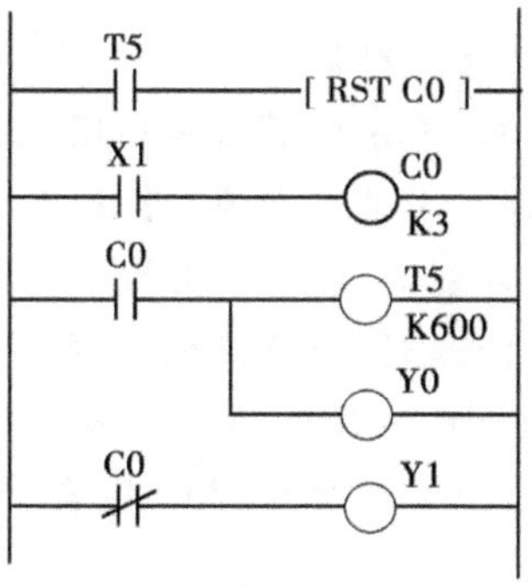

题图 3.5

在题图 3.5 所示的梯形图中，当 X1 端有 3 个脉冲输入时，(　　)；延时 60s 后，(　　)。
① Y0、Y1 均有输出。
② Y0 有输出，Y1 无输出。
③ Y0 无输出，Y1 有输出。
④ Y0、Y1 均无输出。

6. 两台电动机 M1、M2 的控制要求为：M1 先运转 5s 后停止，切换到 M2 运转，10s 后，M2 自动停止。试用 PLC 实现其控制要求，编写出相应的程序。

7. 一台电动机运转 10s 后停止 5s，如此反复动作 4 次。试用 PLC 实现其控制要求，编写出相应的程序。

8. 试设计动作时序图如题图 3.6 所示的程序。

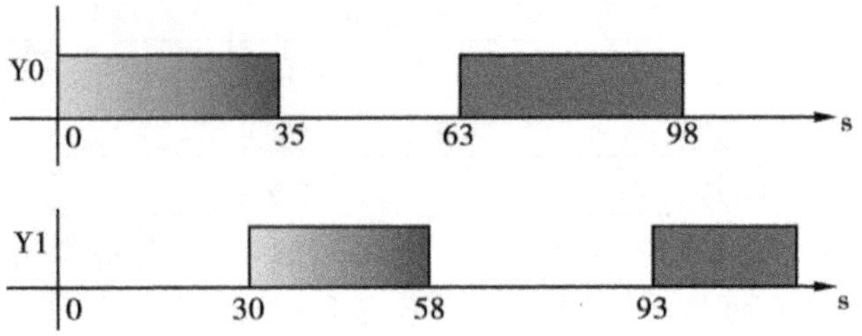

题图 3.6

9. 如题图 3.7 所示,若传送带上 30s 内无产品通过则报警(Y0 接通)。试画出梯形图。

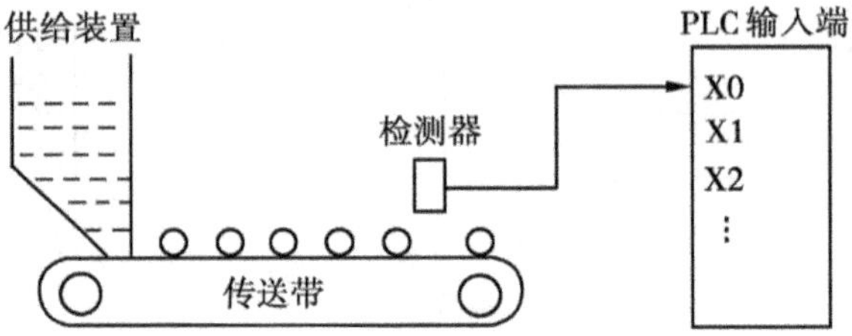

题图 3.7

10. 试设计一个 3 个月零 5 天的定时器。

11. 用 PLC 实现下述控制要求,并分别编出梯形图程序。

① 起动时,电动机 M1 起动后,M2 才能起动;停止时,M2 停止后,M1 才能停止。

② 电动机 M1 先起动后,M2 才能起动,M2 能单独起动。

③ 电动机 M1 起动后,M2 才能起动,且 M2 能实现点动。

④ 电动机 M1 先起动,经过 1min 延时后,M2 能自行起动。

⑤ 电动机 M1 先起动后,经过 30s 延时后,M2 能自行起动;当 M2 起动后,M1 立即停止。

12. 已知梯形图如题图 3.8 所示,试画出 M0 和 Y1 的时序图。

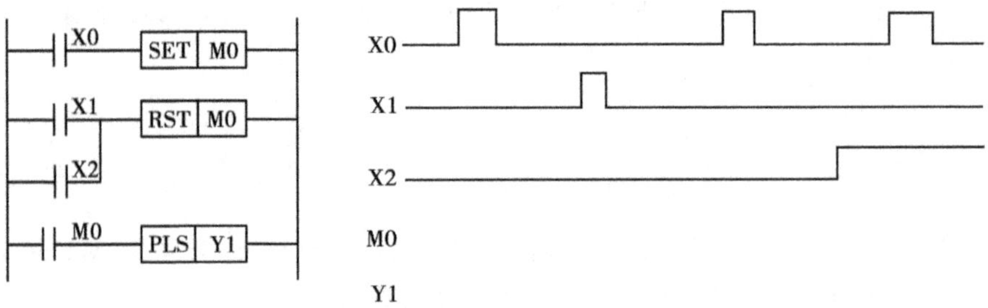

题图 3.8

13. 设计一个三相异步电动机“正—反—停”的 PLC 控制。要求电动机运行时,用热继电器做过载保护,且正、反转要求互锁。试画出 PLC 的 I/O 接线图及梯形图,并写出其指令表。

第 4 章　FX 系列 PLC 步进指令及其编程

本章要点

1. 理解状态转移图的结构与工作方式。
2. 熟练掌握状态转移图的绘制。
3. 灵活运用步进梯形图进行编程。

在工业生产中，通常将某一工作流程分为几个工步，每个工步下又有不同的执行装置动作，以完成每个工步特定的工作任务。当满足一定条件时，实现从一个工步向另一个工步的转换。状态转移图是一种描述这种顺序控制系统控制功能的图解表示法，能清楚地描述工业控制系统中各工步的顺序及各步之间的转换关系。它并不涉及具体的专业技术知识，只是一种通用的技术语言。使用状态转移图可以更方便设计者理清设计思路，加强设计者之间的交流，从而大大提高了设计效率。

状态转移图可以转换为步进梯形图，以控制步进系统的工作过程，非常方便实用。

§4.1　状态转移图和步进梯形图的绘制

4.1.1　状态转移图的绘制

在工业控制中，除了过程控制系统外，大部分的控制系统属于顺序控制系统。顺序控制是按照生产工艺预先规定的顺序，在各个输入信号的作用下，根据内部状态和时间的顺序，控制生产中的各个执行机构自动有序的工作过程。

为便于顺序控制系统的程序设计，FX 系列 PLC 除了基本逻辑指令外，又增加了两条步进指令，其目标继电器是状态器 S。所以对于顺序控制系统的程序设计，首先要按照控制系统的具体要求，画出其相应的状态转移图，再根据步进指令的使用规则，直接将状态转移图转换成相应的梯形图。

(1) 状态转移图的基本形式

状态转移图是一种用于描述顺序控制系统的图形说明语言，它由步、转移条件及有向线段组成。

① 步。状态转移图中的“步”是控制过程中的一个特定状态。步分为初始步和工作步，分别用双线方框和单线方框表示，在每一步中要完成一个或多个特定的动作，可以用文字或符号表示。初始步表示一个控制系统的初始状态，所以一个控制系统必须有一个初始步，初始步可以没有具体要完成的动作。

② 转移条件。步与步之间用“有向线段”连接，在有向线段上用一个或多个小短横线表示一个或多个转移条件，当条件得以满足时，可以实现由前一步“转移”到下一步的控制(由完成前一步的动作转移到执行下一步的动作)。为了确保控制系统严格地按照顺序执行，步与步之间必须有转移条件。采用步进指令编程时，可以保证满足转移条件时，转移到下一步执行，并同时自动关闭上一步的动作。

(2) 状态转移图的构成规则

① 画状态转移图时，首先要根据控制系统的具体要求，将控制系统的工作顺序分为若干步，并确定其相应的动作。

② 步与步之间用有向线段连接，当系统的控制顺序是从上向下时，可以不标注箭头，若控制顺序是从下向上执行时，必须要标注箭头。

③ 找出步与步之间的转移条件。

④ 确定初始步，用于表示顺序控制的初始状态。

⑤ 系统结束时一般是返回到初始状态。

(3) 状态转移图的形式

状态转移图可分为四种形式：单一顺序、选择顺序、并发顺序、跳转与循环顺序，如图 4.1 所示，其中图(b)、(c)和(d)未画出各步所完成的动作。

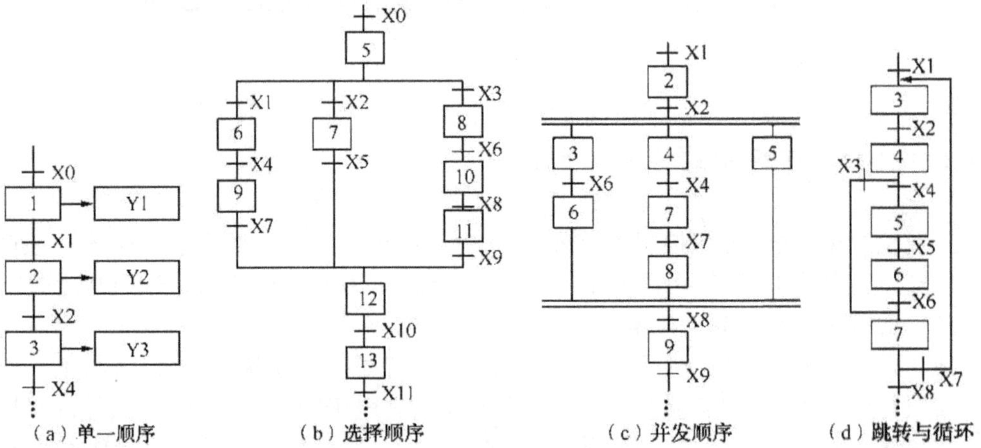

图 4.1 功能图的四种形式

① 单一顺序。单一顺序所表示的动作顺序是一步接着一步地完成的，每步连接转移，转移后面也仅连接一个步。

② 选择顺序。选择顺序用单水平线表示。选择顺序是指在一步之后有若干个单一顺

序等待选择，而一次仅能选择一个单一顺序。为了保证一次仅选择一个顺序，即选择的优先权，必须对各个转移条件加以约束。选择顺序的转移条件应标注在单水平线以内。

③ 并发顺序。并发顺序用双水平线表示，双水平线表示若干个顺序的同时和结束。并发顺序是指在某一转移条件下，同时起动若干个顺序，完成各自相应的动作后，同时转移到并行结束的下一步。并发顺序的转移条件应标注在两个双水平线以外。

④ 跳转与循环顺序。跳转与循环顺序表示顺序控制跳过某些状态和重复执行。状态转移图中的跳转和重复用箭头区分，带箭头的表示重复执行。

4.1.2　状态转移图设计举例

例 4.1　送料车循环运行的状态转移图设计。

图 4.2 为某送料小车工作示意图，小车可以在 A、B 两地之间前进和后退起动，在 A、B 两处分别装有后限位开关和前限位开关，小车在 B 处停车时要延时 10s 再返回。

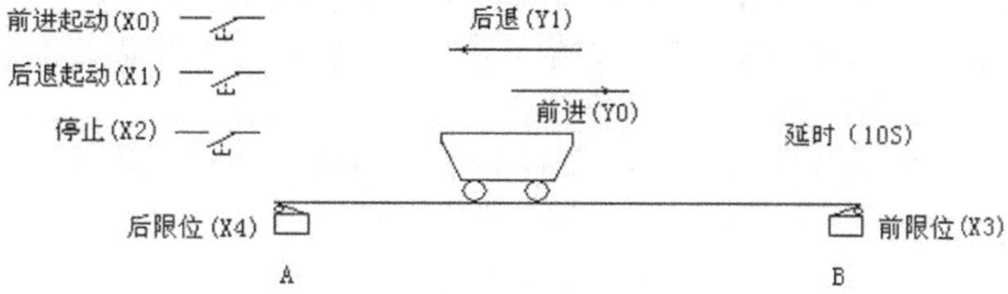

图 4.2　送料小车工作示意

(1) 控制要求。在初始状态下，按下前进起动按钮，小车由初始状态前进，当小车前进至前限位时，前限位开关闭合，小车暂停，延时 10s 后小车后退，后退至后限位时，后限位开关闭合，小车又开始前进……如此循环工作下去。

(2) PLC 的 I/O 地址分配如表 4.1 所示。

表 4.1　PLC 的 I/O 地址分配

输入信号		输出信号	
前进起动按钮	X0	前进	Y0
后退起动按钮	X1	后退	Y1
停止按钮	X2		
前限位行程开关	X3		
后限位行程开关	X4		

(3) 状态转移图的设计。小车送料的工作循环过程分为前进、延时、后退三个工步，其功能图如图 4.3 所示，图中采用特殊辅助继电器 M8002 作为 PLC 上电后初始的进入条件。

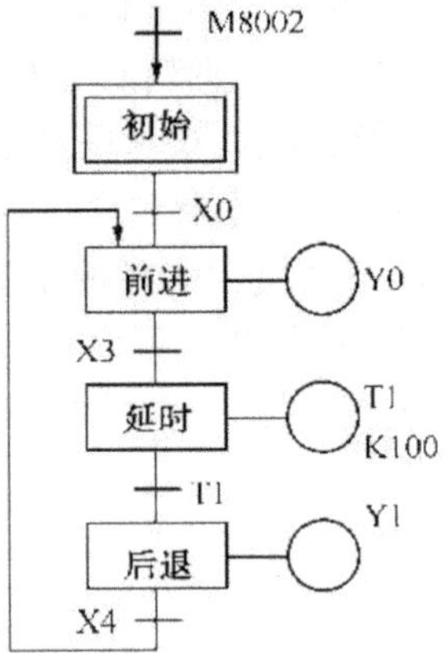

图 4.3 送料小车功能图一

在前面所述的控制要求中再补充三条:

(1) 小车在前进时,如果按下停止按钮(X2=ON),则小车回到初始状态。

(2) 在初始状态时,如果按下后退按钮(X1=ON),则小车由初始状态直接到后退状态,然后按照后退、前进、延时、后退的顺序执行。

(3) 小车在后退时,如果按下停止按钮(X2=ON),则转移到初始状态,后退步停止。

加入补充的三条控制要求后,其状态转移图如图 4.4 所示。

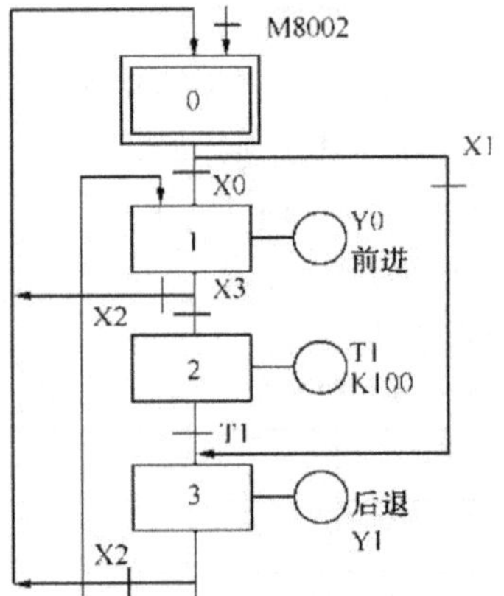

图 4.4 送料小车功能图二

例 4.2 锅炉鼓风机和引风机的状态转移图设计。

锅炉鼓风机和引风机起动/停止控制时序图如图 4.5 所示。要求在起动时,鼓风机比引风机晚 12s 起动,在停止时,引风机比鼓风机晚 15s 停止。根据动作要求设计的状态转移图如图 4.5 所示。

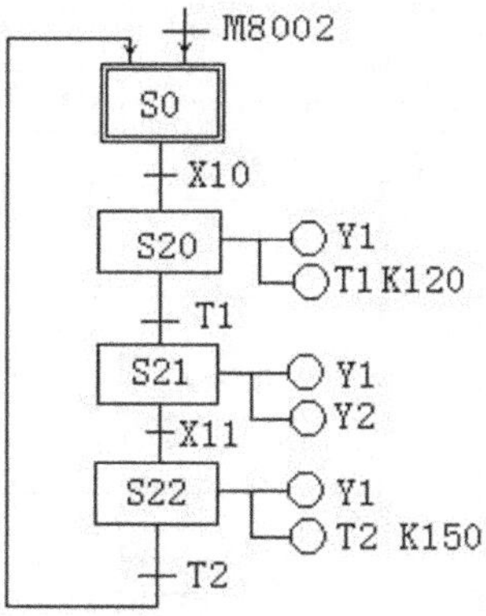

图 4.5　鼓风机和引风机的控制

首先采用 M8002 控制进入状态转移图的初始步 S0。当起动开关闭合 X10 为 ON，转移到 S20 步，首先起动引风机(Y1)，并同时驱动定时器 T1 计时。当 12s 延时时间到，在引风机工作的基础上，又起动鼓风机工作(Y2)。此时，鼓风机和引风机进入运行状态，只要不闭合停止开关，X11 就一直为 OFF，S21 步就不会关闭，也不能进入 S22 步，此状态将一直维持下去。直到关闭停止开关使 X11 为 ON，状态转移到 S22 步(关闭 S21 步)，鼓风机停止运行，并同时计时，当 15s 延时时间到，状态转移到初始步，引风机又停止运行。一次启动/停止控制动作结束，等待下一次起动操作。

4.1.3　状态转移图与步进梯形图的转换

(1) 步进指令及步进梯形图

FX 系列 PLC 有两条步进指令：STL 和 RET。采用步进指令进行编程，不仅可以大大地简化 PLC 程序设计的过程，降低编程的出错率，还可以提高系统控制的及时性。

步进指令 STL(Step Ladder Instruction)用状态 S 作为其操作数。FX2N 系列 PLC 的状态 S 的编号为 S0～S899，共 900 点；其中 S0～S9 供初始状态用，S10～S19 供返回原点用，S500～S899 具有断电保持功能。RET 为步进返回指令。

(2) 状态转移图与步进梯形图的转换

采用步进指令进行程序设计时，首先要设计系统的状态转移图，然后再将状态转移图转换成梯形图，写出相应的指令语句。将状态转移图转换成梯形图时，首先要注意初始步的进入条件。初始步一般由系统的结束步控制进入，以实现顺序控制系统连续循环动作的要求，但在 PLC 初次上电时，必须采用其他的方法预先驱动初始步，使之处于工作状态。在图 4.6 中采用特殊的辅助继电器 M8002 实现初始步 S0 的置位。某系统的顺序控制程序设计步骤如图 4.6(a)所示。

对于初始状态之外的一般状态必须在其他状态后加入 STL 指令才能驱动，不能脱离状态用其他的方式驱动。

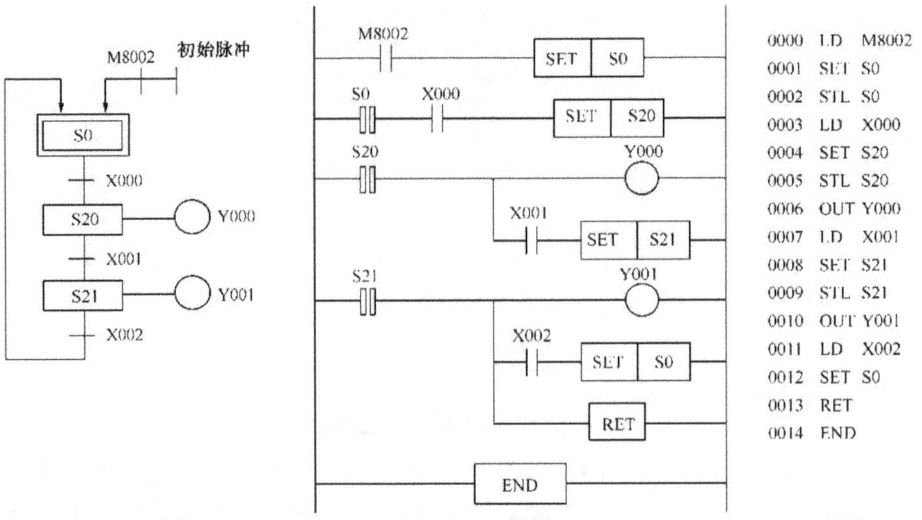

(a) STL功能图　　(b) STL梯形图　　(c) 指令语句

图4.6　STL功能图与梯形图的转换

4.1.4　步进指令的编程要点

(1) 状态也可作普通的辅助继电器使用。此时,其功能与辅助继电器一样,但作为辅助继电器使用时,不能提供步进接点(步进接点是可以生产一定步进动作的接点)。

(2) 输出的驱动方法。STL内的母线一旦写入LD或LDI指令,对不需要触点的线圈就不能再编程,如图4.7(a)所示。若要编程,需变换成图4.7(b)所示。

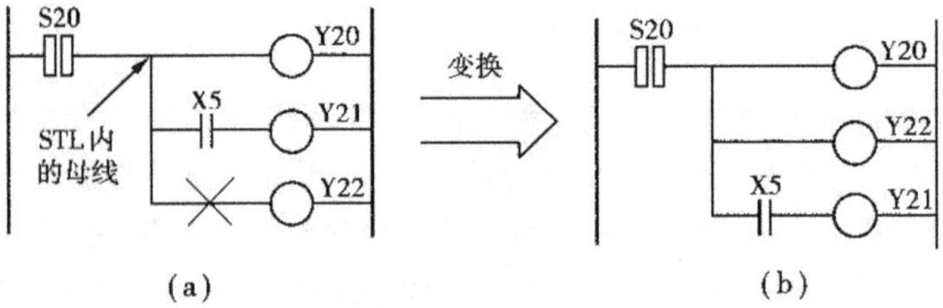

(a)Y22不能编程　　(b)Y22可以编程

图4.7　输出的驱动方法

(3) 栈指令的位置。不能在STL内的母线处直接使用栈指令(MPS/MRD/MPP),须在LD或LDI指令后使用栈指令,如图4.8所示。

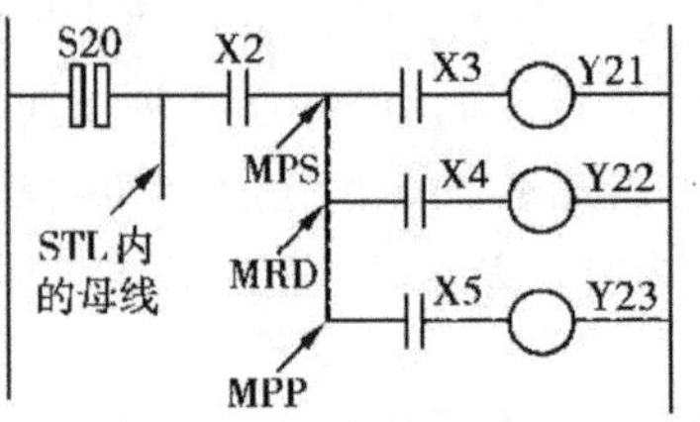

图4.8　栈指令的位置

(4) 状态的转移方法。对于 STL 指令后的状态(S),OUT 指令和 SET 指令具有同样的功能,都将自动复位转移源和置位转移目标,但 OUT 指令用于向分离状态转移,而 SET 指令用于向下一个状态转移,如图 4.9 所示。

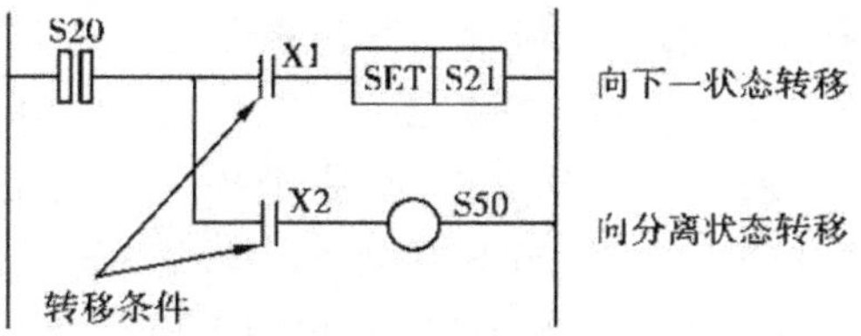

图 4.9　状态的转移方法

(5) 在不同的步进段,允许有重号的输出(注意:状态号不能重复使用)。如图 4.10(a)所示,表示 Y2 在 S20 和 S21 两个步进段都接通,它与图 4.10(b)等效。

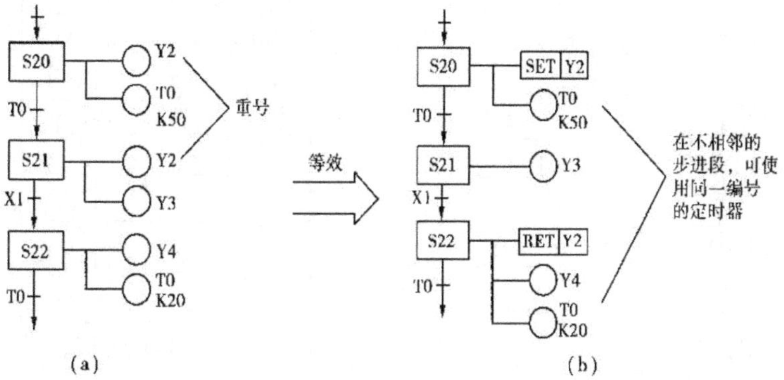

图 4.10　重复输出和定时器

(6) 在不相邻的步进段,允许使用同一地址编号的定时器(注意:在相邻的步进段不能使用),如图 4.10 所示。故对于一般的时间顺序控制,只需 2～3 个定时器即可。

(7) 状态转移时,若需要保持某一个输出,可以采用置位指令 SET;当该输出不需要再保持时,可采用复位指令 RST。

(8) 初始状态用双线框表示,通常用特殊辅助继电器 M8002 的常开触点提供初始信号,其作用是为启动做好准备,防止运行中的误操作引起的再次启动。

(9) 采用应用指令 FNC40(ZRST)进行状态的区间复位。例如,图 4.11 用于将 S0～S30 之间的 31 点状态同时复位。

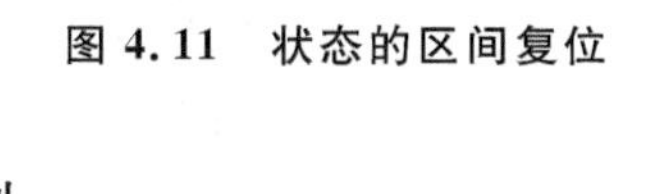

图 4.11　状态的区间复位

4.1.5　多流程步进控制

前面介绍的步进过程只有一个分支,为单流程结构。多流程步进过程是具有两个以上的顺序动作的控制,其状态转移图具有两条以上的分支,按结构的不同多流程可分为以下三种。

(1) 选择分支与汇合

从多个分支中选择执行某一条分支流程。其特点是在同一时刻只允许选择一条分支，即不能同时转移到几条分支，其状态转移图如图 4.12(a)所示。在图 4.12(a)中有两个步进过程，用选择条件 X0 和 X10 来决定其分支走向，哪个条件先满足就执行哪个分支。例如，当 X0 先接通时，就执行左边分支，即状态 S20 向 S21 转移(S21 置位，S20 自动复位)。因此，以后即使 X10 接通，S31 也不会动作(因此时转移源 S20 已复位)。

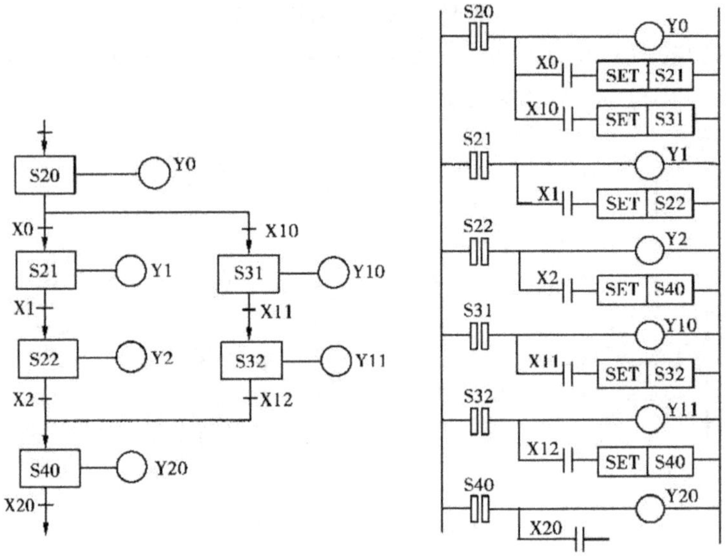

(a)　　　　(b)

(a)状态转移图　　　　(b)步进梯形图

图 4.12　选择分支与汇合

若执行的是左边分支，汇合状态 S40 就由状态 S22 驱动；若执行的是右边分支，汇合状态 S40 就由状态 S32 驱动。

图 4.12(a)对应的步进梯形图如图 4.12(b)所示。图 4.12(b)对应的指令表如下：

STL	S20	STL	S21	LD	X2	STL	S32
OUT	Y0	OUT	Y1	SET	S40	OUT	Y11
LD	X0	LD	X1	STL	S31	LD	X12
SET	S21	SET	S22	OUT	Y10	SET	S40
LD	X10	STL	S22	LD	X11	STL	S40
SET	S31	OUT	Y2	SET	S32	OUT	Y20

(2) 并行分支与汇合

当转移条件满足时，同时执行几个分支，当所有分支都执行结束后，若转移条件满足，再转向汇合状态，如图 4.13 所示。

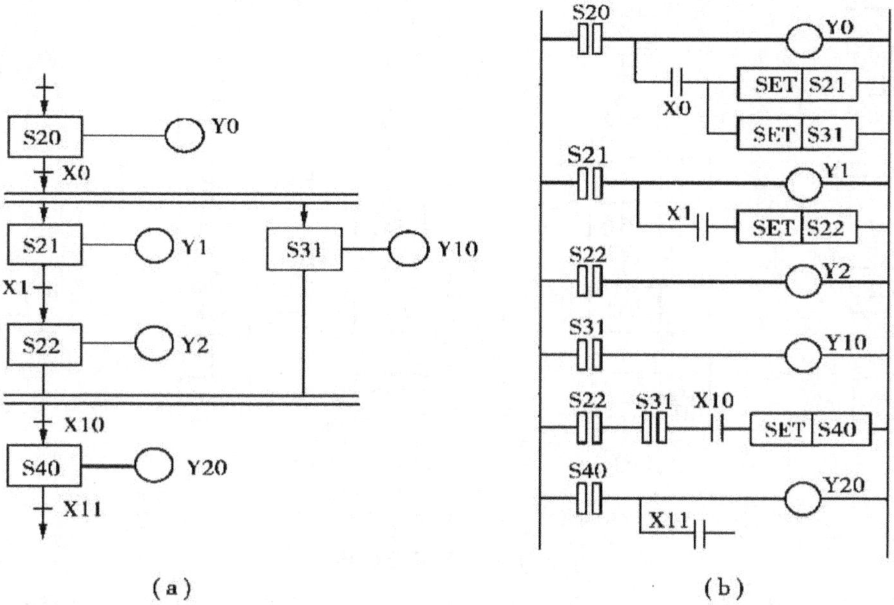

(a)状态转移图　　　　　(b)步进梯形图

图 4.13　并联分支与汇合

图 4.13(a)中，当转移条件 X0 满足时，同时转向两个分支，即状态 S20 同时向状态 S21 和 S31 转移，之后转移源 S20 自动复位。若右边分支先执行到状态 S31，还不能进行转移，必须等到状态 S22 和 S31 都置位且转移条件 X10 接通时，才转移到汇合状态 S40 处。当状态转移到汇合状态 S40 后，转移源状态 S22 和 S31 自动复位。

图 4.13(a)对应的步进梯形图如图 4.13(b)所示。图 4.13(b)对应的指令表如下：

STL	S20	STL	S21	OUT	Y2	LD	X10
OUT	Y0	OUT	Y1	STL	S31	SET	S40
LD	X0	LD	X1	OUT	Y10	STL	S40
SET	S21	SET	S22	STL	S22	OUT	Y20
SET	S31	STL	S22	STL	S31	LD	X11

(3) 跳转与循环

当转移条件满足时，程序可跳过几个状态继续执行以后的程序，实现跳转操作；也可再次执行已执行过的程序，实现循环操作；还可以由一个程序流调到另一个程序流(向流程外跳转)，如图 4.14 所示。

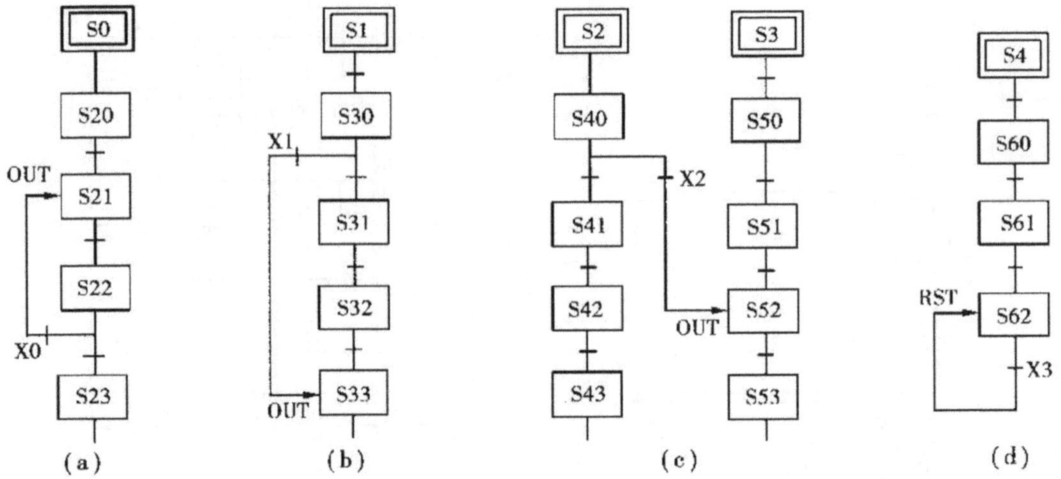

(a)循环　(b)跳转　(c)向流程外跳转　(d)自复位

图4.14　跳转与循环

在图4.14(a)中,若转移条件X0为ON,状态S22向状态S21转移,作循环操作。循环时要用OUT指令代替SET指令,即:LD　X0,OUT　S21。

在图4.14(b)中,若转移条件X1为ON,状态S30向状态S33转移,作跳转操作。跳转时要用OUT指令替代SET指令,即:LD　X1,OUT　S33。

在图4.14(c)中,若转移条件X2为ON,流程S2中的状态S40向流程S3中的状态S52转移。转移时要用OUT指令代替SET指令,即:LD　X2,OUT　S52。

在图4.14(d)中,若转移条件X3为ON,状态S62被复位。复位时要用RST指令,即:LD　X3,RST　S62。

§4.2　FX2N系列PLC步进指令的应用举例

4.2.1　简易机械手控制程序

初始状态时,机械手位于左上角处,上限位X2、左限位X4为ON,机械手处于放松状态,Y1为OFF,称此位置为原点位置。按下启动按钮X0后,机械手开始自动运行。机械手下降,至A处下限位X1变为ON时,Y1变为ON,机械手抓紧工件,并在0.5s后上升。上升到最上方,上限位X2为ON时,机械手转为右行。到右限位X3为ON时,变为下降。下降到最低处,X1为ON时,机械手松开,将工件放至B处。0.5s后重新变为上升、左行,回到原点位置处。注意,机械手只有在最上方时才能执行左右移动。机械手示意图如图4.15所示。

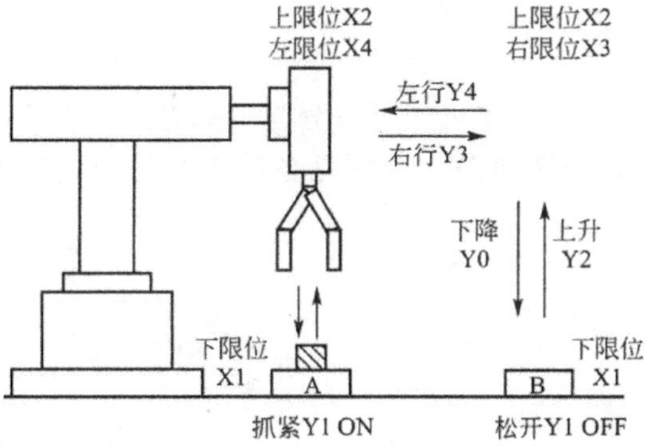

图 4.15　机械手

(1) 点数分配

将各输入/输出点数分配，见表 4.2。

表 4.2　机械手输入/输出点数分配

输入点数		输出点数	
启动按钮	X0	下降继电器 KM1	Y0
下限位	X1	机械手抓电磁阀 YV	Y1
上限位	X2	上升继电器 KM2	Y2
右限位	X3	右行继电器 KM3	Y3
左限位	X4	左行继电器 KM4	Y4

(2) PLC 外部接线图

根据点数分配表做出 PLC 外部接线图，如图 4.16 所示。

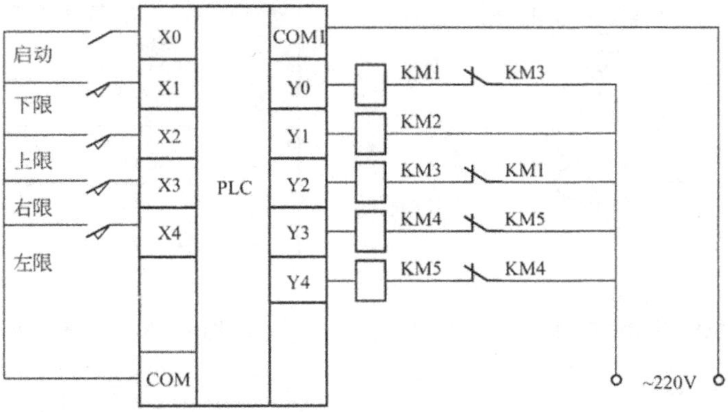

图 4.16　机械手系统的 PLC 外部接线

(3) 状态转移图

根据机械手的工作要求,可以将工作过程分为下降、抓紧、上升、右行、下降、松开、上升、左行几个工步。各工步之间的转换条件分别是各限位开关或定时器。做出状态转移图,如图4.17所示。

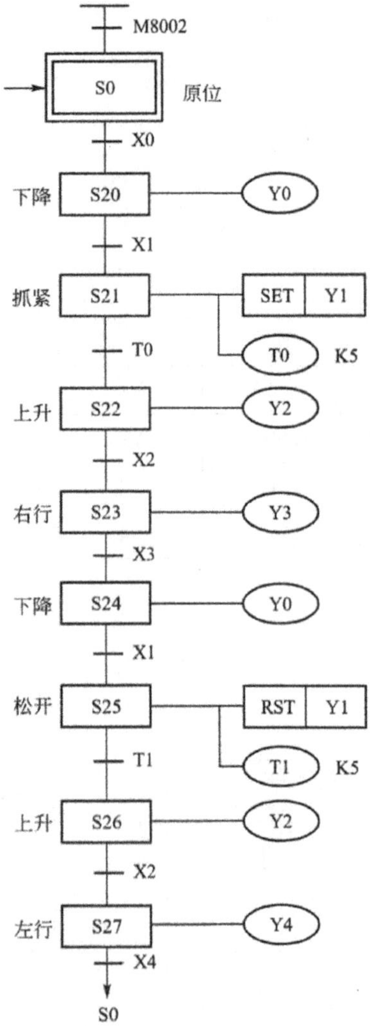

图4.17 机械手状态转移

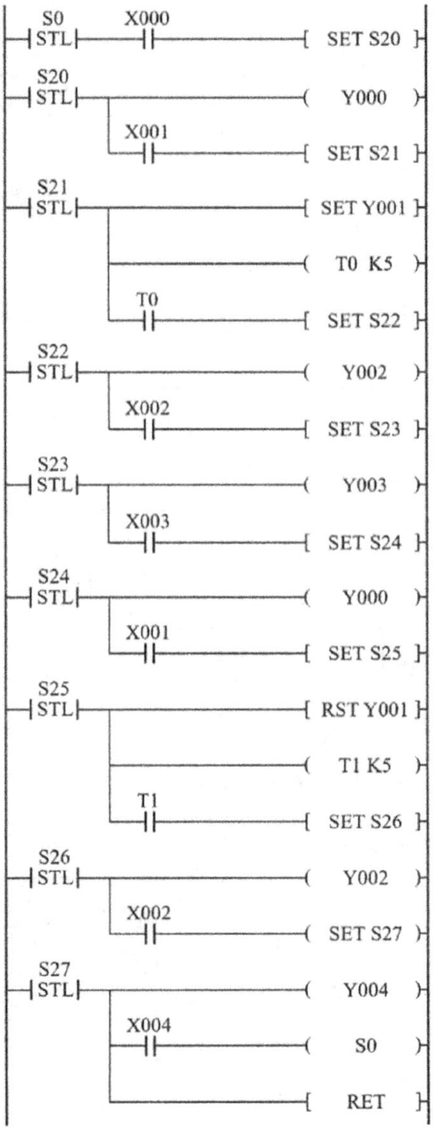

图4.18 机械手步进梯形

(4) 步进梯形图

将图4.17所示的状态转移图转换成步进梯形图,如图4.18所示。

(5) 指令表

指令表如下。

0	LD	M8002	20	STL	S22	39	RST	Y001
1	SET	S0	21	OUT	Y002	40	LD	T1
3	STL	S0	22	LD	X002	41	SET	S26
4	LD	X000	23	SET	S23	43	STL	S26
5	SET	S20	25	STL	S23	44	OUT	Y002
7	STL	S20	26	OUT	Y003	45	LD	X002
8	OUT	Y000	27	LD	X003	46	SET	S27
9	LD	X001	28	SET	S24	48	STL	S27
10	SET	S21	30	STL	S24	49	OUT	Y004
12	STL	S21	31	OUT	Y000	50	LD	X004
13	OUT	T0　K5	32	LD	X001	51	OUT	S0
16	SET	Y001	33	SET	S25	53	RET	
17	LD	T0	35	STL	S25			
18	SET	S22	36	OUT	T1　K5			

4.2.2 花样喷水

某花样喷水 PLC 控制系统的 I/O 接线如图 4.19 所示。

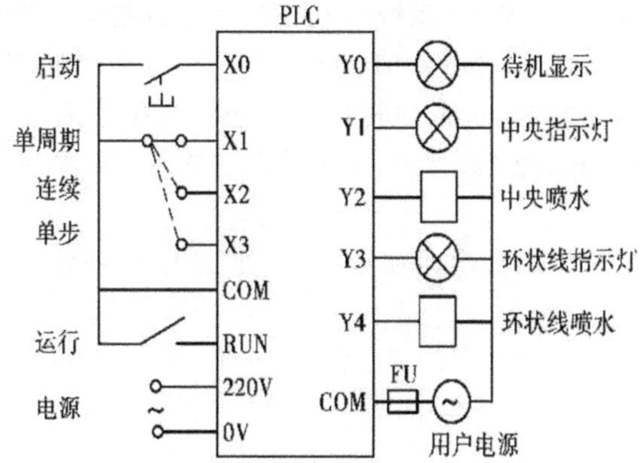

图 4.19　I/O 接线

运行方式有以下几种：

(1) 单周期运行(X1 接通)：按下启动按钮 X0，则输出按照 Y0、Y1、Y2、Y3、Y4 的顺序动作，并返回到待机状态，用 1s 定时器依次切换各输出。

(2) 连续运行方式(X2 接通)：重复 Y1～Y4 的动作。

(3) 单步运行(X3 接通)：每按一次启动按钮 X0，只走一步。

根据上述多操作方式的要求，设计其状态转移图如图 4.20 所示。

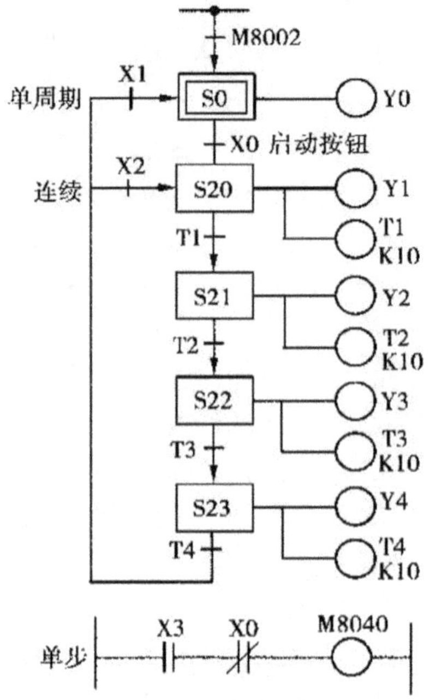

图 4.20 状态转移

由图4.20可见，当PLC投入运行时，由初始脉冲M8002使状态S0置位，进而使输出Y0接通，待机指示灯亮。当按下启动按钮X0时，PLC按中央指示灯Y1、中央喷水Y2、环状线指示灯Y3、环状喷水Y4的顺序动作。当顺序动作到状态S23时，若转换开关转换到X1(即X1接通)，则状态转移到S0，系统运行一个周期后停止到待机状态；若转换开关转换到X2(即X2接通)，则状态转移到S20。系统启动一次后不断循环一个周期的动作。

当转换开关转换到X3(即X3接通)时，若没有按下启动按钮X0，则X0的常闭触点闭合，特殊辅助继电器M8040接通，状态的转移被禁止。当按下启动按钮X0时，其常闭触点断开，M8040断开，状态可以转移(如S20转到S21状态)。每按一次X0，状态向下转移一步，从而实现单步控制。

将状态转移图转换为对应的梯形图和指令表，如图4.21所示。

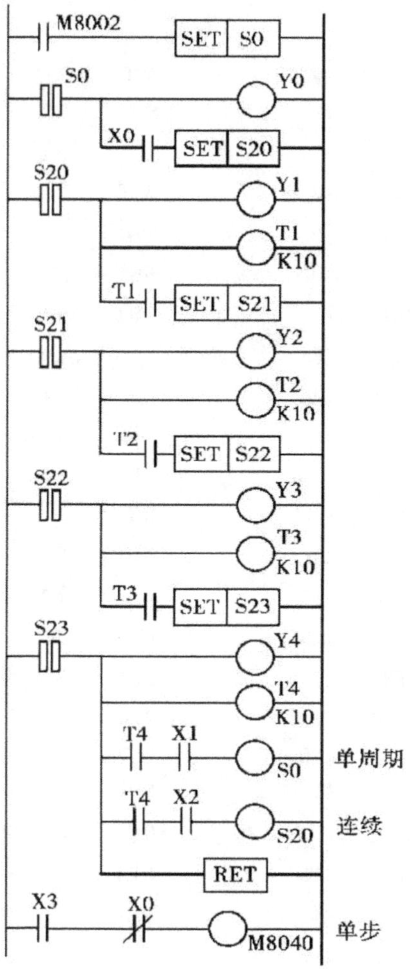

指令表

LD	M8002	STL	S22
SET	S0	OUT	Y3
STL	S0	OUT	T3
OUT	Y0		K10
LD	X0	LD	T3
SET	S20	SET	S23
STL	S20	STL	S23
OUT	Y1	OUT	Y4
OUT	T1	OUT	T4
	K10		K10
LD	T1	LD	T4
SET	S21	AND	X1
STL	S21	OUT	S0
OUT	Y2	LD	T4
OUT	T2	AND	X2
	K10	OUT	S20
LD	T2	RET	
SET	S22	LD	X3
		ANI	X0
		OUT	M8040
		END	

图 4.21　梯形图及指令表

注意:从状态 S23 转向状态 S0 或 S20 时,对 S0 或 S20 的编程要用 OUT 指令。

4.2.3　多台电机的顺序启停控制

三台电机 M1～M3 的接触器 KM1～KM3 分别接在 PLC 的三个输出端子 Y1～Y3 上,电机的启动按钮和停止按钮分别接在 PLC 的输入 X0 和 X1 上。当按下启动按钮 X0 时,要求按 M1～M3 的顺序启动,即:当 M1 启动 2s 后 M2 才启动,当 M2 启动 3s 后 M3 才启动。当按下停止按钮 X1 时,要求按 M3～M1 的顺序停止,即:当 M3 停止 3s 后 M2 才停止,当 M2 停止 2s 后 M1 才停止。

实现上述顺序启动和逆序停止控制要求的状态转移图和对应的指令表如图 4.22 所示。

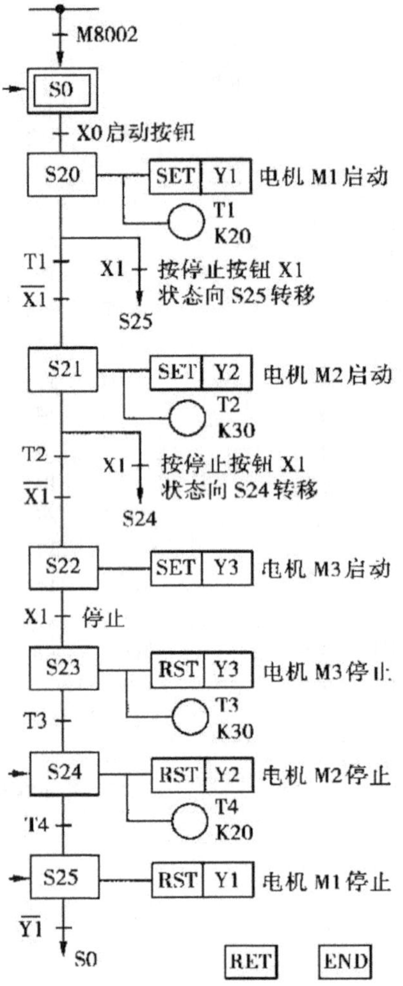

指令表

LD	M8002	STL	S22
SET	S0	SET	Y3
STL	S0	LD	X1
LD	X0	SET	S23
SET	S20	STL	S23
STL	S20	RST	Y3
SET	Y1	OUT	T3
OUT	T1		K30
	K20	LD	T3
LD	T1	SET	S24
ANI	X1	STL	S24
SET	S21	RST	Y2
LD	X1	OUT	T4
OUT	S25		K20
STL	S21	LD	T4
SET	Y2	SET	S25
OUT	T2	STL	S25
	K30	RST	Y1
LD	T2	LDI	Y1
ANI	X1	OUT	S0
SET	S22	RET	
LD	X1	END	
OUT	S24		

图 4.22　实现多台电机顺序启停的状态转移图及指令表

注意:转向分离状态时,要用 OUT 指令。

4.2.4　十字路口交通灯控制

在第 3 章的第 6 节曾经介绍过用基本逻辑指令实现十字路口交通灯的 PLC 控制,其动作过程和梯形图分别如图 3.55 和图 3.56 所示。现将此交通灯的动作过程改为用步进指令来实现,其状态转移图和梯形图分别如图 4.23 和图 4.24 所示。其中,X0 为启停开关,当 X0 为 ON 时,交通灯开始工作;当 X0 为 OFF 时,停止工作。

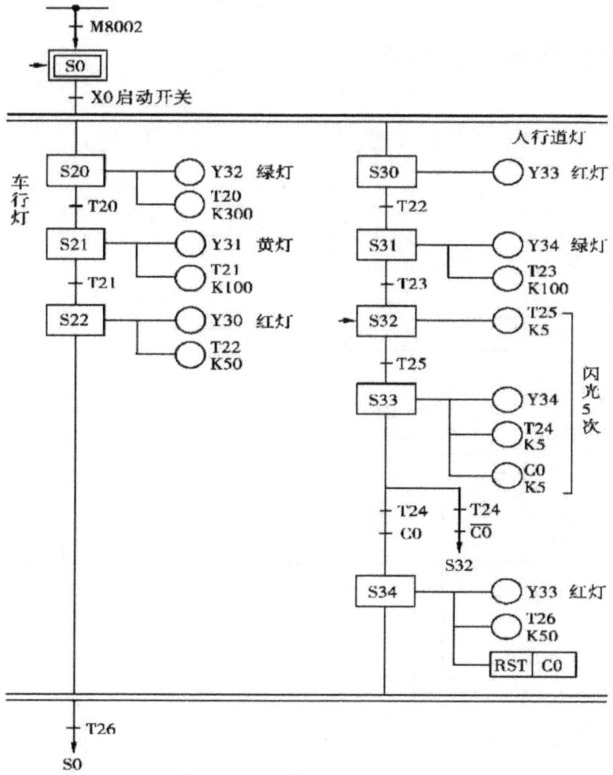

图 4.23　状态转移

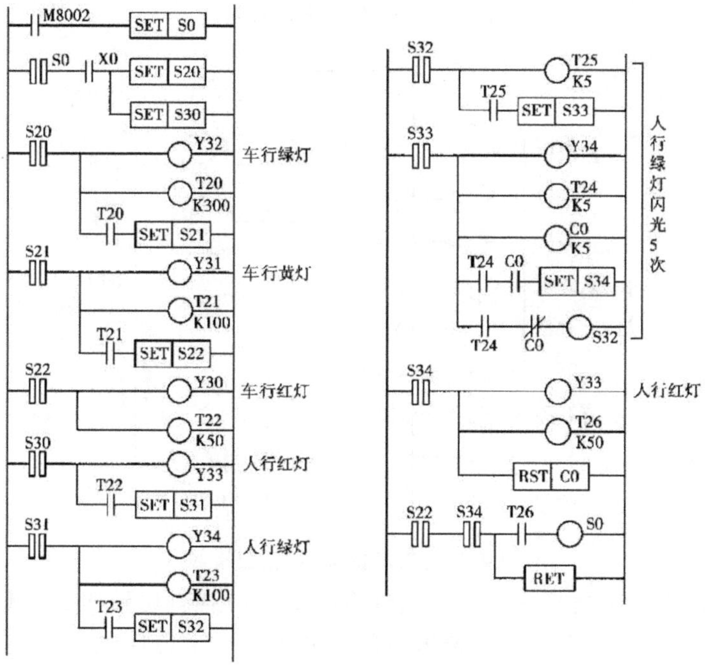

图 4.24　状态梯形

4.2.5 大小球的选择传送控制

使用输送机分拣大、小球的装置,如图 4.25 所示。图中,左上方为原点,LS1～LS5 分别为左、下、上、小球位置和大球位置的限位开关,LS1～LS5 分别接在 PLC 的 X1～X5 输入端子上。Y0 接吸放球的电磁铁,Y1～Y4 分别接下降、上升、右行、左行电磁阀,Y7 接原点指示灯,其输入/输出接线图如图 4.26 所示。

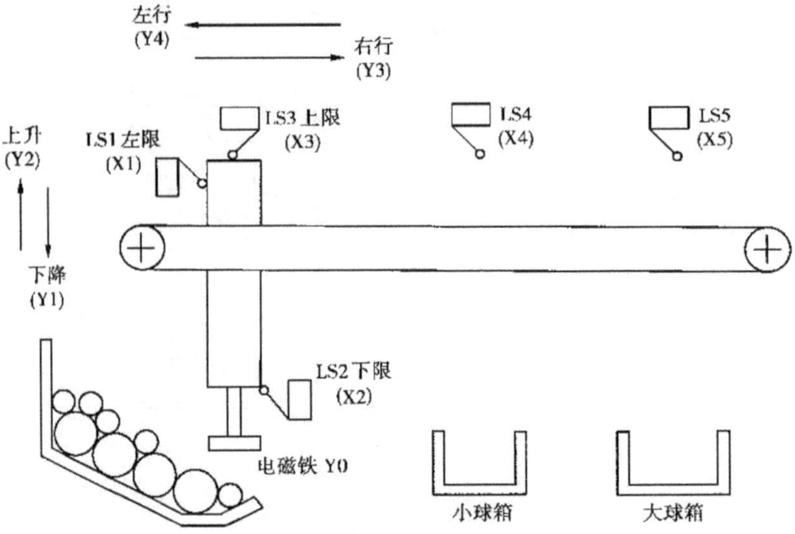

图 4.25 分拣大、小球的装置

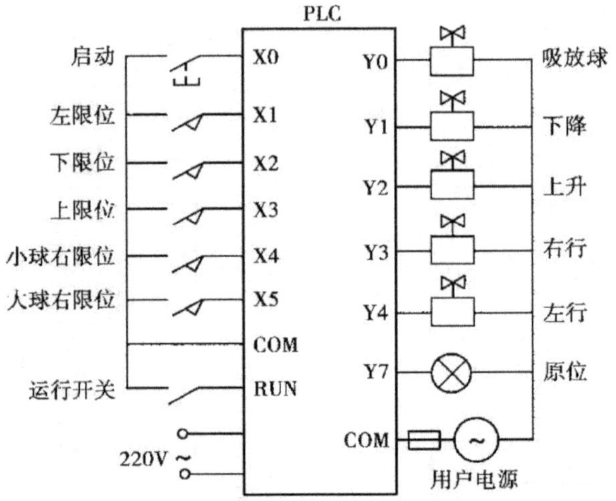

图 4.26 PLC 的输入/输出接线

按下启动按钮 X0,机械臂下降。机械臂下降 2s 后,若电磁铁吸住大球,则由于活塞没有到达下限,故下限位开关 LS2(X2)断开;反之,若吸住小球,则由于活塞达到下限而使下限位开关 LS2(X2)接通。

机械臂一个周期的动作顺序为:下降、吸球、上升、右行、下降、释放球、上升、左行。初始时，机械臂位于左上方，X1 和 X3 均闭合，电磁铁 Y0 释放，原位指示灯 Y7 接通。按下启动按钮 X0 时，臂向下行，碰到下限位开关 LS2 时，电磁铁 Y0 吸住小球，臂向上行，碰到上限位开关 LS3 后再向右行，碰到小球右限位开关 LS4 时，臂向下行，碰到下限位 LS2 时，将小球释放在小球箱子里之后，机械臂再上升、左行到原位。若臂下行时没有碰到下限位开关 LS2，则电磁铁吸住大球，经上升、右行，碰到大球右限位开关 LS5 后再下行，碰到下限位开关 LS2 时，将大球放在大球箱子里。

该过程的状态转移图和对应的指令表如图 4.27 所示。当 X2 接通时，选择执行左边的"小球"支路；当 X2 断开时，选择执行右边的"大球"支路。

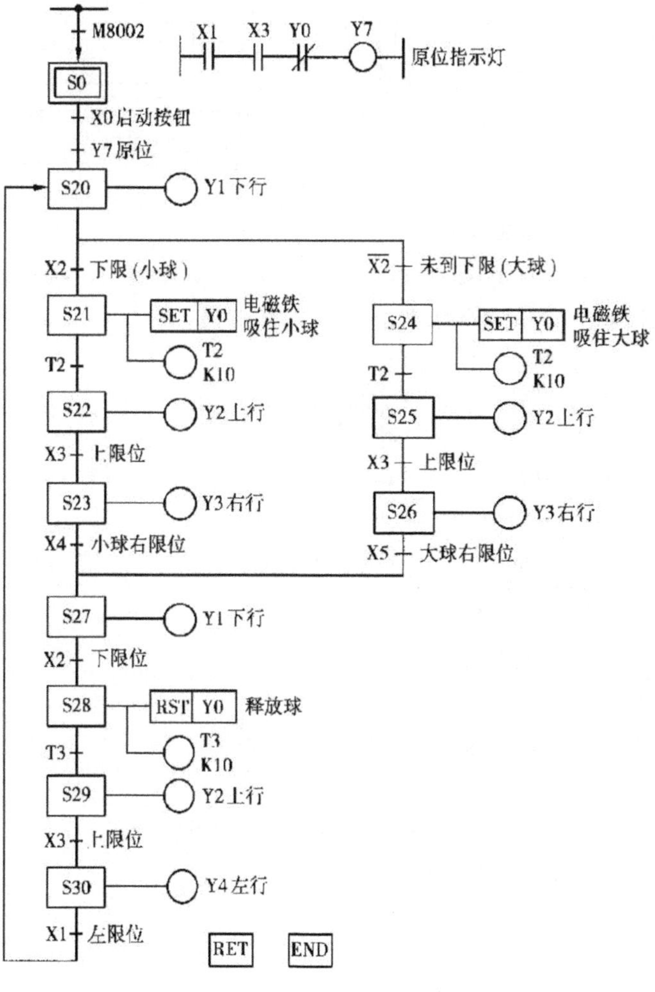

状态转移图

指令表

```
LD    X1            OUT   T2
AND   X3                  K10
ANI   Y0            LD    T2
OUT   Y7            SET   S25
LD    M8002         STL   S25
SET   S0            OUT   Y2
STL   S0            LD    X3
LD    X0            SET   S26
AND   Y7            STL   S26
SET   S20           OUT   Y3
STL   S20           LD    X5
OUT   Y1            SET   S27
LD    X2            STL   S27
SET   S21           OUT   Y1
LDI   X2            LD    X2
SET   S24           SET   S28
STL   S21           STL   S28
SET   Y0            RST   Y0
OUT   T2            OUT   T3
      K10                 K10
LD    T2            LD    T3
SET   S22           SET   S29
STL   S22           STL   S29
OUT   Y2            OUT   Y2
LD    X3            LD    X3
SET   S23           SET   S30
STL   S23           STL   S30
OUT   Y3            OUT   Y4
LD    X4            LD    X1
SET   S27           OUT   S20
STL   S24           RET
SET   Y0            END
```

图 4.27　状态转移图及指令表

习 题 4

1. 如题图4.1所示,使几条相连的传送带按顺序(A—B—C)起动,逆序(C—B—A)停止,试画出梯形图。

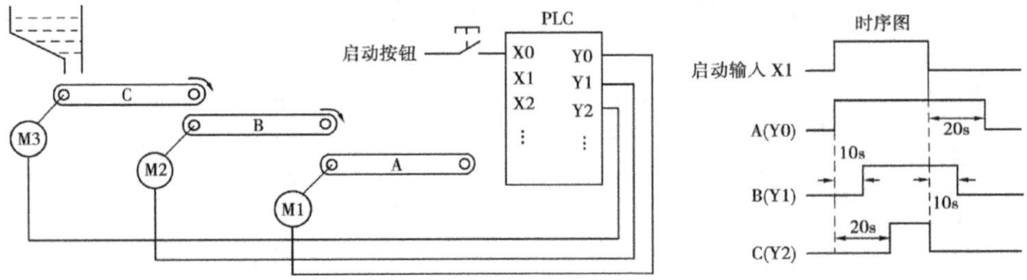

题图 4.1

2. 如题图4.2所示,有四个答题人。出题人提出问题,答题人按动按钮,仅仅是最先按下的人才有输出。出题人按复位按钮引出下一个问题。试画出梯形图。

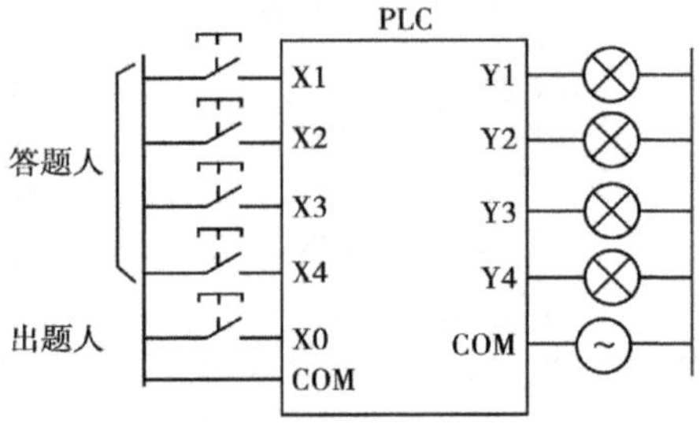

题图 4.2

3. 设计三层电梯控制程序,要求写出梯形图及指令表。

规定I/O编号(PB□为"□"层呼叫按钮,LS□为"□"层限位开关,□F为"□"层的指示灯)如下:

输入:PB3—X0 PB2—X1 PB1—X2 LS3—X3 LS2—X4 LS1—X5。

输出:上升—Y4 下降—Y3 1F—Y2 2F—Y1 3F—Y0。

动作要求:

(1) 电梯停在1层或2层时,按PB3,则电梯上升至LS3停。

(2) 电梯停在3层或2层时,按PB1,则电梯下降至LS1停。

(3) 电梯停在1层时,按PB2,则电梯上升至LS2停。

(4) 电梯停在3层时,按PB2,则电梯下降至LS2停。

(5) 电梯停在1层时,若PB2、PB3均有人呼叫,则电梯上升至LS2时暂停2s后,继续上升至LS3停。

(6) 电梯停在3层时,若PB1、PB2均有人呼叫,则电梯下降至LS2时暂停2s后,继续下降至 LS1 停。

(7) 当电梯在上升途中,任何反方向(下降)按钮均无效。

(8) 当电梯在下降途中,任何反方向(上升)按钮均无效。

4. 题图 4.3 为某十字路口交通灯动作过程,试编制实现其控制过程的程序。

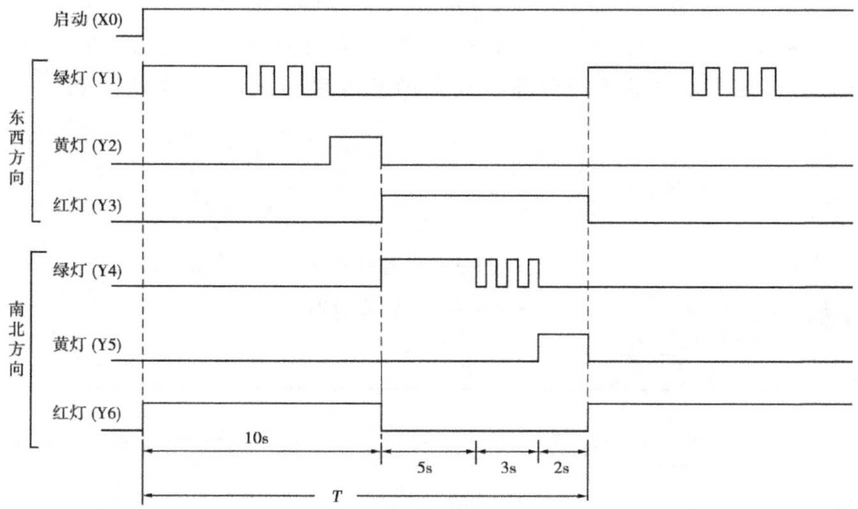

题图 4.3

(1) 规定 I/O 编号为:

(2) 输入:启动按钮—X0。

(3) 输出:① 东西方向指示灯:绿灯—Y1　黄灯—Y2　红灯—Y3。

② 南北方向指示灯:绿灯—Y4　黄灯—Y5　红灯—Y6。

(4) 动作要求:如题图 4.3 所示,当关断电源后再启动时,则从头开始。

5. 将题图 4.4 转换成相应的步进梯形图,并写出指令表。

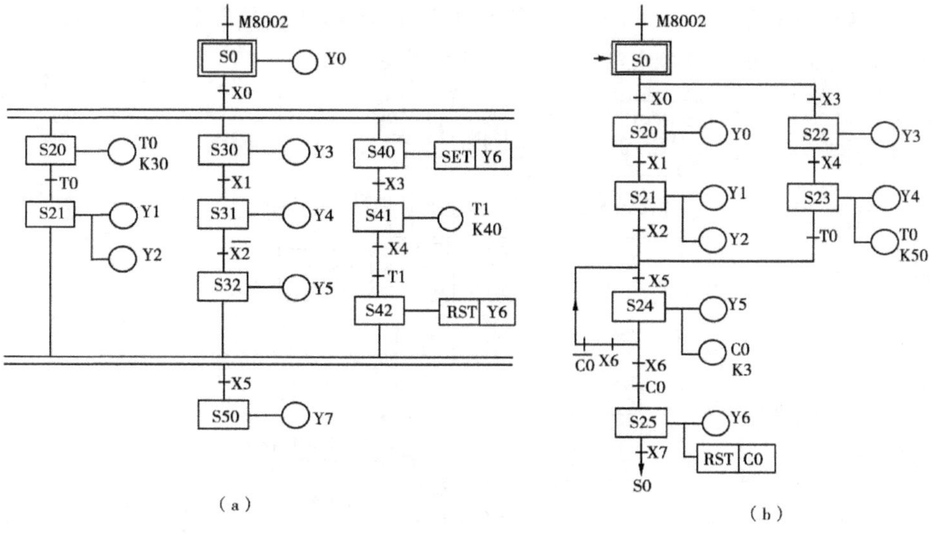

题图 4.4

6. 题图 4.5 为小车运行过程。当小车处于后限位(X2)时，按下启动按钮(X0)，小车向前运行，碰到前限位(X1)后，料仓翻门打开(向小车装料)。10s 后小车向后退，当碰到后限位(X2)后，小车底门打开(卸料)，至此完成一个周期的动作。要求实现以下几种控制方式：

(1) 单周期：当按下启动按钮后，小车运行一个周期后停止。

(2) 连续：当按下启动按钮后，小车自动循环一个周期的动作。

(3) 单步：每按一次启动按钮，只完成一步动作，即每步动作都要启动。

试画出满足上述要求的状态转移图和相应的步进梯形图，并写出指令表。

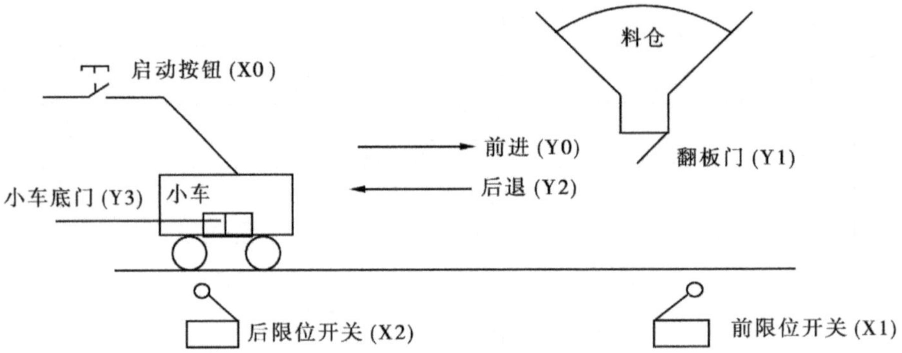

题图 4.5

7. 某自动输送工件到搬运车的输送带控制示意图如题图 4.6 所示，其控制过程如下：

(1) 按下启动按钮(X0)，电动机 1(Y1)和电动机 2(Y2)运转，驱动输送带 1、2 移动。按下停止按钮(X5)时，输送带停止。

(2) 当工件到达运转点 A 时，SQ1(X1)使输送带 1 停止，气压缸 1(Y3)动作将工件送上输送带 2。气压缸采用自动归位型，当 SQ2(X2)检测气压缸 1 达到定点位置，气压缸 1(Y3)复位。

(3) 当工件达到运转点 B 时，SQ3(X3)使输送带 2 停止，气压缸 2(Y4)动作将工件送上搬运车。当 SQ4(X4)检测气压缸 2 到达定点位置，气压缸 2(Y4)复位。

试画出满足上述要求的状态转移图和相应的步进梯形图。

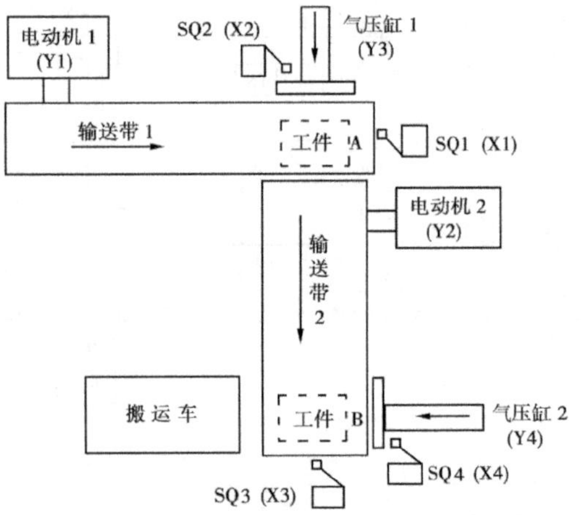

题图 4.6

8. 某定量封装(例如封装大米、饲料等)自动控制过程如题图 4.7 所示,其控制过程如下:

(1) 按下启动按钮,开始定量封装,进料阀门打开,物料落入包装袋中。

(2) 当物料达到规定重量时,重量开关动作,使进料阀门关闭,同时,封口作业开始,将包装袋封口 5s。

(3) 移走已包装好的物品,重量开关又作用,进料阀门打开,进行下一循环的封装作业。

(4) 按下停止按钮,封装工作停止。

试编出实现上述控制过程的程序。

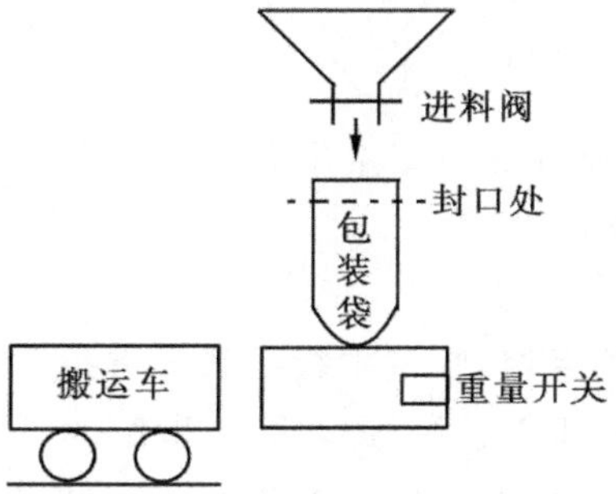

题图 4.7

9. (1) 试用定时器和计数器实现如题图 4.8 所示的控制时序,画出梯形图。

(2) 试用步进指令编程实现如图 4.8 所示的控制时序,要求画出状态转移图和步进梯形图。

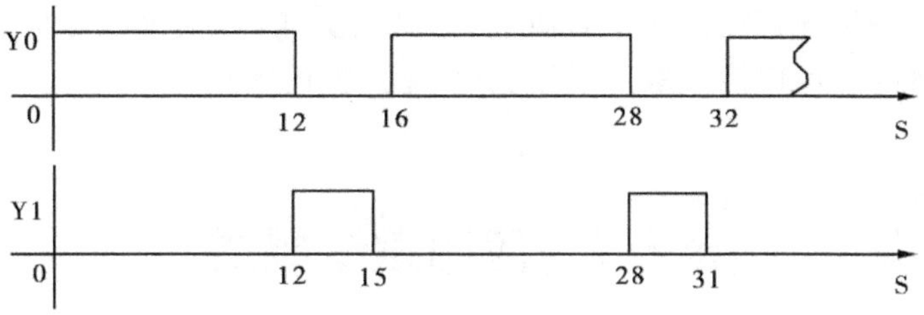

题图 4.8

第 5 章　FX 系列 PLC 的应用指令及其编程

本章要点

1. 掌握应用指令的格式、执行条件及操作元件的种类。
2. 熟练掌握常见应用指令的功能。

早期的 PLC 大锁用于开关量控制，基本指令和步进指令已经能满足控制要求。为适应控制系统的其他控制要求(如模拟量控制等)，从 20 世纪 80 年代开始，PLC 生产厂家就在小型 PLC 上增加了大量的应用指令(也称功能指令)。应用指令的出现大大拓宽了 PLC 的应用范围，也给用户编制程序带来了极大方便。

近年来，各公司在老设备改造和专机制造等方面广泛地采用 PLC 技术，成功地应用 PLC 改造及制造自动化生产线、总装线、机床、加工中心、立体车库等设备及系统。可编程控制器的每一条应用指令相当于一个子程序。应用 PLC 的应用指令，一改传统的设计方法，可以进一步优化程序设计，节省 PLC 的输入点，简化操作，从而缩短了设计和改造周期，提高了设备的控制精度和可靠性。取得了投资少、见效快的效果。

§5.1　应用指令概述

FX 系列 PLC 有 100 多条应用指令，由于篇幅限制，本章仅对比较常用的应用指令作详细介绍，其余的指令只作简介，读者可参阅 FX 系列 PLC 编程手册。

5.1.1　应用指令的结构

应用指令实际上是为方便用户而设置的功能各异的子程序调用指令，其表示格式与基本指令不同。应用指令用编号 FNC00～FNC246 表示，并给出对应的助记符(大多用英文名称或缩写表示)。例如，FNC45 的助记符是 MEAN(平均)，使用简易编程器是输入 FNC45，若采用智能编程器或在计算机上编程时也可输入助记符 MEAN。

如图 5.1 所示，应用指令一般由指令名称和操作数两部分组成。

指令名称	操　作　数			
	源操作数 S	辅助操作数 m	目的操作数 D	辅助操作数 n

图 5.1　应用指令的结构

指令名称用于表示指令的实现的功能，通常用指令功能的英文缩写形式作助记符。例如，传送指令 MOV 实际是 MOVE 的缩写。每条指令都对应于一个编号，用 FNC□□表示，指令不同，编号也不同。例如，MOV 指令的编号是 FNC12。FNC2N 系列可编程控制器的编号范围是 FNC00～FNC246。

操作数是指令执行时使用的或产生的数据，分为源操作数 S、辅助操作数 m、目的操作数 D 和辅助操作数 n。操作数可能存储在存储单元（如数据寄存器 D）中，可能以变址的方式存储，也可能以数值形式直接出现在指令中（常用 H 或 K 指定）。在一条指令中，源操作数、目的操作数、辅助操作数每种可能有多个，也可能没有。

源操作数是指令执行时使用的数据。指令执行后，只有不被覆盖，源操作数就保持不变，用（S.）表示。当有多个源操作数时，分别用（S1.）、（S2.）表示。

目的操作数是指令执行时产生的数据，通常用（D.）表示。

辅助操作数是对源操作数或目的操作数作某种说明或限定的数，分别用 m、n 表示。

如图 5.2 所示，当满足条件 X001 接通时，执行 ADD 指令。将 D1 中的内容与 D0 中的内容相加，把相加的结果放到 D10 中。其中，ADD 是指令名称，D0、D1 都是源操作数，D10 是目的操作数。当满足条件 X005 接通时，对从 D0 开始的连续 6 个数据寄存器（即 D0～D5）中的数据取平均值，结果放到 D12V 中。其中，MEAN 是指令名称，D0 是源操作数，D12V 是变址方式的目的操作数，K6 是辅助操作数，用来说明是从 D0 开始的 6 个寄存器中的数据。

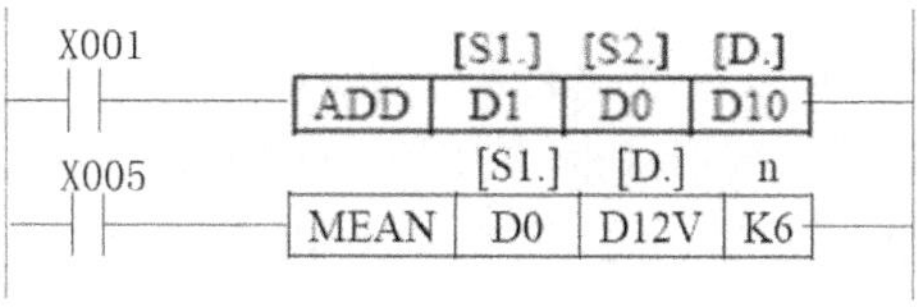

图 5.2　功能指令的格式

5.1.2　操作数可用元件形式

应用指令的操作数可以是字元件、位元件和位元件的组合形式。

只能为 1 或为 0 的元件称为位元件，如 X、Y、M、S 等。处理数据的元件称为字元件，如 T、C、D、V、Z 等。字元件可以存放 16 位数据。此外，还可以用几个位元件一起来构成字元件。

将连续的 4 个位元件作为一组，并以地址编号最小的作为首元件，在连续位元件的首元件前加 Kn，就可以构成位元件的组合，如 KnY0、KnX20、KnM10。K2Y0 表示由 Y0 开始的两组位元件，即 K2Y0 表示 Y0～Y7 组成的 8 位数据，其中 Y0 为最低位，Y7 为最高位。首元件地址编号可以任意选取，但通常采用以 0 结尾的地址编号。

表示 16 位数据时可以取 K1～K4,其中最高位为符号位;表示 32 位数据时可以取 K1～K8,其中最高位为符号位。

当一个 16 位数据传送到 KnY0 时,若 n≤3,则只传送相应的低位数据,较高位数据不传送。32 位数据的传送也一样。若将 4 位数据传送到 8 位的组合中,则将数据传送到组合的低 4 位中,高 4 位用 0 补齐。

5.1.3 指令处理的数据长度

应用指令可以处理 16 位和 32 位数据。

如图 5.3 所示,指令第一行,当 X001 接通时,将 D1 中的 16 位数据与 D0 中的 16 位数据相加,结果放到 D10 中。指令第二行,当 X003 接通时,将 D12、D13 当中的数据构成的 32 位数与 D10、D11 中的数据构成的 32 位数相加,结果放到 D16、D17 中。

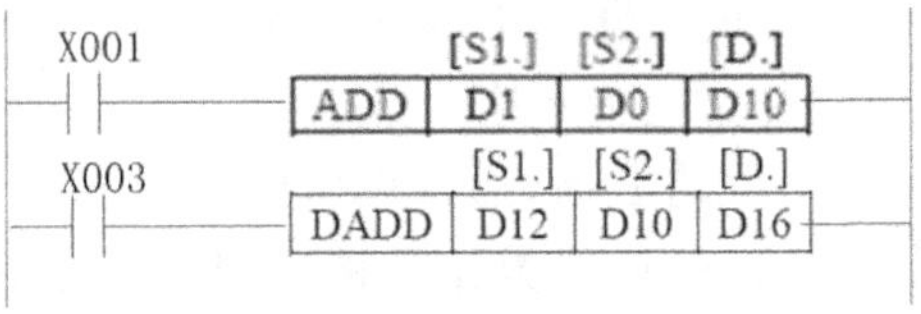

图 5.3 功能指令的用法一

5.1.4 指令的执行形式

应用指令有连续执行型和脉冲执行型两种执行方式,其中脉冲执行型在指令名称后面加 P 表示。

如图 5.4 所示,第一行指令为连续执行型,当 X001 接通时,ADD 指令每个周期都被执行一次。某些指令在使用连续执行形式时应谨慎,如 XCH、INC、DEC 等。图 5.4 第二行所示指令为脉冲执行型,仅在 X002 由 OFF 变为 ON 的瞬间执行一个扫描周期。不需要连续执行时,使用脉冲执行方式可以节省扫描时间。

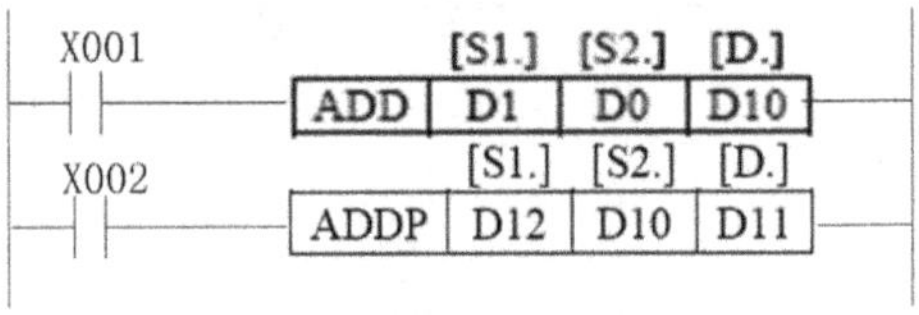

图 5.4 功能指令的用法二

§ 5.2 程序流程类指令

程序流程类指令有条件跳转、子程序调用、中断处理、循环、定时器刷新等共 10 条指令。

5.2.1　条件跳转指令(CJ)

CJ(Conditional Jump)条件跳转指令的操作功能：当跳转条件成立时跳过一段程序，跳转至指令中所标明的标号处执行，被跳过的程序段中不执行的指令，即使输入元件状态发生改变，输出元件的状态也维持不变。若跳转条件不成立则按顺序执行程序。

如图 5.5 所示为跳转指令使用说明。当 X20 为 ON 时，程序跳到标号 P10 处，执行下面的程序；如果 X20 为 OFF，跳转不执行，程序按原顺序执行。

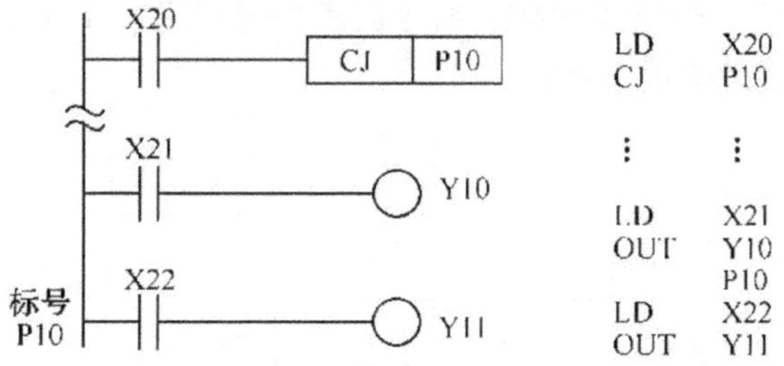

(a) 梯形图　　(b) 语句表

图 5.5　跳转指令的使用说明

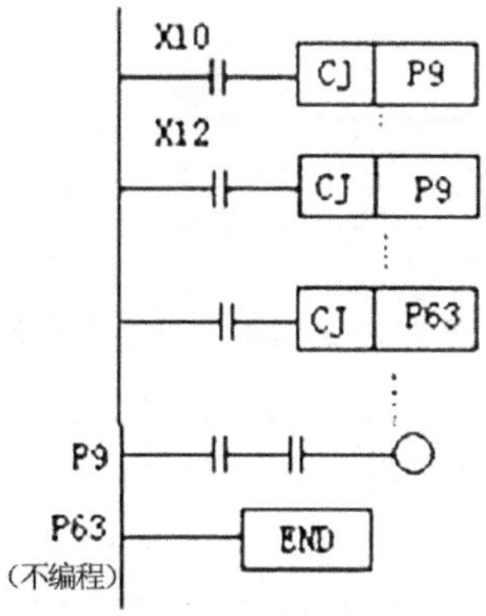

图 5.6　多路跳转说明

在程序中两条跳转指令可以跳转到相同的标号处，如图 5.6 所示为多路跳转说明。图中如果 X10 为 ON，第一条跳转指令生效，从这一步跳转到标号 P9 处。如果 X10 位 OFF，而 X12 为 ON，则第二条跳转指令生效，程序由此处开始跳到标号 P9 处。

在使用跳转指令时应注意以下几点：

(1) 在同一程序中一个标号只能使用一次，不能在两处或多处使用同一标号。

(2) CJ P63 指令专门用于程序跳转到 END 语句，编程时标号不用输入。

(3) 跳转指令的执行条件若是 M8000，则为无条件跳转，因为 PLC 运行时 M8000 为 ON。

(4) 使用 CJ(P) 指令时，跳转指令只执行一个扫描周期。

5.2.2 调用子程序

PLC 中的子程序是为一些特定控制目的而编制的相对独立的模块,供主程序调用。

调用子程序指令包括子程序调用指令 CALL(Sub Routine Call)和返回指令 SRET(Sub Routine Return)。

编程时子程序应写在主程序之后,即子程序的标号应写在主程序结束指令 FEND 之后,且子程序必须以 SRET 指令结束。如图 5.7 所示,当 X0 为 ON 时,CALL P10 指令使程序执行 P10 子程序,在子程序执行到 SRET 指令后程序返回到 CALL 指令的下一条指令处执行。若 X0 为 OFF,则程序按顺序执行。

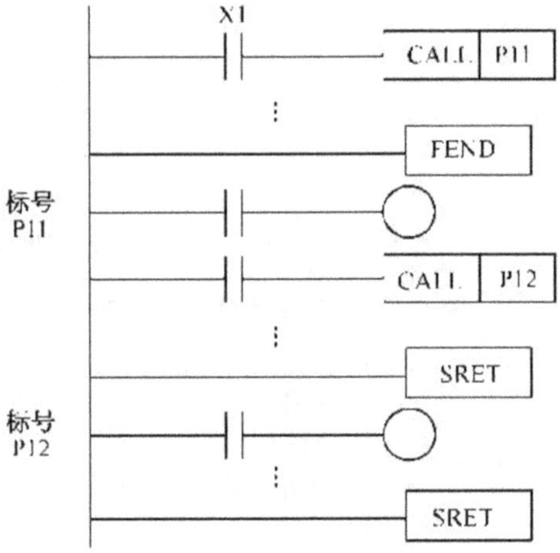

图 5.7 CALL 指令使用说明

在子程序中可以再次使用 CALL 子程序,形成子程序嵌套。子程序嵌套层数不能超过 5,如图 5.8 所示,程序中 CALL 指令共有 2 层嵌套。

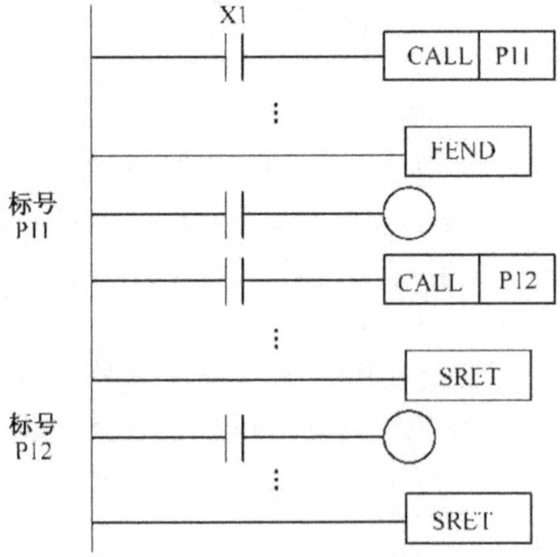

图 5.8 CALL 子程序嵌套示例

5.2.3　中断指令(IRET、EI、DI)

中断指令包括中断返回指令 IRET(Interruption Return)、允许中断指令 EI(Interruption Enable)、禁止中断指令 DI(Interruption Disable)。

中断是 CPU 与外设之间进行数据传送的一种方式。FX 系列 PLC 有两类中断,即外部中断和内部定时器中断。外部中断信号从输入端子输入,可用于机外突发随机事件引起的中断。定时中断是内部中断,是定时器定时时间到引起的中断。

FX 系列 PLC 设置有 9 个中断源,9 个中断源可以同时向 CPU 发出中断请求信号,这时 CPU 响应优先级较高的中断源的中断请求。9 个中断源的优先级由中断号决定,中断号小的优先级较高。每个中断源的中断子程序有中断标号。中断标号的格式如图 5.9 所示。

中断标号以 I 开头,又称为 I 指针。外部中断的 I 指针格式如图 5.9(a)所示,共 6 点,对应的外部中断信号的输入端口为 X0～X5。例如,I001 的含义是:当输入 X0 从 OFF 变为 ON(上升沿)时,执行由该指针作为标号的中断服务程序,在执行到 IRET 指令时返回。内部中断的 I 指针格式如图 5.9(b)所示,共 3 点。内部中断即定时中断,由指定编号为 6～8 的专用定时器控制。设定时间为 10～99ms,每隔设定时间 PLC 就会自动中断一次。

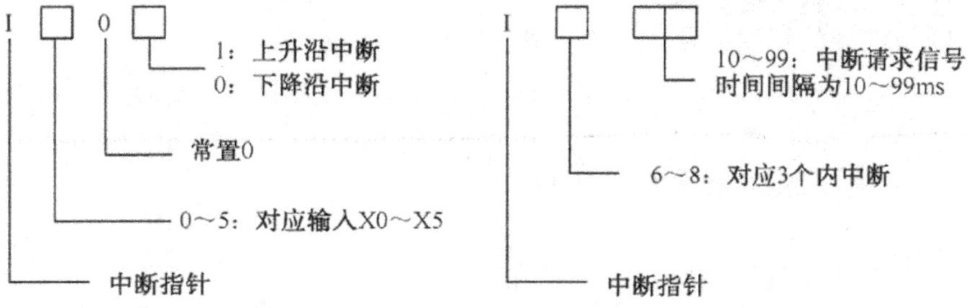

(a) 外中断指针格式　　(b) 内中断指针格式

图 5.9　中断标号格式

PLC 一般处在禁止中断状态。指令 EI～DI 之间的程序段为允许中断区间,而 DI～EI 之间为禁止中断区间,如图 5.10 所示。当程序执行到允许中断区间并且出现中断请求信号时,PLC 执行相应的中断子程序,遇到中断返回指令 IRET 时返回断点处继续执行主程序;在此区间之外,即使有中断请求,CPU 也不会立即响应,而是将这个中断信号存储下来,并在 EI 指令之后被执行。

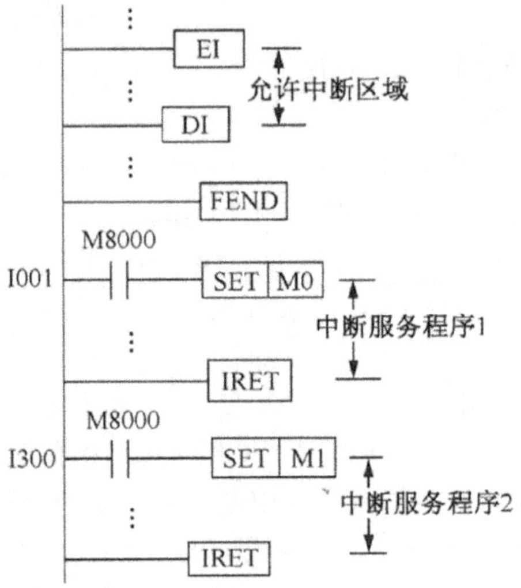

图 5.10 中断指令使用说明

在使用中断指令时应注意以下几点：

(1) 当多个中断信号同时出现时,中断指针号小的具有优先权。

(2) 中断子程序可以进行嵌套,最多可以两级。

(3) 中断请求号的宽度必须大于 200us。

(4) M8050～M8058 为中断屏蔽寄存器,当其为 ON 时,相应中断源 0～8 被屏蔽。

5.2.4 主程序结束指令(FEND)

FEND 指令表示主程序的结束、子程序的开始。

FEND 指令的操作功能为:在程序执行到 FEND 时,进行输出处理、输入处理、监视定时器刷新,完成后返回第 0 步;子程序和中断服务程序都必须写在主程序结束指令 FEND 之后,子程序以 SRET 指令结束,中断服务程序以 IRET 指令结束,两者不能混淆;当程序中没有子程序或中断服务程序时,也可以没有 FEND 指令,但程序的最后必须用 END 指令结尾,显然,子程序及中断服务程序必须写在 FEND 指令与 END 指令之间。

5.2.5 监视定时器指令(WDT)

WDT 指令用于刷新顺序出现中的监视定时器。

PLC 在循环扫描执行程序时,利用内部定时器(监视定时器)监视执行用户程序的循环扫描时间,如果扫描的时间(从程序的第 0 步到 END 或 FEND 指令之间)超过了规定的时间(FX2 系列 PLC 为 100ms,FX2N 系列 PLC 为 200ms)时,PLC 将停止工作,此时 CPU 的出错指示灯亮。

为防止执行顺序控制程序超时的情况发生,利用 WDT 指令在循环扫描执行程序中,刷新监视定时器。如图 5.11 所示,将 WDT 指令插到合适的程序步中及时刷新监视定时器,使顺序程序得以继续执行到 END 或 FEND。图 5.11(a)所示为将一个 240ms 的程序分成两个扫描时间为 120ms 的程序，在两个程序之间插入一条 WDT 指令。

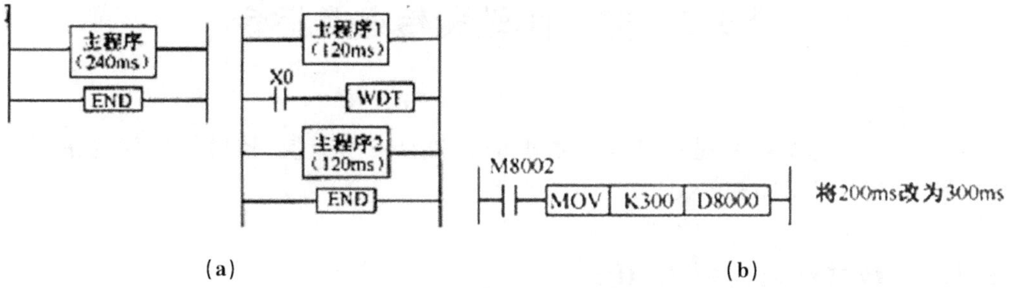

图 5.11　WDT 指令的使用

监视定时器的时钟报警值 200ms 存储在特殊数据寄存器 D8000 中，它由 PLC 的监控程序写入，同时也允许用户改写 D8000 中的内容。可以用应用指令 MOV 来改写 D8000 的内容，如图 5.11(b)所示，将监视定时器的报警数值改变为 300ms，在这之后的 PLC 程序将采用新的监视定时器时间执行监视。

5.2.6　循环指令(FOR、NEXT)

循环指令包括循环开始指令 FOR 和循环结束指令 NEXT。

循环指令的操作功能为：控制 PLC 反复执行某一段程序，只要将这段程序放在 FOR、NEXT 之间，待执行完指定的循环次数后(由操作数指定)，才能执行 NEXT 指令后的程序。

循环指令的操作方法：

(1) FOR 与 NEXT 指令要求成对使用，FOR 在前，NEXT 在后。

(2) FOR、NEXT 循环指令最多可以嵌套 5 层，如图 5.12 所示为三层循环。

(3) 利用 CJ 指令可以跳出 FOR、NEXT 循环体。

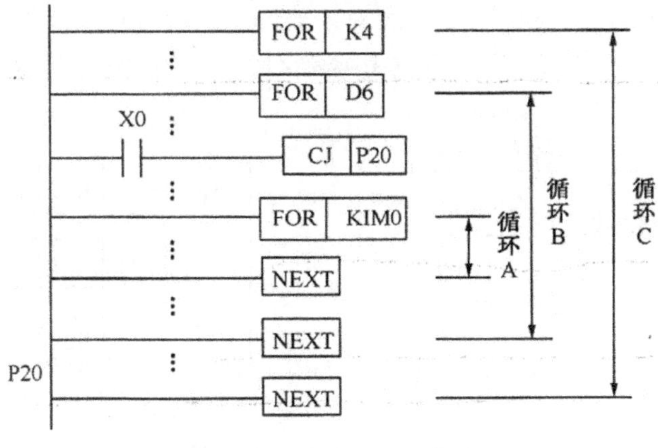

图 5.12　FOR、NEXT 指令

§5.3 数据比较和传送类指令

数据比较和传送类指令是用于完成数据的比较、传送、交换、转换等处理的指令，共 10 条，其功能编号为 FNC10～FNC19。

5.3.1 数据比较指令(CMP)

CMP 指令用来实现两个数据的代数比较。如图 5.13 所示，当 X1 接通时，执行比较指令 CMP，将两个源操作数[S1.]和[S2.]的数据进行比较，其比较结果送到以目标操作数[D.]为首地址的连续三个软元件中。

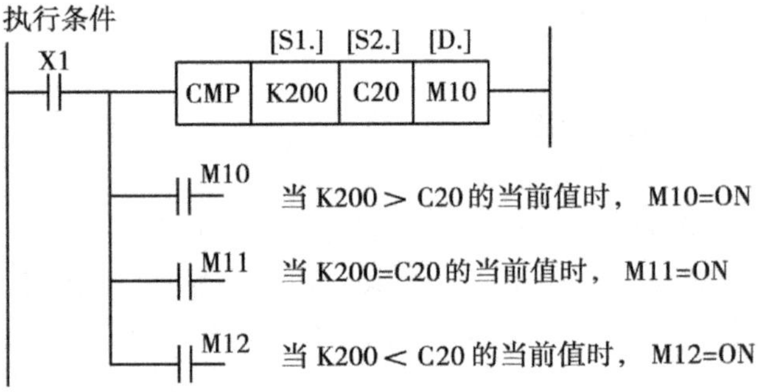

图 5.13 CMP 指令的用法

本例中，当 K200 大于 C20 的当前值时，M10 接通；当 K200 等于 C20 的当前值时，M11 接通；当 K200 小于 C20 的当前值时，M12 接通。当执行条件 X1 为 OFF 时，不执行 CMP 指令，M10、M11、M12 的状态保持不变。故对于比较结果的清零，要用复位指令 ZRST 或 RST，如图 5.14 所示。图 5.14(a)是用应用指令 ZRST 清零，图 5.14(b)是用复位指令 RST 清零，两种清零方式的结果是等价的。

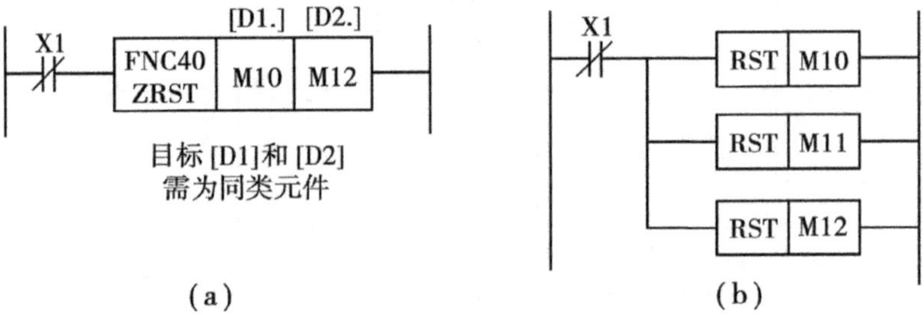

图 5.14 比较结果的清零

CMP 指令的源操作数[S1.]、[S2.]可使用所有的字元件和常数，即 KnX、KnY、KnM、KnS、T、C、D、V、Z、K、H；目标操作数[D.]可使用 M、Y、S 三种位元件。

5.3.2　区间比较指令(ZCP)

ZCP 指令是将一个数据与两个设定值进行比较,如图 5.15 所示。

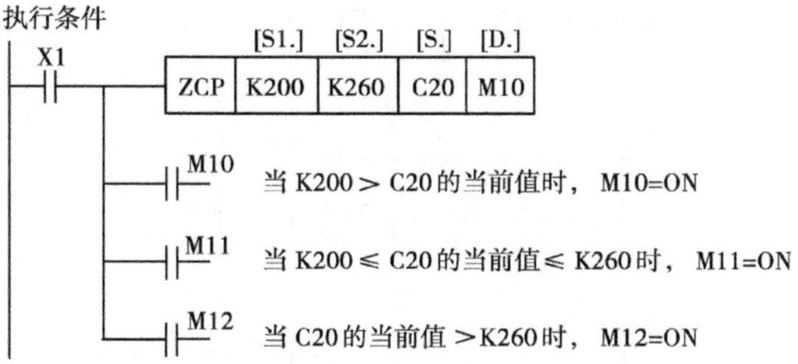

图 5.15　ZCP 指令的用法

由图 5.15 可见,ZCP 指令与 CMP 指令相似,其操作数和比较清零方式也与 CMP 指令相同。所不同的是,ZCP 指令具有三个源操作数,且[S1.]的数值不能大于[S2.]。

5.3.3　传送指令(MOV)

将源操作数的数据传送到目标操作数。源操作数可为 KnX、KnY、KnM、KnS、T、C、D、V、Z、K、H,目标操作数可为 KnY、KnM、KnS、T、C、D、V、Z。

MOV 指令的使用方法如图 5.16 和图 5.17 所示。当执行条件为 OFF 时,数据保持不变。若源数据为常数,则传送时会自动将该常数转换成二进制数。

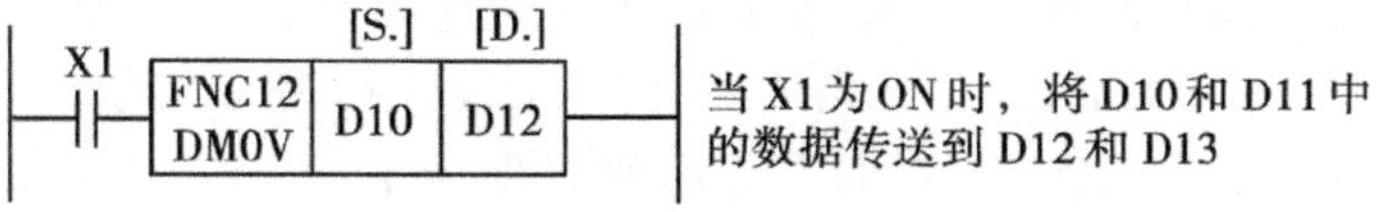

图 5.16　连续执行方式

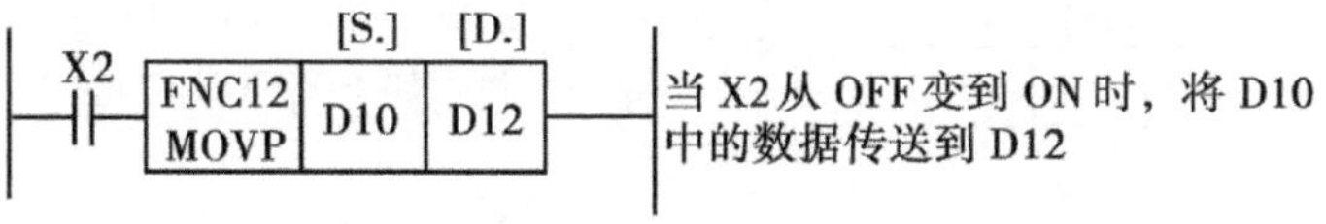

图 5.17　脉冲执行方式

5.3.4　取反指令(CML)

CML 指令是将源数据的各位取反(1 变成 0,0 变成 1)后再传送到目标元件,其操作数与 MOV 指令相同。

5.3.5　移位传送指令(SMOV)

SMOV 指令的用法如图 5.18 所示,其[S.]和[D.]可用的元件与 MOV 相同(源[S.]不包含K、H)。m1、m2和n可用1～4的常数。

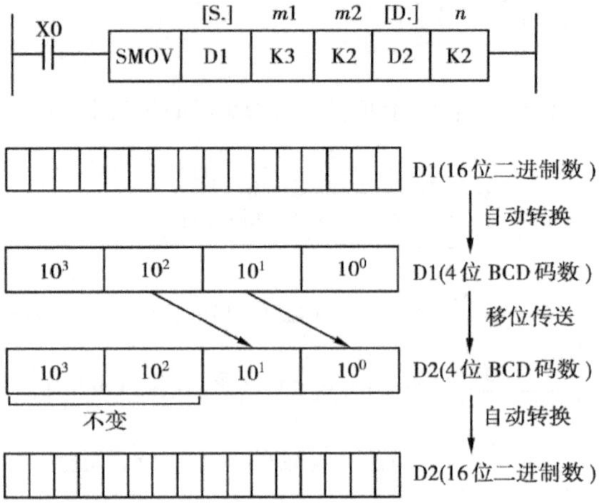

图5.18 SMOV指令的用法

在图5.18中,当执行条件X0为ON时,执行移位传送。传送时,首先将源操作数D1中的二进制数自动转换成BCD码,再将该BCD码从第3位(m1=3)开始,共2位(m2=2),传送到目标D2的第2位(因起始位n=2)和第1位,然后再将该BCD码自动转换成二进制数。传送后,目标D2中的第4位和第3位的数据保持不变。注意:BCD码的值不能超过9999,否则将出错。

5.3.6 块传送指令(BMOV)

BMOV指令的功能是将以[S.]所指定的元件为起始地址的n点数据传送到以目标[D.]所指定的元件为起始地址的n个元件中去。如图5.19所示,其源[S.]可用的元件为KnX、KnY、KnM、KnS、T、C、D;目标[D.]可用的元件为KnY、KnM、KnS、T、C、D;n可用K、H、D,其值不大于512。当指定位元件时,源和目标的位数要相同,如图5.19(b)所示。

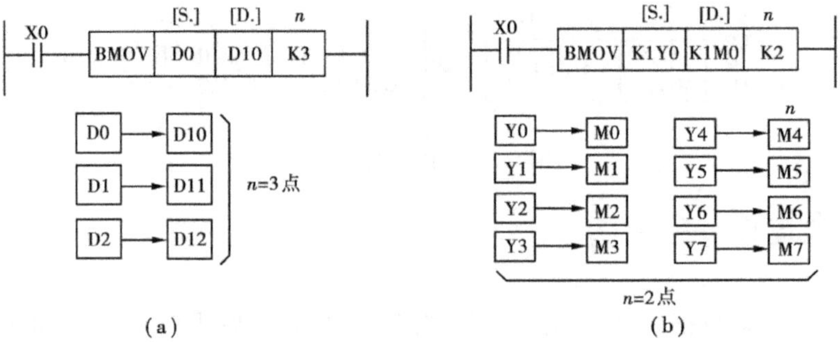

图5.19 BMOV的用法

5.3.7 多点传送指令(FMOV)

FMOV指令用于将同一数据传送到多个软元件中,其源[S.]可为KnX、KnY、KnM、

KnS、T、C、D、V、Z、K、H；目标[D.]可为 KnY、KnM、KnS、T、C、D；n 可用 K、H，其值不大于 512，传送后，n 点目标元件中的数据相同，均为源数据。如图 5.20 中，当 X0 为 ON 时，D10 至 D15(n=6，共 6 点)中的数据均为 100。

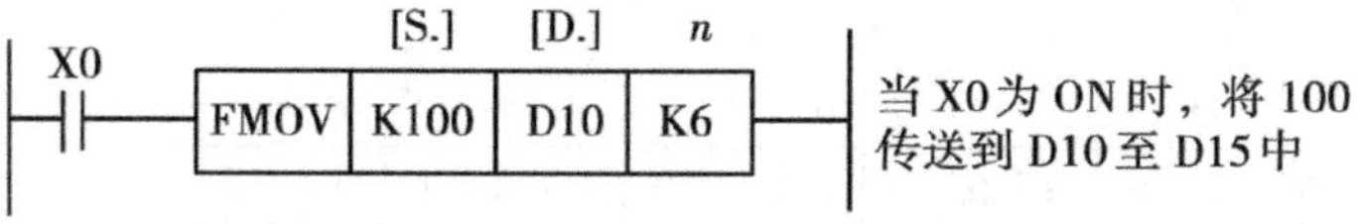

图 5.20　FMOV 指令的用法

5.3.8　交换指令(XCH)

如图 5.21 所示，当执行条件 X0 为 ON 时，两个目标数据相互交换。XCH 的目标元件[D1.]和[D2.]可为 KnY、KnM、KnS、T、C、D、V、Z。

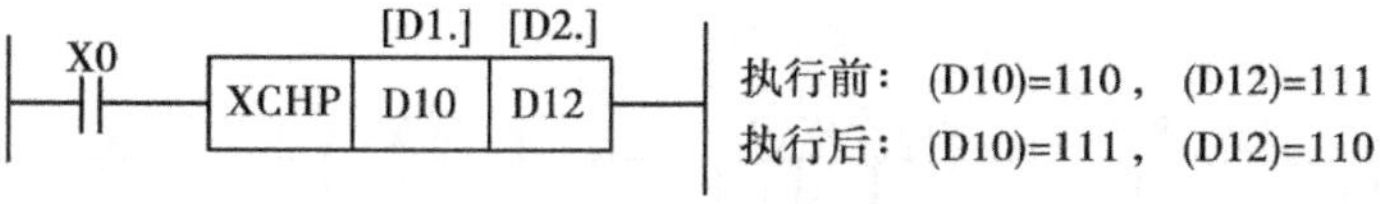

图 5.21　XCH 指令的用法

注意：若使用连续执行方式的指令，则每个扫描周期都将执行一次数据交换。

5.3.9　BCD 转换指令(BCD)

BCD 指令的功能是将源[S.]所指定的 BIN 数据转换成 BCD 数据，并将该 BCD 码传送到目标[D.]所指定的元件中。

当使用 BCD 和 BCDP 指令时，由于转换后的 BCD 数据最大为 9 999，所以，源[S.]所指定的数据范围不能超过 0～9 999。也就是说，源数据的最高两位(即 b15 和 b14)必须确保为 0(因为“9 999”所对应的二进制位为“10011100001111”)，否则转换为 BCD 码时将会出错。同样地，当使用 DBCD 和 DBCDP 指令时，由于转换后的 BCD 数据最大为 99 999 999，所以，源[S.]所指定的数据范围不能超出 0～99 999 999。也就是说，源数据的最高五位(即 b27～b31)必须确保为 0(因为“99 999 999”所对应的二进制数为“101111101011110000011111111”)，否则转换为 BCD 码时也将会出错。

BCD 指令的源[S.]可为 KnX、KnY、KnM、KnS、T、C、D、V、Z；目标[D.]可为 KnY、KnM、KnS、T、C、D、V、Z，其编程实例如图 5.22 所示。图中，假设 C4 的当前值为“678”，由于十进制数“678”所对应的二进制数为“1010100110”，因此，BCDP 指令将此二进制数转换为 BCD 码(即“011001111000”)，并输出到 Y13～Y0 中，如图 5.22(b)所示。图 5.22(c)表示将转换结果输出到七段数码显示器上显示出来。

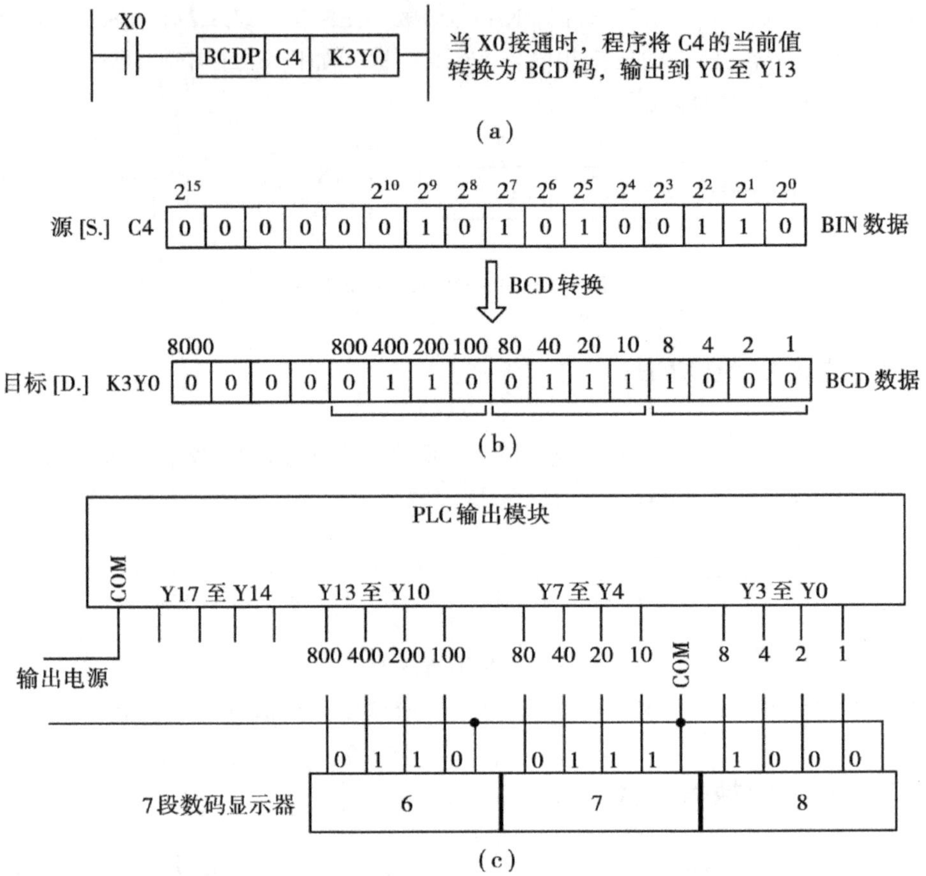

(a)BCD 指令的编程 (b)将 678 对应的 BIN 数据转换为 BCD 数据 (c)显示转换结果

图 5.22 BCD 指令的应用举例

5.3.10 BIN 转换指令(BIN)

BIN 和 BINP 指令的功能是将由源[S.]所指定的 BCD 数据转换成 BIN 数据，并将转换结果传送到由目标[D.]所指定的元件中，其编程实例如图 5.23 所示。

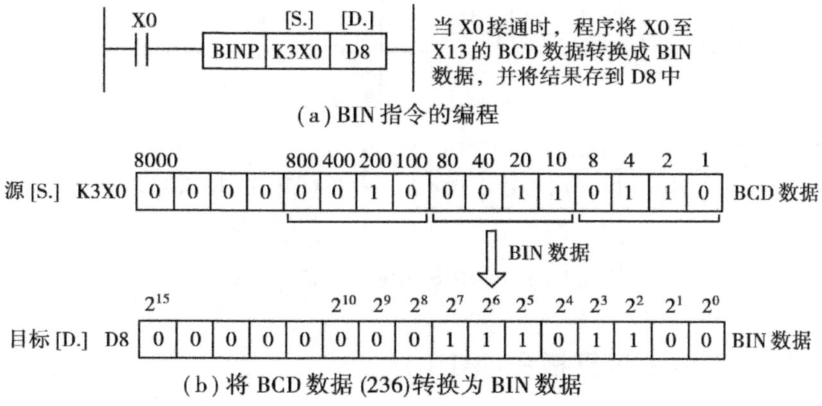

(a)BIN 指令的编程　　(b)将 BCD 数据(236)转换为 BIN 数据

图 5.23　BIN 指令的应用举例

由图 5.23 可以看出，用数字拨码开关拨一位 0～9 之间的数字（即一位 BCD 码），要占用 4 个输入，因为一位 BCD 码由 4 位二进制数字组成。假设要转换的 BCD 数为“236”，则“236”所对应的二进制数为“11101100”。可见，转换后 D8 中的数为“11101100”。

图 5.23(b)为将 X13～X0 中的 BCD 数据(236)转换为 BIN 数据的过程，并将转换结果存到数据寄存器 D8 中。

BIN 指令可用的软元件与 BCD 指令相同。

§5.4　算术及逻辑运算类指令

算术及逻辑运算类指令包括算术运算指令和逻辑运算指令。算术运算指令用来完成两个二进制数的加、减、乘、除等运算；逻辑运算指令用来完成各种逻辑运算。

5.4.1　二进制加/减法运算指令(ADD/SUB)

二进制加/减法运算指令（ADD/SUB）用来实现[S1.]、[S2.]两个源数据的加/减运算（代数运算），并将运算结果送到指定的目标[D.]中。

若运算结果为 0，则零标志 M8020 为 1；若运算结果小于－32 768(16 位运算)或－2 147 483 648(32 位运算)，则借位标志 M8021 为 1；若运算结果大于＋32 767(16 位运算)或＋2 147 483 648(32 位运算)，则进位标志 M8022 为 1。

ADD/SUB 指令的源操作数[S1.]、[S2.] 可为 KnX、KnY、KnM、KnS、T、C、D、V、Z、K、H，目标[D.]可为 KnY、KnM、KnS、T、C、D、V、Z。其应用举例如图 5.24 所示。图 5.24(a)表示当 X0 的上升沿到来时，将 D10 和 D12 中的 16 位二进制数相加，并将结果送到 D14 中。图 5.24(b)表示当 X1 的上升沿到来时，将(D11,D10)和(D13,D12)中的 32 位二进制数相减，并将结果送到(D15,D14)中。

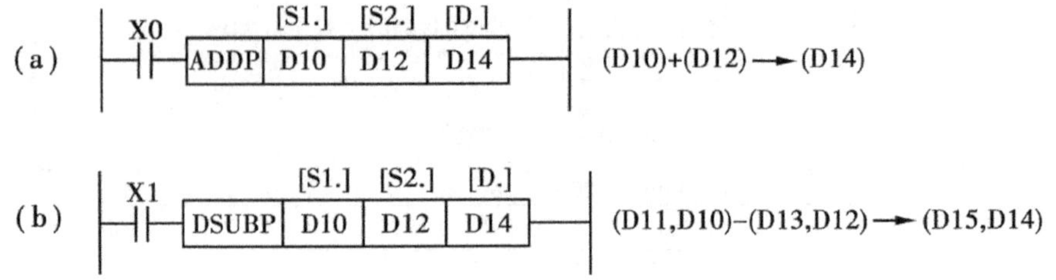

图 5.24 ADD/SUB 指令的应用举例

5.4.2 二进制乘法运算指令(MUL)

二进制乘法运算指令 MUL 用来实现两个源操作数的乘法运算(代数运算),并将运算结果送入目标[D.]为首地址的字元件中。

对于 16 位二进制数据的乘法运算,其被乘数[S1.]和乘数[S2.]的数据设定范围均为－32 768～＋32767,而运算结果(32 位)则应存放在以指定目标[D.]为首地址的相邻两个 16 位寄存器中,如图 5.25(a)所示。对于被乘数和乘数,当最高位 b15 为 0 时,表示正数;当最高位为 1 时,表示负数。对于运算结果,其正负数应根据最高位 b31 来判断。

对于 32 位二进制数据的乘法运算,其被乘数[S1.]和乘数[S2.]的数据设定范围均为－2 147 483 648～＋2 147 483 647,而运算结果(64 位)则应存放在以指定目标[D.]为首地址的相邻 4 个 16 位寄存器中,如图 5.25(b)所示。

进行 32 位乘法运算时,若目标[D.]采用位元件,则最多可指定运算结果的低 32 位,而不可能指定高 32 位(因最大为 K8),高 32 位丢失。若要将乘法结果的高 32 位送到位元件,则须现将运算结果送到字元件,然后再把运算结果的高 32 位数据(D＋2,D＋3)传送到指定的位元件中,如图 5.25(b)所示。

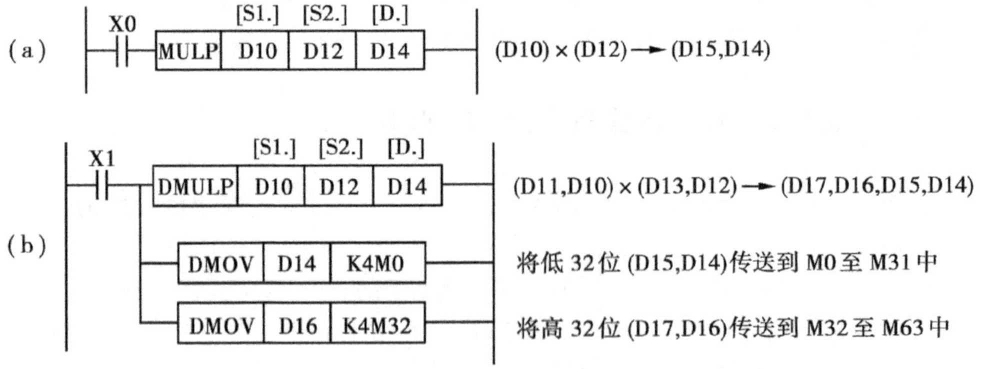

图 5.25 MUL 指令的应用举例

MUL 指令可用的源操作数与加法指令的源操作数相同;目标[D.]可使用 KnY、KnM、KnS、T、C、D、Z(Z 仅用于 16 位运算)。

5.4.3　二进制除法运算指令(DIV)

DIV 指令用于实现两个源操作数[S1.](被除数)和[S2.](除数)的除法运算，其可用的操作数与乘法运算指令相同。

当进行 16 位除法运算时，其商和余数也为 16 位，商存于目标 D 中，余数存于 D+1 地址中，如图 5.26(a)所示；当执行 32 位除法运算时，其商和余数都为 32 位，商存于(D+1,D)中，余数存于(D+3,D+2)中，如图 5.26(b)所示。

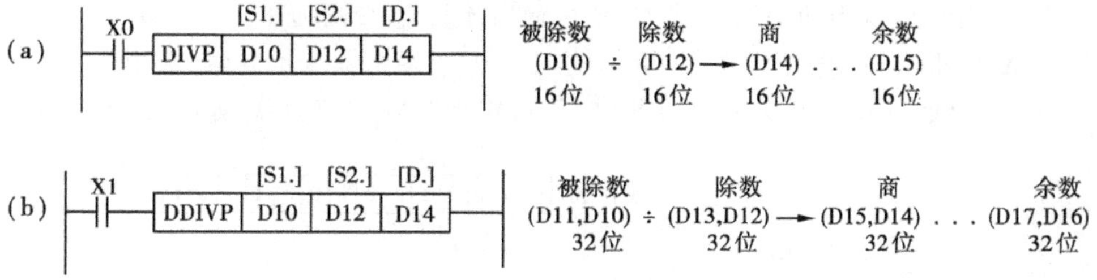

图 5.26　DIV 指令的应用举例

使用 DIV 指令时，要注意以下几点：

(1) 除数不能为 0。

(2) 当目标为位元件时，不能得到余数。

(3) 商和余数的最高位是符号位。当最高位为 0 时，表示正数；当最高位为 1 时，表示负数。

5.4.4　加 1/减 1 指令(INC/DEC)

INC/DEC 指令用于将目标[D.]中的二进制数据加 1/减 1，其目标[D.]可为 KnY、KnM、KnS、T、C、D、V、Z(其中 V 仅用于 16 位指令)，其用法如图 5.27 所示。

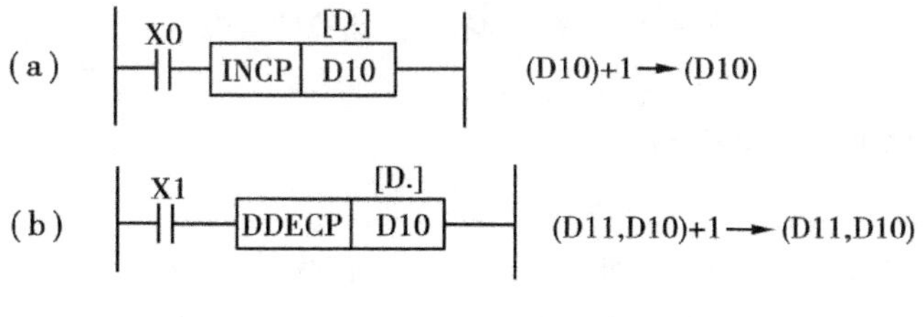

图 5.27　INC/DEC 指令应用实例

图 5.27(a)为 16 位加 1 运算，当 X0 的上升沿到来时，D10 中的数据加 1(注：若用连续指令，则每个扫描周期都加 1)。

图 5.27(b)为 32 位减 1 运算，当 X1 的上升沿到来时，(D11,D10)中的数据减 1(注：若用连续指令，则每个扫描周期都减 1)。

16 位运算时，如果 32 767 再加 1，则变为－32 768；如果－32 768 再减 1，则变为 32 767，但标志不动作。

32 位运算时,如果 2 147 483 647 再加 1,则变为−2 147 483 648;如果−2 147 483 648 再减 1,则变为 2 147 483 647,但标志不动作。

5.4.5 逻辑运算指令(WAND/WOR/WXOR)

逻辑运算指令包括逻辑字与(WAND)、逻辑字或(WOR)和逻辑字异或(WXOR)三类。分别用于对各位二进制数进行逻辑与、或、异或运算,其操作数与 ADD 指令相同。

对于 WAND 指令,仅当两个输入都为 1,输出才为 1,否则输出为 0,其用法如图 5.28 所示。

对于 WOR 指令,仅当两个输入都为 0 时,输出才为 0,否则为 1。

对于 WXOR 指令,当两个输入相同时,输出为 0,当两个输入不同时,输出为 1。

将 WXOR 指令与取反指令(CML)相结合,可实现"异或非"运算,如图 5.29 所示。

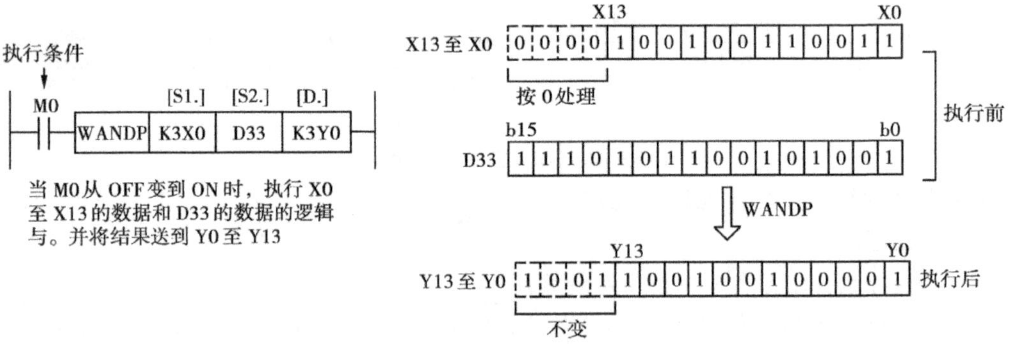

图 5.28 WAND 指令的应用举例

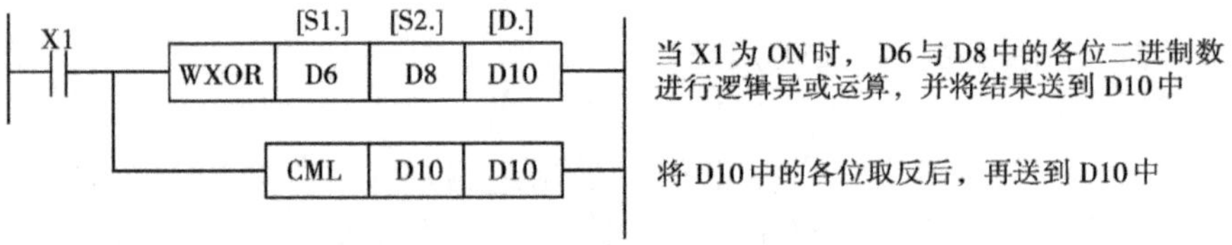

图 5.29 逻辑"异或非"运算的实现

5.4.6 求补码指令(NEG)

NEG 指令用于求取目标[D.]的补码(补码 = 反码 + 1 = 原码 − 1),并将结果存入目标[D.]指定的元件中,其目标操作数[D.]可为 KnY、KnM、KnS、T、C、D、V、Z(其中 V 仅用于 16 位指令)。例如,在图 5.30 中,若 D10 中的二进制数为"1010101010101010"(原码),则当 X0 的上升沿到来时,D10 中的二进制数(原码)将转换为相应的补码,即"0101010101010110"(补码)。

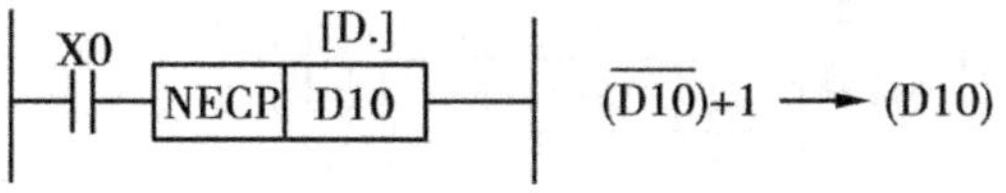

图 5.30　NEG 指令的用法

使用时请注意:若采用连续执行方式指令,则每个扫描周期都将执行一次该指令。

§5.5　移位类指令

5.5.1　循环左移/右移指令(ROL/ROR)

循环左移/右移指令用于使目标[D.]中的 16 位(或 32 位)二进制数据向左/向右循环移动 n 位(对于 16 位指令,n≤16;对于 32 位指令,n≤32),其用法如图 5.31 所示。

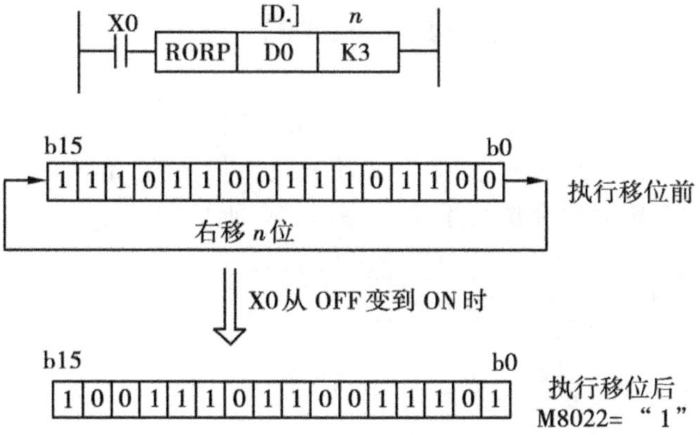

图 5.31　ROR 指令的应用举例

在图 5.31 中,当执行条件 X0 从 OFF 变到 ON 时,目标 D0 中的 16 位二进制数据循环向右移动 3 位,最后 1 位(本例为 b2 = 1)移到进位标志 M8022 中。循环移位指令的目标操作数[D.]可为 KnY、KnM、KnS、T、C、D、V、Z(其中 V 仅用于 16 位指令)。

5.5.2　带进位循环左移/右移指令(RCL/RCR)

带进位循环左移/右移指令用于使目标[D.]中的 16 位(或 32 位)二进制数据连同进位 M8022 一起向左/向右循环移动 n 位(对于 16 位指令,n≤16;对于 32 位指令,n≤32),其用法如图 5.32 所示。

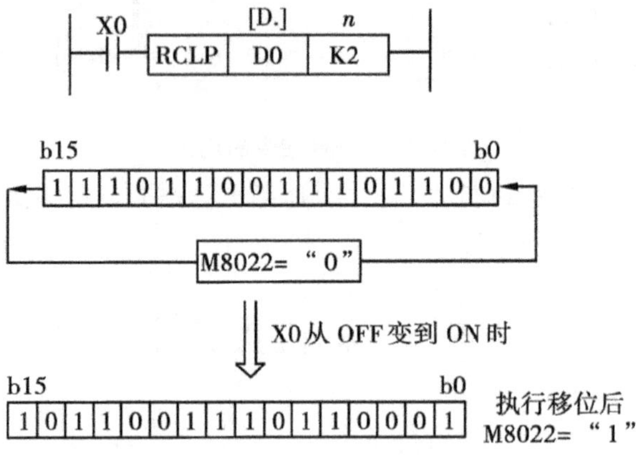

图 5.32 RCL 指令的应用举例

在图 5.32 中,当执行条件 X0 从 OFF 变到 ON 时,目标 D0 中的 16 位二进制数据连同 M8022(假设 M8022 ＝ “0”)一起向左循环移动 2 位。

带进位循环移位指令的目标操作数[D.]与循环移位指令相同。

5.5.3 位左移/位右移指令(SFTL/SFTR)

SFTL/SFTR 指令用于将源[S.]为首地址的 n2 位位元件的内容送到以目标[D.]为首地址的 n1 位移位寄存器中,每次向左/向右移动 n2 位,最高位/最低位溢出。

下面以位右移 SFTR 为例介绍其用法,如图 5.33 所示。

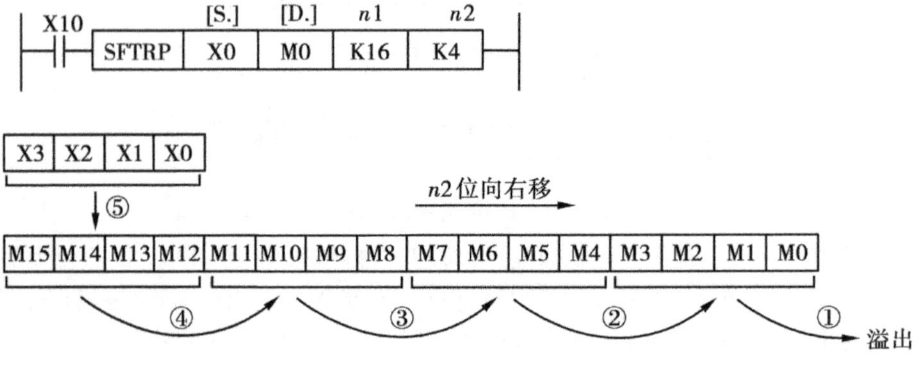

图 5.33 位右移(SFTR)指令的应用举例

当 X10 从 OFF 变到 ON 时,M15～M0(共 16 位,因 n1＝16)每 4 位一组(因 n2＝4)向右移动,低 4 位(M3～M0)溢出,源操作数 X3～X0(因 n2＝4)移入 M15～M12。

SFTL/SFTR 指令的源[S.]可为 X、Y、M、S;目标[D.]可为 Y、M、S;n1、n2 为 K、H 常数,且 n2≤n1≤1024。

当 n2 为 1 时,位左移 SFTL 指令的作用相当于 F1 系列 PLC 中的 SFT 指令,其对应关系如图 5.34 所示。

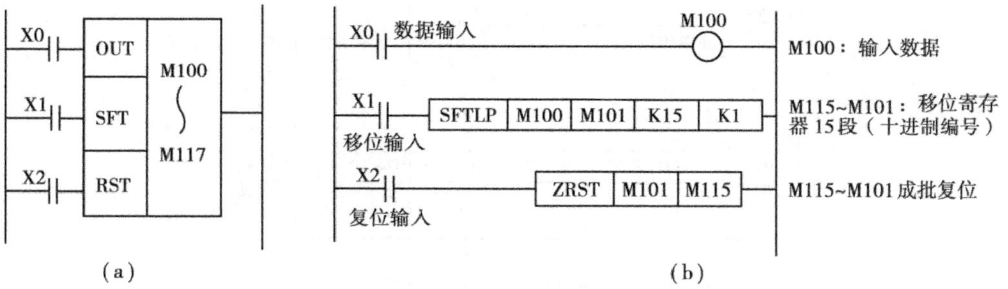

(a)F1 系列　　　　(b)FX 系列

图 5.34　SFTL 指令与 F1 系列 PLC 的 SFT 指令的对应关系

5.5.4　字左移/字右移指令(WSFL/WSFR)

字左移/字右移指令与位左移/位右移指令相似，当执行条件满足时，以字为单位，对 n1 个字元件进行 n2 个字的左移/右移，其源[S.]可为 KnX、KnY、KnM、KnS、T、C、D；目标[D.]可为 KnY、KnM、KnS、T、C、D；n1、n2 为 K、H 常数，且 n2≤n1≤512。

下面以字左移 WSFL 为例介绍其用法，如图 5.35 所示。

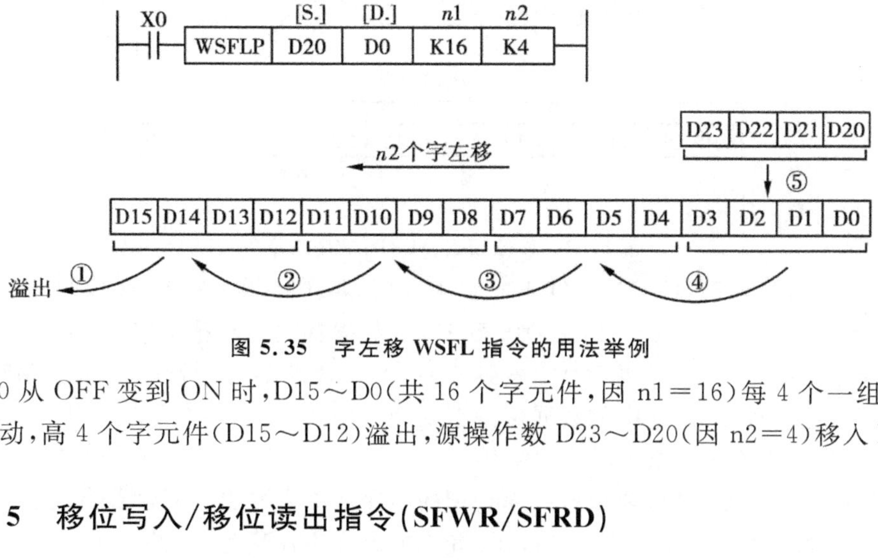

图 5.35　字左移 WSFL 指令的用法举例

当 X0 从 OFF 变到 ON 时，D15～D0(共 16 个字元件，因 n1＝16)每 4 个一组(因 n2＝4)向左移动，高 4 个字元件(D15～D12)溢出，源操作数 D23～D20(因 n2＝4)移入 D3～D0。

5.5.5　移位写入/移位读出指令(SFWR/SFRD)

移位写入/移位读出指令用来控制先入先出(FIFO)的数据写入/数据读出。

(1) 移位写入指令(SFWR)的用法如图 5.36 所示，其源[S.]可为 KnX、KnY、KnM、KnS、T、C、D、V、Z、K、H；目标[D.]可为 KnY、KnM、KnS、T、C、D；n 可用 K、H 常数，且 2≤n≤512。

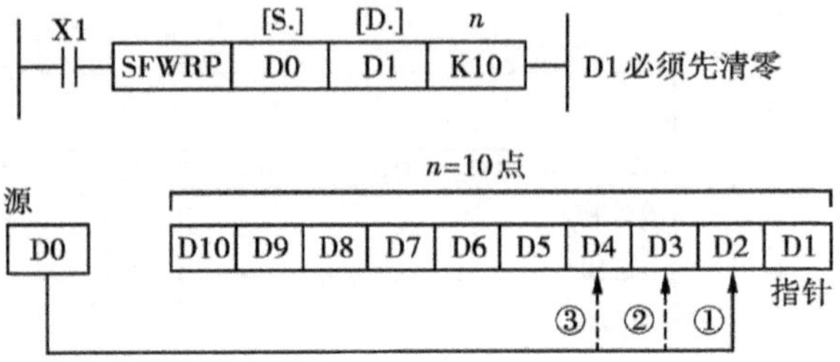

图5.36　移位写入(SFWR)的用法举例

在执行SFWR前,先将指针[D.]清零。图5.37中,当执行条件X1从OFF变到ON时,将源D0中的数据写入“[D.]+1”地址(即写入D2)中,指针数据D1加1后变为1。当D0的数据改变后,X1再次从OFF变到ON时,这个D0被写入到D3中,指针数据D1变为2。依次类推,将源D0中的数据依次写入寄存器。

数据从目标[D.]后的寄存器(本例为D2)开始顺序写入,源数据写入的次数(指针)存入D1中。当D1的内容超过“n-1”时,上述处理不再执行,进位标志M8022置1。

(2) 移位读出指令(SFRD)的用法如图5.37所示,其源[S.]可为KnY、KnM、KnS、T、C、D;目标[D.]可为KnY、KnM、KnS、T、C、D、V、Z;n可为K、H常数,且2≤n≤512。

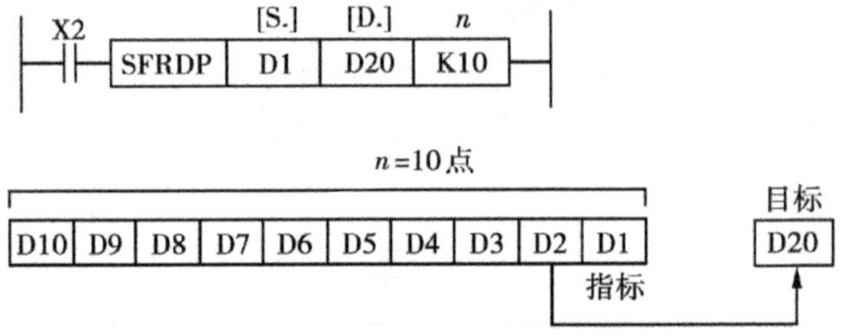

图5.37　移位读出(SFRD)的用法举例

图5.37中,当执行条件X2从OFF变到ON时,将源[S.]+1地址(即D2)中的数据读到目标D20中,指针数据D1减1,从D10到D3的数据逐次向右移1字。

数据总是从D2读出。当指针D1减到0时,上述处理不再执行。零标志M8020置1。在执行本指令的过程中,D10中的数据保持不变。

下面是SFWR/SFRD指令的应用举例:

某仓库的产品在出库时,要求按入库登记的顺序从库内取出,即按“先入先出”的原则出库。假设产品编号用4位十六进制数表示,允许的最大库存量为99件。

实现上述要求的程序如图5.38所示。

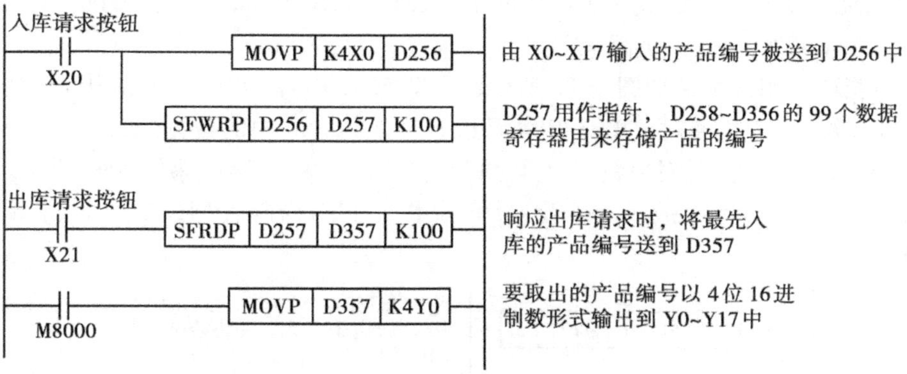

图 5.38　SFWR/SFRD 指令的应用举例

① 入库过程：当 X20 第 1 次接通时，来自 X0～X17 的第 1 个产品编号被送到 D256，并将此产品编号写入到 D258 中，指针 D257 为 1；当 X20 再接通时，来自 X0～X17 的第 2 个产品编号，通过 D256 被写入到 D259，指针 D257 为 2。以此类推，当 X20 第 99 次接通时，来自 X0～X17 的第 99 个产品编号，通过 D256 被写入到 D356 中，指针 D257 为 99。

② 出库过程：当 X21 第 1 次接通时，将第一个入库的产品编号 D258 读到 D357 中，再将 D357 传送到 Y0～Y17 输出，指针 D257 减 1(变为 98)；当 X21 第 2 次接通时，将第 2 个入库的产品编号 D259 读到 D357 中，再将 D357 传送到 Y0～Y17 输出，指针 D257 再减 1(变为 97)。以此类推，当 X21 第 99 次接通时，将第 99 个入库的产品编号 D356 读到 D357 中，再将 D357 传送到 Y0～Y17 输出，指针 D257 减为 0。

§5.6　数据处理类指令

5.6.1　成批复位指令(ZRST)

前面已经介绍过 ZRST 指令的用法，如图 5.14(a)所示，其目标[D1.]和[D2.]可使用 Y、M、S、T、C、D。在使用 ZRST 指令时，需注意以下几点：

(1) 清零时，目标[D1.]和[D2.]必须为同类元件，且[D1.]的编号不大于[D2.]的编号。若[D1.]的编号大于[D2.]，则只复位[D1.]中指定的元件。

(2) ZRST 虽为 16 位指令，但[D1.]和[D2.]可指定 32 位计数器。

(3) [D1.]和[D2.]所指定的位数必须相同，不能出现[D1.]用 16 位、[D2.]用 32 位。

5.6.2　解码指令(DECO)

解码指令(DECO)用于对源[S.]的低“n”位解码(译码)，然后将解码的结果存入以目标

[D.]为首地址的 2^n 位中,其源[S.]可为K、H、X、Y、M、S、T、C、D、V、Z;目标[D.]可为Y、M、S、T、C、D;n可为1～8的KH常数。

DECO指令的用法举例如图5.39所示。在图5.39中,由于n = 3,故从X0至X2共有3位。当执行条件X5接通时,DECOP解码指令对X2X1X0中的数据"101"进行译码,其译码结果为"32"(2^5),"32"所对应的二进制数为"100000",将译码结果"100000"存入以M10为首地址的8位(因n = 3,故 2^3 = 8位)软元件中。可见,译码后M15接通。当"n"为0时,不作处理。

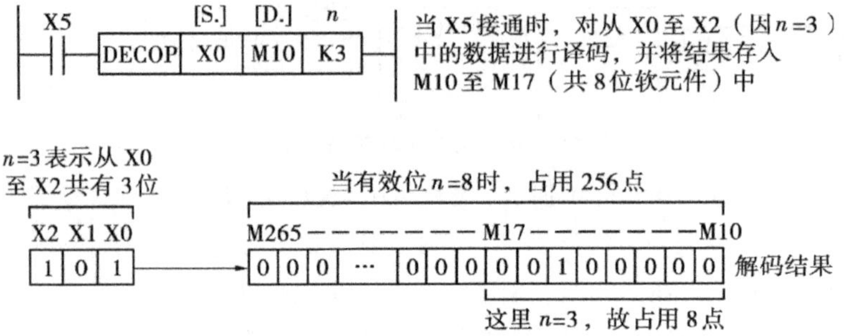

图5.39 解码指令(DECO)的用法

5.6.3 编码指令(ENCO)

编码为解码的逆过程。编码指令(ENCO)用于对以源[S.]为首地址的 2^n 位的数据进行编码,并将结果存入目标[D.]中,其源[S.]可为X、Y、M、S、T、C、D、V、Z;目标[D.]可为T、C、D、V、Z;"n"可为1～8的K、H常数。

当"n"为0时,不作处理。当源数据中有多位1时,只对最后位进行处理。

ENCO指令的用法举例如图5.40所示。在图5.40中,由于n = 3,故从M10至M17共有8位(因 2^3 = 8),而M17～M10中的数据有两位(M14和M13)为1,故只对最后一位M14进行处理。从M10开始,M14处于第4位,故编码结果应为"100"(100为4的二进制数),将编码结果"100"存入目标元件D8中。

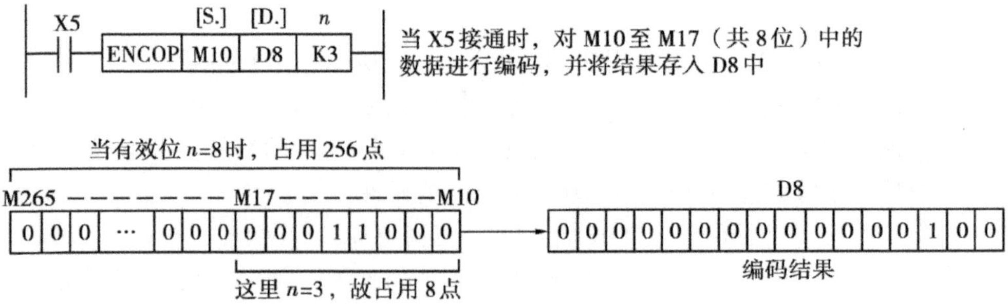

图5.40 编码指令(ENCO)的用法

5.6.4　对“ON”的位数求和(SUM)

SUM 指令用来将源[S.]所指定的字元件数据为“1”的位数存入目标[D.]中。若[S.]中没有为“1”的位，则零标志 M8020 置 1。

SUM 指令的源操作数[S.]可为 KnX、KnY、KnM、KnS、T、C、D、V、Z、K、H，目标[D.]可为 KnY、KnM、KnS、T、C、D、V、Z。

SUM 指令的用法举例如图 5.41 所示。

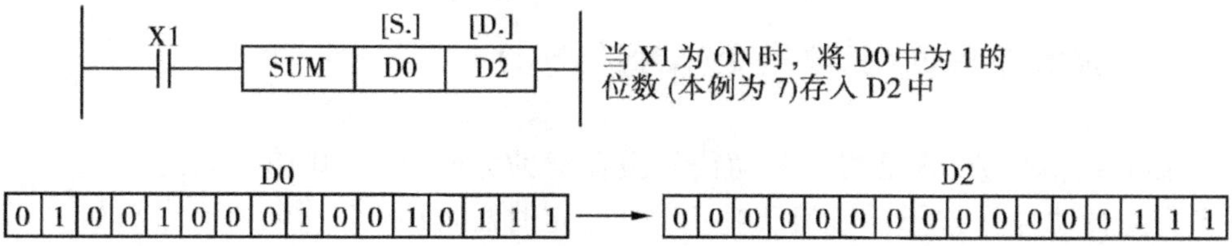

图 5.41　SUM 指令的用法

5.6.5　ON 位判断指令(BON)

BON 指令用于判断源[S.]中第 n 位的状态。当源[S.]的第 n 位为 ON 时，目标[D.]所指定的位元件为 ON。

BON 指令的用法举例如图 5.42 所示。当执行条件 X1 为 ON 时，若 D0 中的第 8 位(n = 8)为 1(ON)，则目标 Y2 为 ON。即使 X1 变为 OFF，Y2 也保持不变。

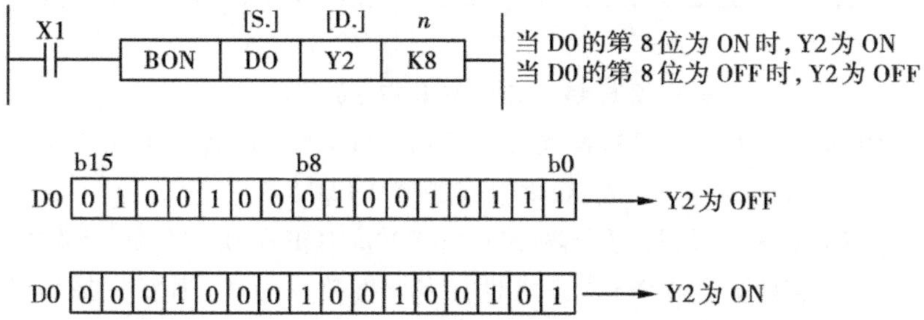

图 5.42　BON 指令的用法

BON 指令的源操作数[S.]与 SUM 指令相同。目标[D.]可为 Y、M、S，n 可为 K、H 常数。对 16 位指令，n 为 0～15；对 32 位指令，n 为 0～31。

5.6.6　求平均值指令(MEAN)

MEAN 用于将 n 点源数据的平均值存入目标地址中，余数舍去，其用法如图 5.43 所示。

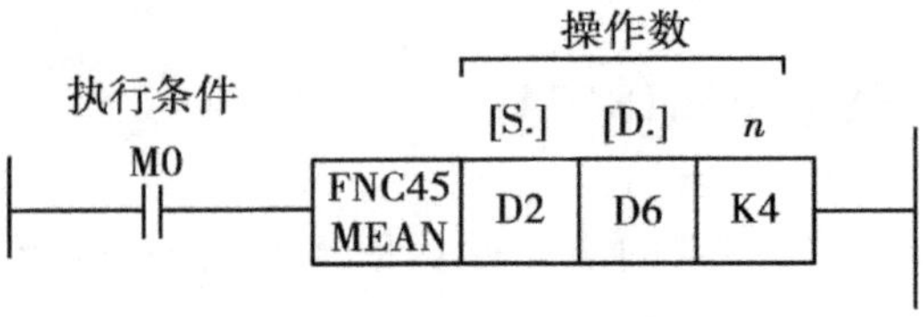

图 5.43 MEAN 指令的用法

MEAN 指令的源操作数[S.]可为 KnX、KnY、KnM、KnS、T、C、D，目标[D.]可使用 KnY、KnM、KnS、T、C、D、V、Z，n 可为 1～64 的 K、H 常数。

5.6.7 报警器置位/复位指令(ANS/ANR)

报警器置位指令 ANS 是用于驱动信号报警器的方便指令，其用法如图 5.44 所示。其中，ANS 指令的源操作数[S.]可用 T0～T199 的定时器，目标[D.]可用状态 S900～S999，m 为 1～32767(单位:100ms)。

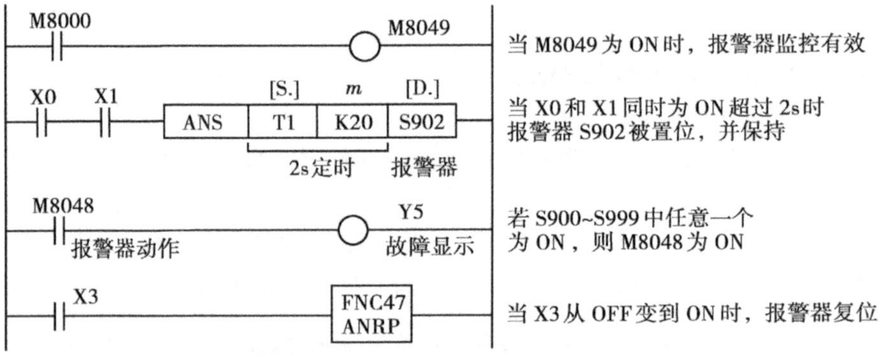

图 5.44 ANS/ANR 指令的用法

在图 5.44 中，若 X0 和 X1 同时接通 2s(因 m=20，由定时器 T1 实现 2s 定时)以上，则报警器 S902 被置 1，以后即使 X0 或 X1 断开，S902 仍保持为 1。

当执行条件 X3 接通时，信号报警器 S900～S999 中正在动作的报警点被 ANR 指令复位(这里采用的是脉冲型复位指令)。若同时有多个报警点动作，则复位最新的一个报警点；若将 X3 再次接通，则下一个编号的状态(报警点)被复位。

5.6.8 开方运算指令(SQR)

二进制开方运算指令 SQR 用来将源[S.]指定的正整数进行开方运算，并将运算结果(舍去小数的整数)存入目标[D.]中。舍去小数时，借位标志 M8021 为 1。当运算结果为 0 时，零标志 M8020 为 1；当被开方数为负数时，运算错误标志 M8067 接通。

SQR 指令的源操作数[S.]可为 K、H、D，目标[D.]只能用数据寄存器 D，其应用举例如图 5.45 所示。

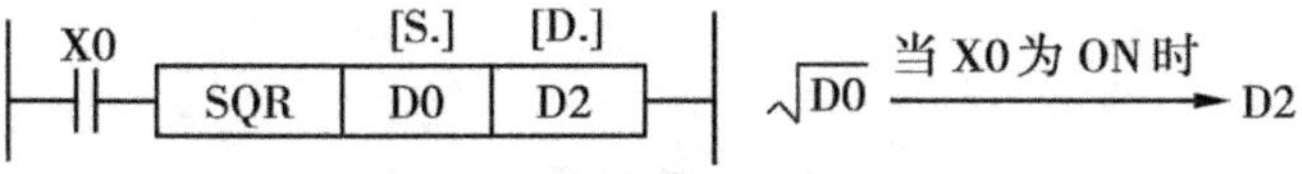

图 5.45　SQR 指令的用法

§5.7　脉冲输出类指令

5.7.1　脉冲输出指令(PLSY)

脉冲输出指令 PLSY 的操作功能为:按设定的频率输出指定数量的脉冲。其中,[S1.]指定脉冲频率(2～20 000HZ);[S2.]指定产生脉冲的数量,若指定脉冲数为 0,则持续产生脉冲;[D.]指定脉冲输出元件号(Y0 或 Y1)。脉冲以中断方式输出,占空比为 50%。指定脉冲输出完成后,指令执行完成标志 M8029 置 1。PLSY 指令的示例梯形图如图 5.46 所示。图中,当 X10 为 ON 时,执行 PLSY 指令,若 D0 中的数值为 2 000,则输出继电器 Y0 输出频率为 1 000HZ 的脉冲共 2 000 个。脉冲输出结束后,指令执行完成标志 M8029 置 1;当驱动条件 X10 变为 OFF 时,M8029 复位。

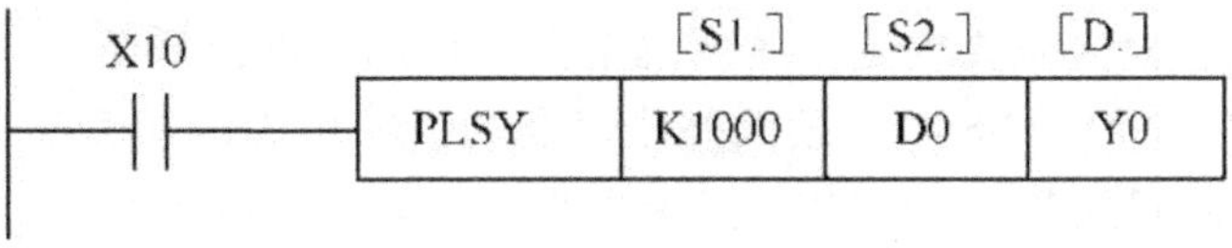

图 5.46　PLSY 指令的示例梯形

5.7.2　脉宽调制指令(PWM)

脉宽调制指令 PWM 用于产生指定脉冲宽度和周期的脉冲串。其中,[S1.]用来指定脉冲宽度(1～32 767ms);[S2.]用来指定脉冲周期(1～32 767ms),[S1.]应小于[S2.];[D.]用来指定输出脉冲的元件号(Y0 或 Y1)。

如图 5.47 所示为 PWM 指令的示例梯形图。图中 X10 为执行条件,若 D10 中的脉冲数从 0～50 变化时,则输出继电器 Y0 输出的脉冲的占空比从 0～1 变化,而且 Y0 的输出是以中断方式进行的。如果指令执行途中 X10 变为 OFF,Y0 也立即变为 OFF,输出立即停止。

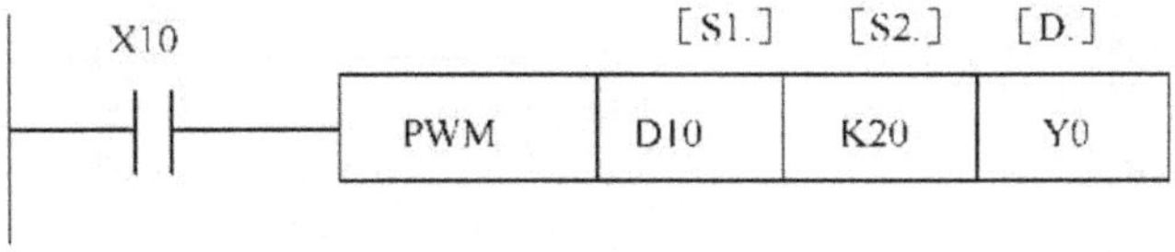

图 5.47　PWM 指令的示例梯形

§5.8 方便类指令

5.8.1 置初始状态指令(IST)

置初始状态指令 IST 与 STL 指令一起使用,用于自动设置多种工作方式的顺序控制编程。

IST 指令的示例梯形图如图 5.48 所示。图中,PLC 上电后,M8000 接通,执行 IST 指令。指令指定自动方式中用到的最小状态号为 S20,最大状态号为 S29。从 X10～X17 输入点的功能是固定的。

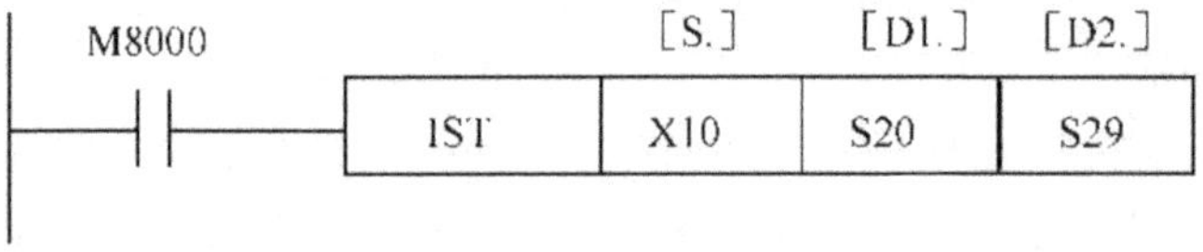

图 5.48 IST 指令的示例梯形

使用 IST 指令时需注意:

(1) 实际设计时,根据需要确定步状态继电器的使用范围。对于 X 编号,只要首位元件号确定后,首位元件号后面的 8 个连续元件号以及它们的功能也就确定了。

(2) IST 指令必须写在第一个 STL 指令出现之前,且该指令在一个程序中只能使用一次。

5.8.2 交替输出指令(ALT)

如图 5.49 所示,当执行条件 X0 每次从 OFF 变到 ON 时,M10 的状态就改变一次。若用 M10 作为启动输入(执行条件),再用 ALTP 指令驱动 M11,就能得到多级的分频输出,其时序图如图 5.49(b)所示。若使用连续执行方式,则 M10 和 M11 的状态在每个扫描周期都改变一次。ALT 指令的目标操作数[D.]可为 Y、M、S 位元件。

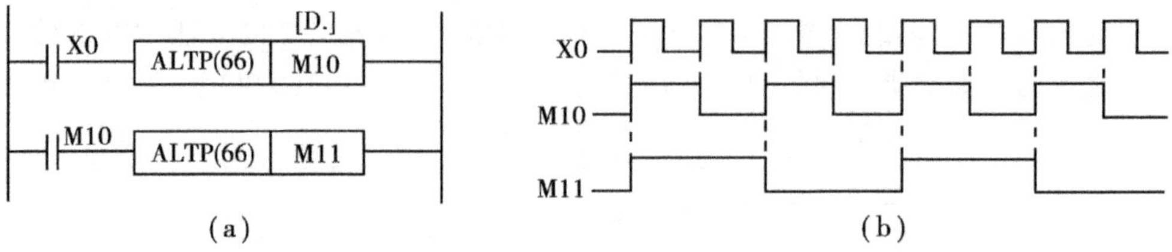

(a)梯形图　　　　(b)时序图

图 5.49 ALT 指令的用法

用 ALT 指令还可得到闪烁动作的输出，如图 5.50 所示。输入 X0 置“ON”时，定时器 T1 的触点每隔 5s 瞬时动作，T1 的触点每次为 ON 时，Y5 交替 ON/OFF。

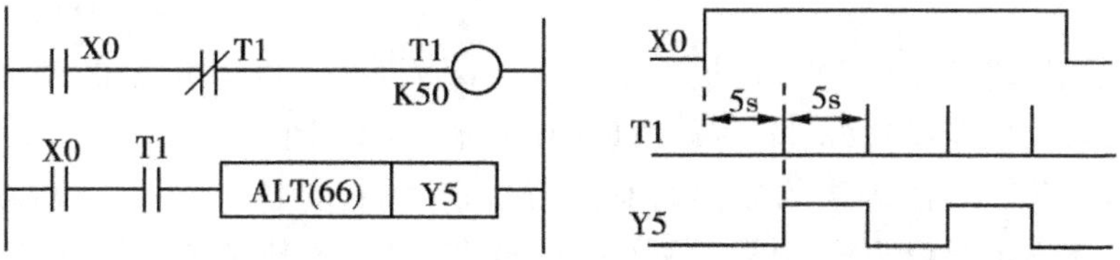

(a)　　(b)

(a)梯形图　　(b)时序图

图 5.50　闪烁动作

5.8.3　数据查找指令(SER)

SER 指令用于将源[S1.]为首地址的 n 个数据依次与[S2.]中的数据进行比较，找出与[S2.]相同的数据个数及其位置，同时找出这 n 个数据中的最小值和最大值所处的位置，并将查找结果存放在以目标[D.]为首地址的 5 个字元件中。

例如，在图 5.51 中，当 X0 为 ON 时，将 D10～D17(共 8 点，因 n ＝ 8)与 D0 中的数据(100)比较，找出相同数据、最小值、最大值，并将检索结果存放在 D20～D24 中。本例中，D10～D17 共有 2 个数据为 100，故(D20)＝ 2。其中，第 1 个为 100 的数据位置为 0，故(D21)＝ 0；最后 1 个为 100 的数据位置为 3，故(D22)＝ 3。D10～D17 中最小值(80)的最终位置为 5，故(D23)＝ 5；最大值(234)的最终位置为 6，故(D24)＝ 6。

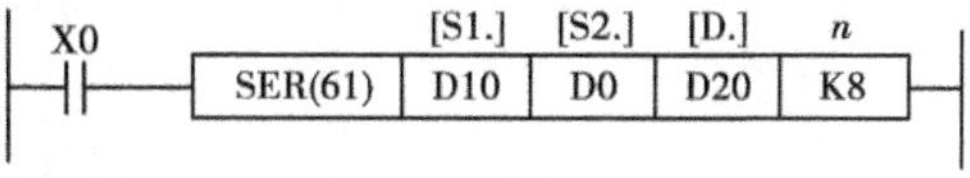

(a)

被检索的数据	比较数据	数据位置
(D10)=100	(D0)=100	0
(D11)=111		1
(D12)=80		2
(D13)=100		3
(D14)=123		4
(D15)=80		5
(D16)=234		6
(D17)=98		7

X0 为 ON 后 ⟹

检索结果	结果含义
(D20)=2	D10~D17 中为 100 的数据个数
(D21)=0	D10~D17 中第 1 个为 100 的数据位置
(D22)=3	D10~D17 中最后 1 个为 100 的数据位置
(D23)=5	D10~D17 中最小值的最终位置
(D24)=6	D10~D17 中最大值的最终位置

(b)

(a)梯形图　　(b)检索数据举例

图 5.51　SER 指令的用法

SER 指令的源操作数[S1.]可为 KnX、KnY、KnM、KnS、T、C、D；源操作数[S2.] 可为 KnX、KnY、KnM、KnS、T、C、D、V、Z、K、H；目标[D.]可为 KnY、KnM、KnS、T、C、D；n 可为 K、H、D。对于 16 位指令，n ＝ 1～256；对于 32 位指令，n ＝ 1～128。

5.8.4 数据排序指令(SORT)

SORT 指令用来将以[S]为首地址的 m1 行、m2 列数据，以 n 指定的列为准按升序排列，并将排序结果存放在以目标[D]为首地址的 m1 行、m2 列个元件中。

例如，在图 5.52 中，待排序的数据共有 4 行(m1 = 4)、3 列(m2 = 3)，源数据存放在 D10～D21 中。当 X0 为 ON 后，对第 3 列(n = 3)进行排序，其排序结果存放在 D30～D41 中，其数据仍按 4 行、3 列格式排列。

SORT 指令的源[S]和目标[D]都只能用数据寄存器 D；m1、m2、n 可为 K、H 常数，其中，m1 = 1～32，m2 = 1～6，n = 1～m2。

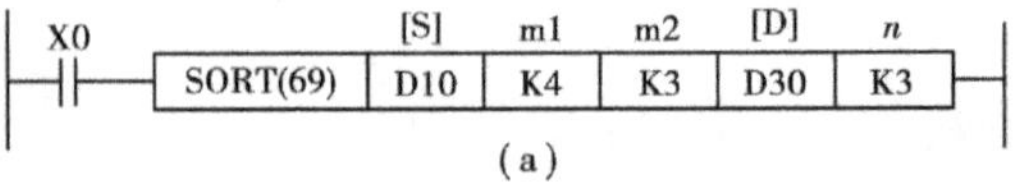

(a)

m2=3，m1=4

列号 / 行号	1 编号	2 年龄	3 身高
1	D10=1	D14=20	D18=150
2	D11=2	D15=40	D19=180
3	D12=3	D16=30	D20=160
4	D13=4	D17=8	D21=100

X0为 ON 后 ⟹ 对第 3 列排序 (n=3)

列号 / 行号	1 编号	2 年龄	3 身高
1	D30=4	D34=8	D38=100
2	D31=1	D35=20	D39=150
3	D32=3	D36=30	D40=160
4	D33=2	D37=40	D41=180

(b)

(a)梯形图　　　　(b)排序过程

图 5.52　SORT 指令的用法

§5.9　外部设备类指令

5.9.1 读特殊功能模块指令(FROM)

FROM 指令用来将编号为 m1 的特殊功能模块(如 A/D 转换模块)内从第 m2 号缓冲区(BFM)开始的 n 个数据读到 PLC 的基本单元，并存放到从[D.]开始的 n 个字元件中，如图 5.53 所示。其中，“m1”表示特殊功能模块的编号，其值可为 0～7；“m2”表示特殊功能模块缓冲寄存器号，其值可为 0～32 767；“n”表示待传送数据的点数，其值可为 1～32 767；传送目标[D.]可为 KnY、KnM、KnS、T、C、D、V、Z。

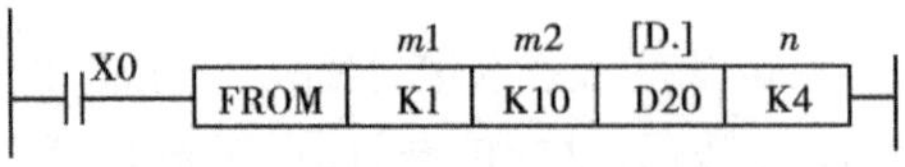

图 5.53　FROM 指令的用法

图 5.53 表示，当执行条件 X0 为 ON 时，将 1 号特殊功能模块内从 10 号缓冲寄存器(BFM#10)开始的相邻 4 个缓冲区数据读到以 D20 为首地址的相邻 4 个数据寄存器(即 D20～D23)中。

接在 FX2N 基本单元右边扩展总线上的特殊功能模块(如 A/D、D/A 模块等)从距离基本单元最近的特殊功能模块开始按 0～7 的顺序编号。例如，图 5.54 表示在基本单元的右边连接了三个特殊功能模块，其编号为 0#～2#。

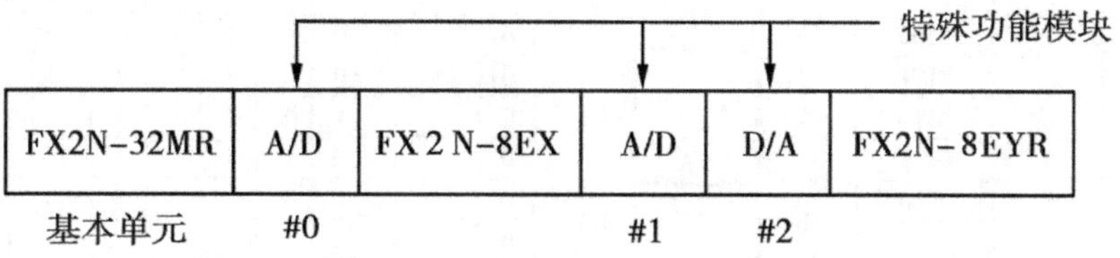

图 5.54　特殊功能模块的编号

5.9.2　写特殊功能模块指令(TO)

TO 指令用来将从源[S.]开始的 n 个字元件的基本单元数据写到特殊功能模块 m1 内以 m2 开始的 n 个缓冲寄存器中。这里的 m1、m2 和 n 的含义与 FROM 指令相同。传送源[S.]可为 KnX、KnY、KnM、KnS、T、C、D、V、Z、K、H 字元件。

图 5.55 表示当执行条件 X0 为 ON 时，将 D2、D3 中的数据写入到 2#特殊功能模块(图 5.54 中的 2#特殊模块为 D/A 模块)的 BFM#4、BFM#5 两个缓冲寄存器中。

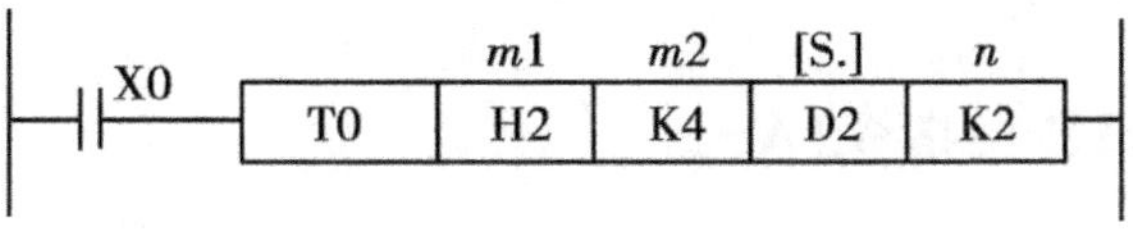

图 5.55　TO 指令的用法

可见，FROM 和 TO 两条指令是实现模拟量控制不可缺少的重要指令。

5.9.3　七段译码指令(SEGD)

SEGD 指令用来将源[S.]的低 4 位所指定的 0～F(16 进制)数据译成 7 段显示数据，并将结果存入目标[D.]中。[D.]的高 8 位数据不变。其源操作数[S.]可为 K、H、KnX、KnY、KnM、KnS、T、C、D、V、Z，目标[D.]可为 KnY、KnM、KnS、T、C、D、V、Z。

七段数码显示的结果及对应关系如表 5.1 所示。SEGD 指令的用法如图 5.56 所示。

由表 5.1 可见，常数“9”所对应的七段译码数据(b7～b0)为“01101111”，故在图 5.56 中，当 X1 为 ON 时，将译码结果“01101111”存入 Y7～Y0 中。

表 5.1 七段译码对应关系

源[S.]		7 段结构	目标[D.]								显示数字
16 进制数	位组合		b7	b6	b5	b4	b3	b2	b1	b0	
0	0000	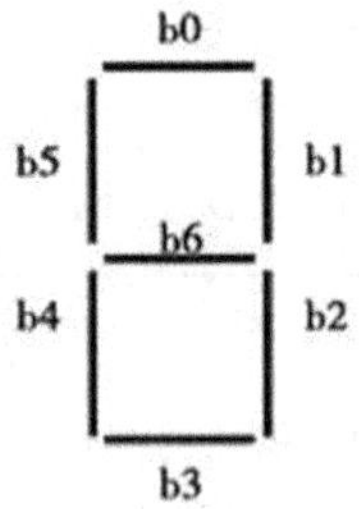	0	0	1	1	1	1	1	1	0
1	0001		0	0	0	0	0	1	1	0	1
2	0010		0	1	0	1	1	0	1	1	2
3	0011		0	1	0	0	1	1	1	1	3
4	0100		0	1	1	0	0	1	1	0	4
5	0101		0	1	1	0	1	1	0	1	5
6	0110		0	1	1	1	1	1	0	1	6
7	0111		0	0	1	0	0	1	1	1	7
8	1000		0	1	1	1	1	1	1	1	8
9	1001		0	1	1	0	1	1	1	1	9
A	1010		0	1	1	1	0	1	1	1	A
B	1011		0	1	1	1	1	1	0	0	b
C	1100		0	0	1	1	1	0	0	1	C
D	1101		0	1	0	1	1	1	1	0	d
E	1110		0	1	1	1	1	0	0	1	E
F	1111		0	1	1	1	0	0	0	1	F

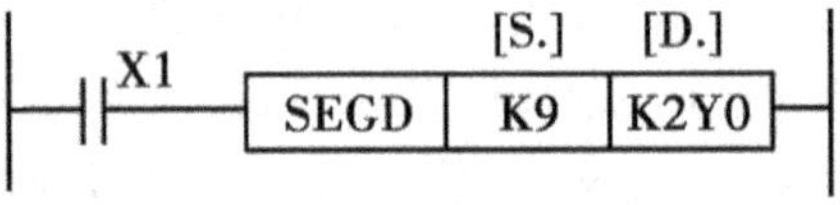

图 5.56 SEGD 指令的用法

5.9.4 ASCII 码转换指令(ASC)

ASC 指令用来将源[S.]所指定的字符转换成 ASCII 码,并将结果送到目标[D.]中,其源[S.]为由计算机输入的字符(最多为 8 个),目标[D.]可为 T、C、D,其用法如图 5.57 所示。

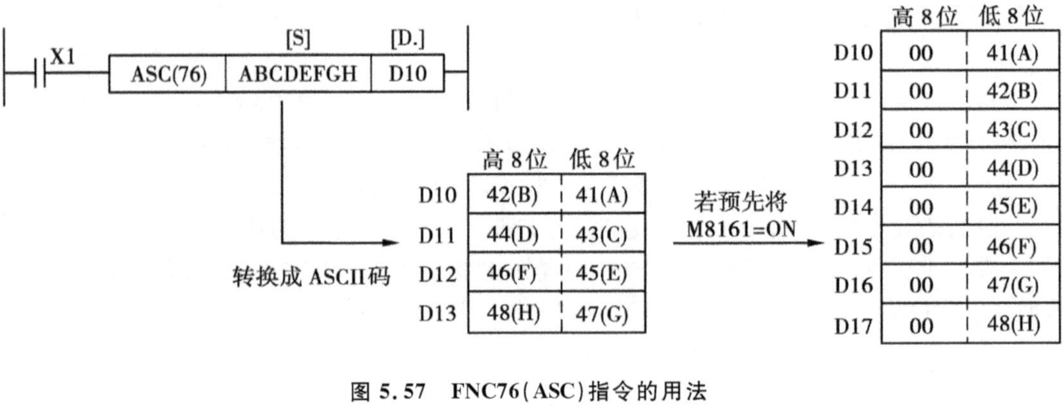

图 5.57 FNC76(ASC)指令的用法

执行 ASC 指令时,若预先将 M8161 置 ON,则只向目标[D.]传送低 8 位,高 8 位为 0。目标所占用的元件数与传送的字符数相等。

5.9.5　PID 运算指令(PID)

PID 指令用来进行 PID 运算，以实现 PID 控制，其源[S1]、[S2]、[S3]和目标[D]都只能用数据寄存器 D，如图 5.58 所示。

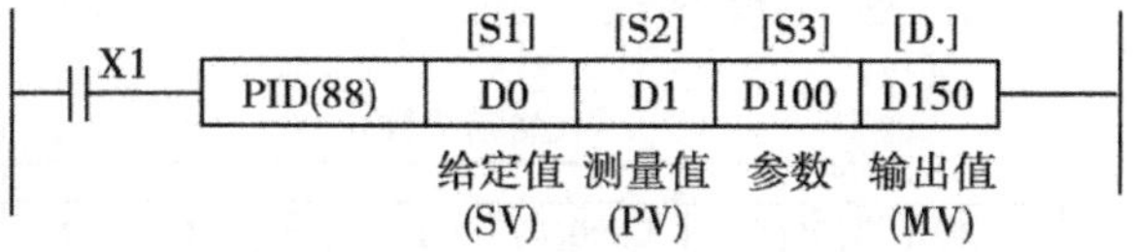

图 5.58　PID 指令的用法

图 5.58 为 PID 指令的用法举例。当测量当前值(D1)偏离给定值(D0)时，通过 PID 控制偏差，产生一个控制输出存入 D150 中。

源[S1.]、[S2.]分别用来设定给定值(SV)和测量当前值(PV)；[S3]～[S3] ＋ 24(共 25 个数据寄存器)用来设定控制参数；目标[D]用来存放运算结果(即控制输出值)(MV)。

控制用的参数设定值必须在 PID 运算之前预先通过 MOV 等指令写入源[S3]～[S3] ＋ 24。此外，指定停电保持型的数据寄存器时，在 PLC 断电后，其设定值被保持，不需再写入。

5.9.6　串行数据传送指令(RS)

RS 指令为使用 RS—232C 或 RS—485 功能控制板及特殊适配器进行发送接收串行数据的指令，其源[S.]和目标[D.]都只能用数据寄存器；发送和接收数据的点数(字节数)m、n 可为 K、H、D，m、n 的取值范围为 0～4 096。

RS 指令的用法如图 5.59(a)所示，其中，D200 为要发送数据的首地址，D500 为接收数据的首地址。接收时，由终止符 ETX 或 n 点接收表示接收完成。

当 X10 为 ON 时，若 M8161 为 OFF，则在 PLC 端可发送 4 个字节(因 m ＝ 4)的数据，这 4 个字节的数据被存放在 D500～D502 三个数据寄存器中，如图 5.59(b)所示。

若 M8161 为 ON，则 PLC 端(发送端)可发送的 4 个字节数据将被存放在 D200～D203(低 8 位，忽略高 8 位)中；外部设备端(接收端)将可接收到的 6 个字节数据存放到 D500～D505(低 8 位，忽略高 8 位)中，如图 5.59(c)所示。

数据的传送格式可通过特殊数据寄存器 D8120 来设定。

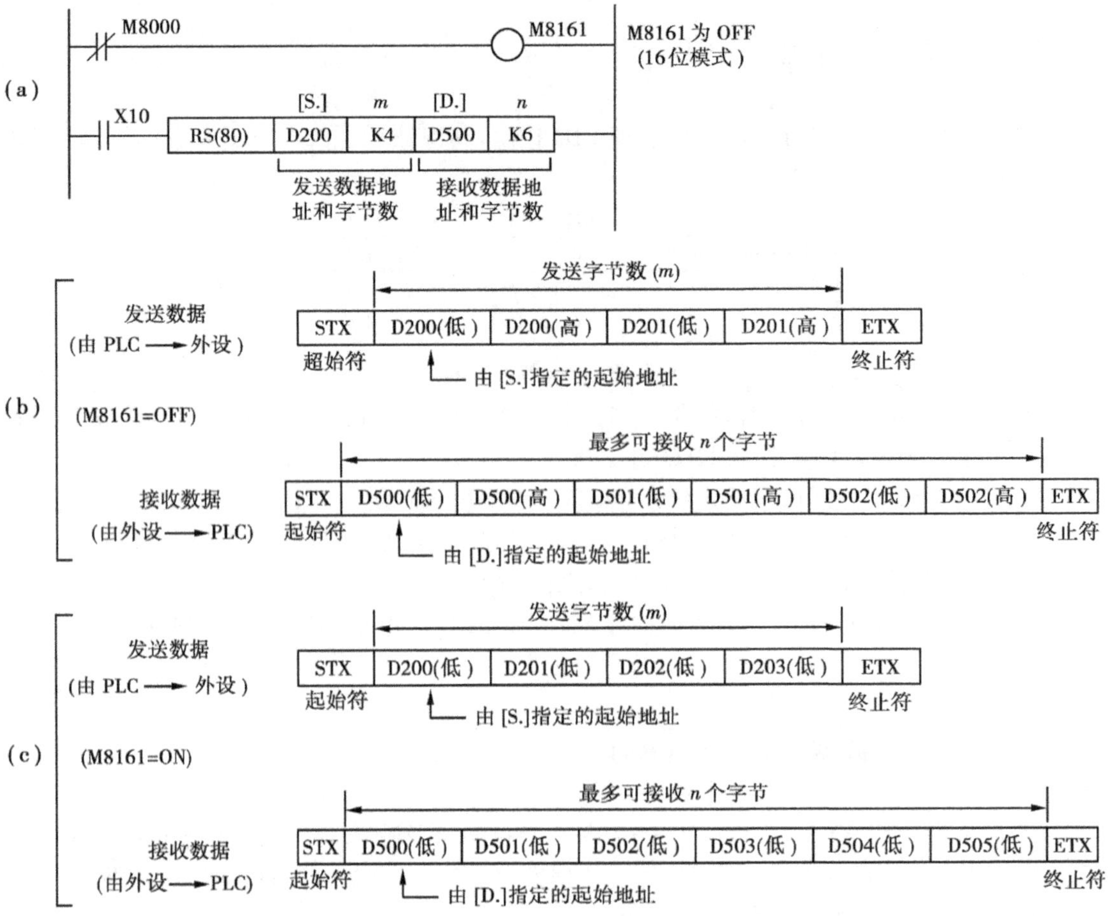

图 5.59 RS 指令的用法

§ 5.10 其他指令

5.10.1 触点比较类指令(LD、AND、OR)

触点比较类指令是使用 LD、AND、OR 触点符号进行触点比较的指令，其源操作数[S1.]、[S2.]可为 KnX、KnY、KnM、KnS、T、C、D、V、Z、K、H 字元件。当[S1.]、[S2.]的最高位(对于 16 位指令为 b15，对于 32 位指令为 b31)为 1 时，其值视为负值进行比较。

触点比较类指令的用法举例如图 5.60 所示，其中(a)、(b)、(c)三图分别表示触点比较的运算开始、串联连接、并联连接三类指令的用法。

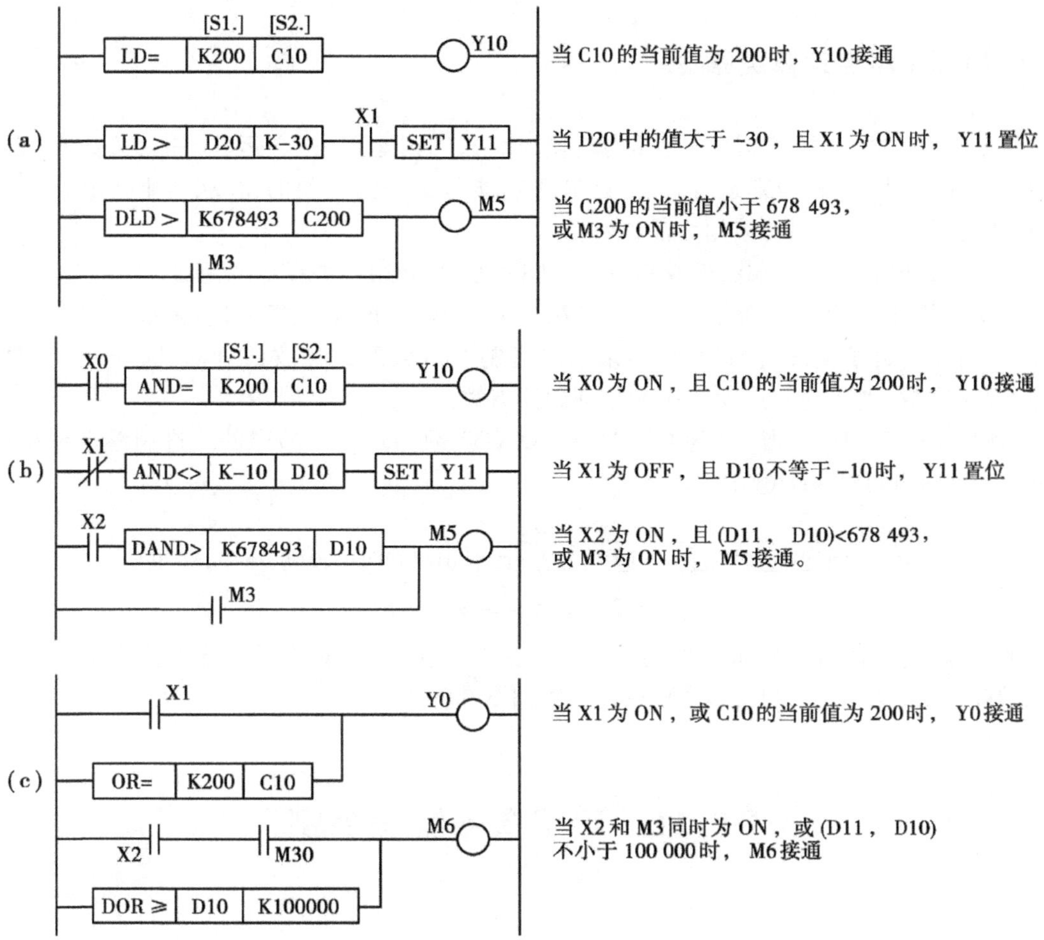

图 5.60　触点比较类指令的用法

5.10.2　上下字节变换指令(SWAP)

SWAP 指令用来将源[S.]的高 8 位与低 8 位交换，其源[S.]可为 KnY、KnM、KnS、T、C、D、V、Z，其用法如图 5.61 所示。

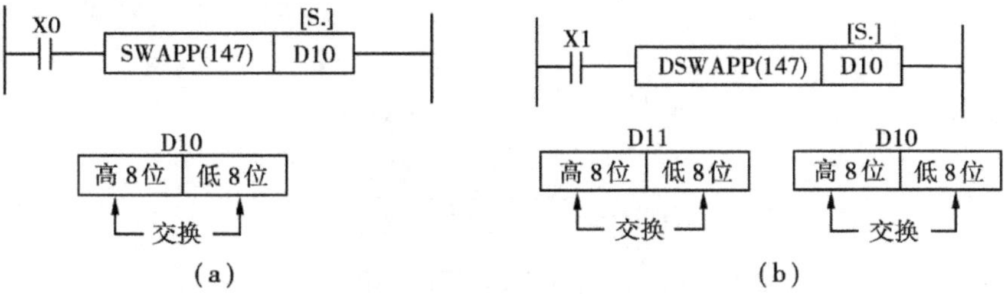

(a)16 位指令　　(b)32 位指令

图 5.61　SWAP 指令的用法

5.10.3 浮点运算类指令

浮点运算类指令能实现浮点运算的转换、比较、四则运算、开方运算、三角函数等功能。其中,二进制浮点比较、四则运算、开方运算等功能与二进制整数的比较、四则运算、开方运算等功能类似,只是处理的数据为浮点数。

下面以二进制浮点数加法运算指令(EADD)为例,介绍这类指令的用法。

EADD 用于两个二进制浮点数的加法运算。执行 EADD 指令时,将两个源[S1.]、[S2.]中的二进制浮点数相加,并将结果以二进制浮点数形式存放到目标[D.]中。若源数据为 K、H 常数,则处理时自动转换为二进制浮点数。

例如,在图 5.62 中,当 X0 为 ON 时,将(D1,D0)和(D11,D10)中的二进制浮点数相加,并将结果存放到(D21,D20)中。

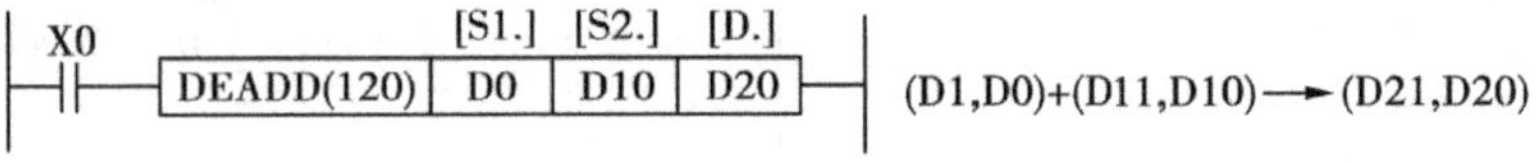

图 5.62 EADD 指令的用法

可见,浮点运算类指令都为 32 位指令(没有 16 位指令),对于浮点数四则运算指令,其源[S.]可为 K、H、D,而目标[D.]则只能为数据寄存器 D。

§5.11 应用指令编程举例

5.11.1 彩灯循环点亮控制

图 5.63 所示为彩灯循环控制梯形图。图中采用 4s 脉冲发生器和 MOV 指令实现对彩灯的控制,即 8 个彩灯按照 2s 频率隔灯交替点亮。X0 为启动开关,当 X0 为 ON 时,连接在输出端 Y7～Y0 的 8 个彩灯,实现隔灯显示,每 2s 交换一次,反复运行。因为 K85 和 K170 在 PLC 内部是两组状态(0,1)完全相反的二进制数码,所以执行 MOV 指令后,可以实现隔灯显示功能。

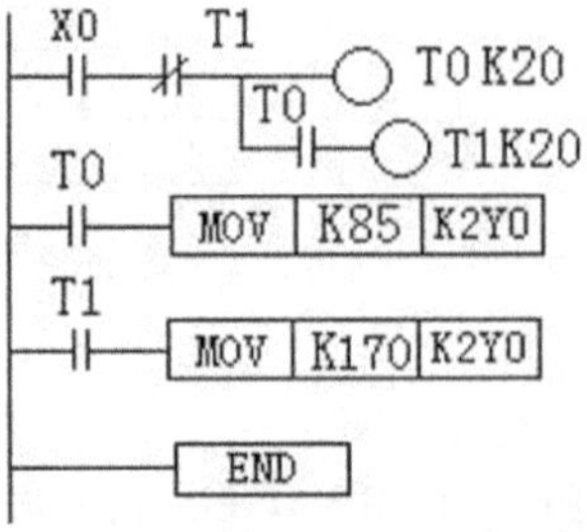

图 5.63 彩灯循环控制梯形

5.11.2　三台电机顺序启动、停止控制

现有 3 台电动机，其启动分别用 Y1、Y2、Y3 控制。要求它们隔 10s 启动，各自运行 20s 后停止，并循环，其时序图如图 5.64 所示。试用传送比较指令完成以下控制。

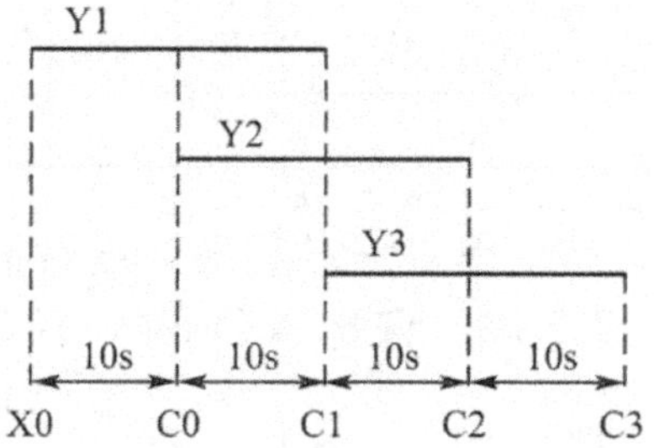

图 5.64　三电机控制时序

分析时序图，电动机启停的关键时间点分别为第 1 个 10s、第 2 个 10s、第 3 个 10s、第 4 个 10s。因此，可以将控制过程划分为等时间间距的 4 段、5 个关键时间点。每个关键时间点上面对应相应的电动机的启停。为了方便使用传送指令，可将每个时间段内加一个 Y0，使 Y0 的值始终为 0。这样，K1Y0 的值在第一个 10s 内为 0010；第 2 个 10s 内为 0110；第 3 个 10s 内为 1100；第 4 个 10s 内为 1000。

时间段的划分可以用两个区间的比较指令实现，个时间段内 Y0～Y3 的值可以通过 MOV 指令传送赋值。根据分析做出顺序功能图程序，如图 5.65 所示。

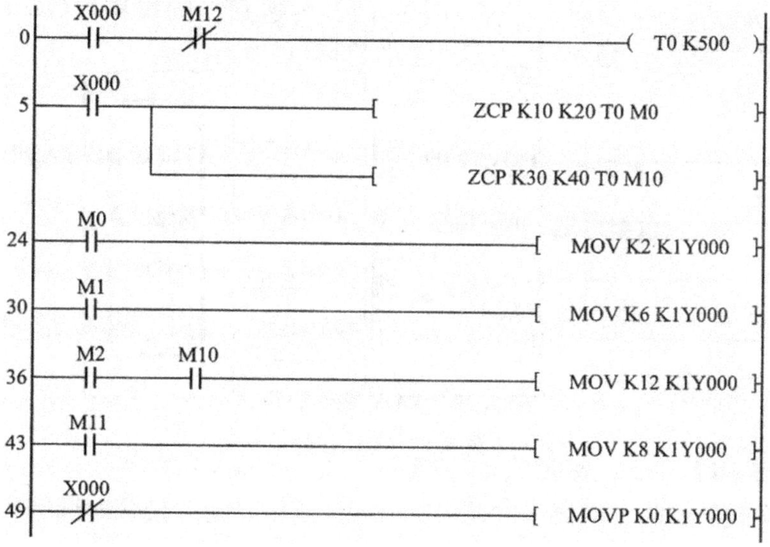

图 5.65　三电机控制顺序功能

5.11.3　数码管数字显示

如图 5.66 所示，设计一个数码管循环点亮的控制系统，其控制要求如下：

(1) 手动时,每按一次按钮数码管显示数值加 1,由 0～9 依次点亮,并实现循环。

(2) 自动时,每隔 1 秒数码管显示数值加 1,由 0～9 依次点亮,并实现循环。

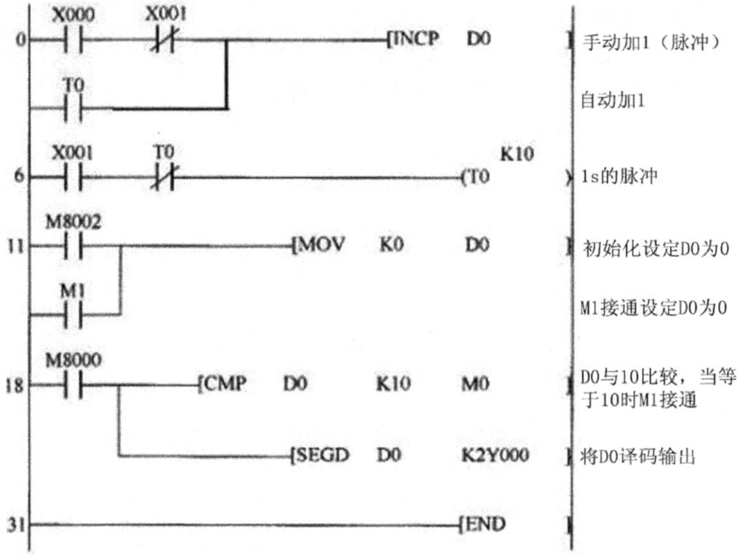

图 5.66 系统程序

I/O 接线如图 5.67 所示。X0:手动按钮;X1:手动/自动开关;Y0～Y6:数码管 abcdefg。请读者自行分析。

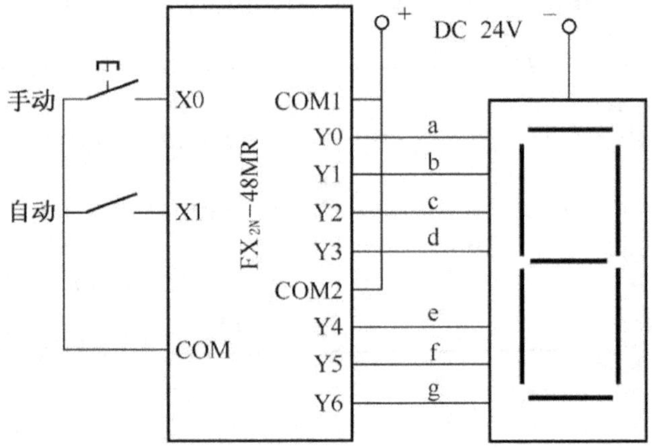

图 5.67 I/O 接线

习 题 5

1. 试说明应用指令的结构形式。

2. 什么是“位”软元件? 什么是“字”软元件? 位软元件如何组成字软元件?

3. 应用指令中的“D”和“P”分别表示什么含义？

4. 试比较中断子程序和普通子程序的异同点。

5. 要求：三电机隔 5s 启动，各运行 10s 停止，循环往复。使用传送比较指令完成控制要求。

6. 用 CMP 指令实现以下功能：X0 为脉冲输入，当脉冲数大于 5 时，Y1 为 ON，否则 Y0 为 ON。编写梯形图程序。

7. 试用 DECO 指令实现节日礼花引爆控制。要求：第一组礼花 4s，然后第二组礼花 2s，然后第一、二组同时燃放 2s，都停止 1s，并重复上述过程。

8. 试编写程序，使如题图 5.1 所示的数码管依次显示字母 A、B、C、D、E、F 并循环。要求两数之间的时间间隔为 1s。(1) 做出 PLC 的外部接线图；(2) 用应用指令编写梯形图程序。

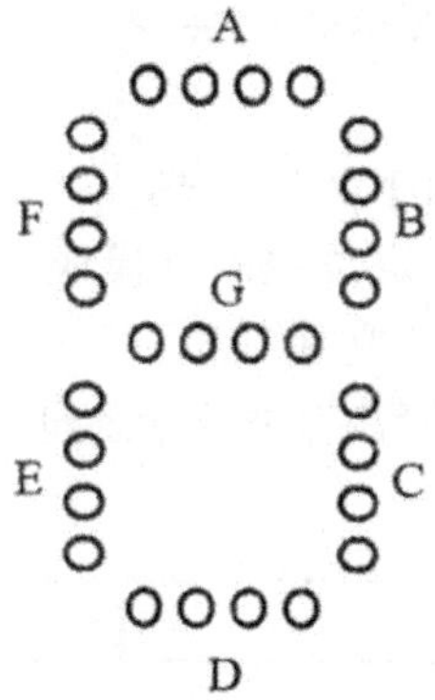

题图 5.1

第 6 章　FX 系列 PLC 的常用特殊功能模块

本章要点

1. 特殊功能模块的功能及连接方法。
2. 模拟量 I/O 模块的参数设置及编程方法。

FX 系列 PLC 的特殊功能模块用来实现一些特殊功能，主要有模拟输入模块(A/D)、模拟输出模块(D/A)、高速计数器模块、定位控制器模块、通信模块等，它们与基本单元之间通过缓冲存储器(使用 FROM/TO 指令)交换数据；每个特殊功能模块占用 8 个 I/O 点，它们通过扩展总线与基本单元相连，并从距离基本单元最近的特殊功能模块开始按 0～7 的顺序编号，如图 6.1 所示。

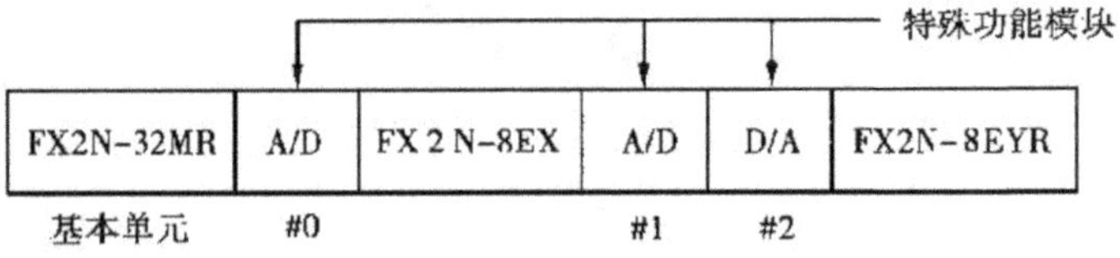

图 6.1　特殊功能模块的编号

下面以常用的 4 通道模拟输入模块(FX2N—4AD)、2 通道模拟输出模块(FX2N—2DA)为例介绍特殊功能模块的特点及使用方法。

§ 6.1　FX2N—4AD 模拟量输入模块

6.1.1　功能特点

FX2N—4AD 模块用来将输入端的模拟信号转换为 PLC 能接收的数字信号。它具有 4 个通道，可同时接收并处理 4 个模拟输入信号，最大分辨率为 12 位。输入信号既可是—10～＋10V 的电压信号(分辨率为 5mV)，也可是 4～20mA(分辨率为 16uA)或—20～20mA(分辨率为 20uA)的电流信号。

模拟量输入信号通过双绞屏蔽电缆来接收，其连接方法如图 6.2 所示。当使用电流输入时，需将 V＋和 I＋端短接。

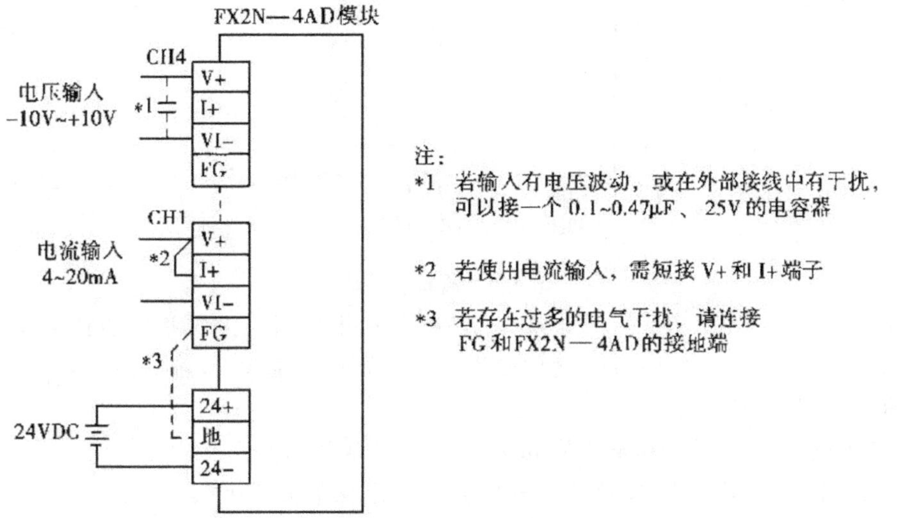

图 6.2　FX2N—4AN 模块的输入连接方法

FX2N—4AD 模块将消耗 FX2N 基本单元或有源扩展单元的 ＋5VDC 电源（内部电源）30mA、＋24VDC 电源（外部电源）55mA。其通常转换速度为 15ms/通道，高速转换速度为 6ms/通道。

6.1.2　缓冲存储器（BFM）的分配

FX2N—4AD 模块共有 32 个缓冲存储器（简称“BFM”），但只使用了以下 12 个 BFM：

（1）BFM ＃0　0 号 BFM 用于通道的选择。4 个通道的模拟输入信号范围用 4 位 16 进制数表示。具体地讲，16 进制数字“0～3”分别表示“—10 ～ ＋10V、4 ～ 20mA、—20 ～ ＋20mA、通道关闭”。例如，若 BFM ＃0 中的 4 位 16 进制数为“H3310”，则表示 FX2N—4AD 模块的 1 通道（CH1）的模拟输入信号范围为— 10 ～ ＋10V，2 通道（CH2）的模拟输入信号范围为 4 ～ 20mA，CH3、CH4 两个通道关闭（没有使用）。

（2）BFM ＃1 ～ ＃4　1 ～ 4 通道的采样次数（设定范围为 1 ～ 4 096），默认值为 8。

（3）BFM ＃5 ～ ＃8　1 ～ 4 通道的采样平均值。

（4）BFM ＃9 ～ ＃12　1 ～ 4 通道的采样当前值。

（5）BFM ＃15 选择 A/D 转换的速度。若设为 0，则选择正常转换速度，即 15ms/通道（默认值）；若设为 1，则选择高速转换速度，即 6ms/通道。

（6）BFM ＃20：若将 BFM ＃20 设为 1，则模块的所以设置都将复位成默认值。用它可以快速消除不希望的增益和偏置值。BFM ＃20 的默认值为 0。

（7）BFM ＃21：若 BFM ＃21 的（b1，b0）两位设为（1，0），则禁止调整增益和偏置；若 BFM ＃21 的（b1，b0）两位设为（0，1）（此为默认值），则可以改变增益和偏置。

① 偏置（截距）：当数字输出为 0 时的模拟输入值。

② 增益（斜率）：当数字输出为 ＋1 000 时的模拟输入值，如图 6.3 所示。

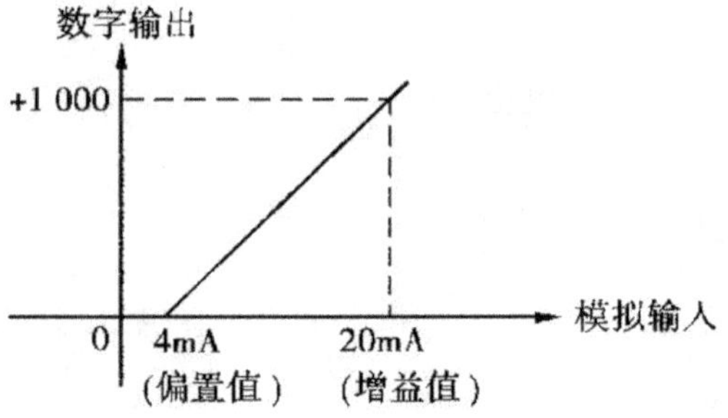

图 6.3　偏置和增益

(8) BFM ♯22:BFM ♯22 的第 b0 ～ b7 位分别用来指定偏置和增益待调整的输入通道。例如,若 BFM ♯22 的(b1,b0)两位设为(1,1),则调整通道 1;若 BFM ♯22 的(b3,b2)两位设为(1,1),则调整通道 2。

(9) BFM ♯23 偏置值,其单位是 mV 或 mA,默认值为 0。

(10) BFM ♯24 增益值,其单位是 mV 或 uA,默认值为 5 000。

(11) BFM ♯29 错误状态信息。其中,当 b0 为 ON 时,表示有错误;当 b1 为 ON 时,表示存在偏置或增益错误;当 b2 为 ON 时,表示存在电源故障;当 b3 为 ON 时,表示存在硬件错误;当 b10 为 ON 时,表示数字输出值超出范围;当 b11 为 ON 时,表示平均采样数不在 1 ～ 4 096之间;当 b12 为 ON/OFF 时,表示禁止/允许 BFM ♯21 的(b1,b0)设为(1,0);当 b0 ～ b3,b10、b11 位为 OFF 时,表示正常。其余各位没有定义。

(12) BFM ♯30 存储 FX2N—4AD 模块的识别码(即 K2010)。可以通过 FROM 指令读出。

在以上缓冲存储器中,BFM ♯0 ～ BFM ♯4 和 BFM ♯20 ～ BFM ♯24(共 10 个)可以使用 TO 指令将设定值写入相应的缓冲存储器。

6.1.3　编程举例

(1) 基本程序

假设 FX2N—4AD 模块连接在特殊功能模块的 0 号位置,通道 1 和通道 2 用 4 ～ 20mA 的电流输入,采样平均次数为 6,用 D10 和 D11 接收采样平均值,则对应的基本程序如图6.4 所示。

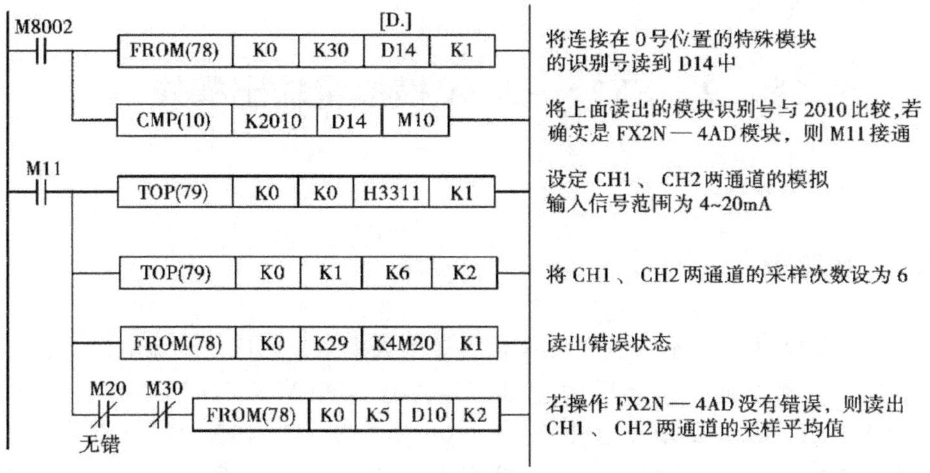

图 6.4　FX2N—4AD 模块的基本程序

(2) 通过软件调整偏置和增益

假设 FX2N—4AD 模块连接在 0 号特殊功能模块位置,通道 1、通道 2 均接 —10V ～ +10V 的电压输入,则将输入通道 1 的偏置和增益分别调整为 0V 和 2.5V 的梯形图,如图 6.5 所示。

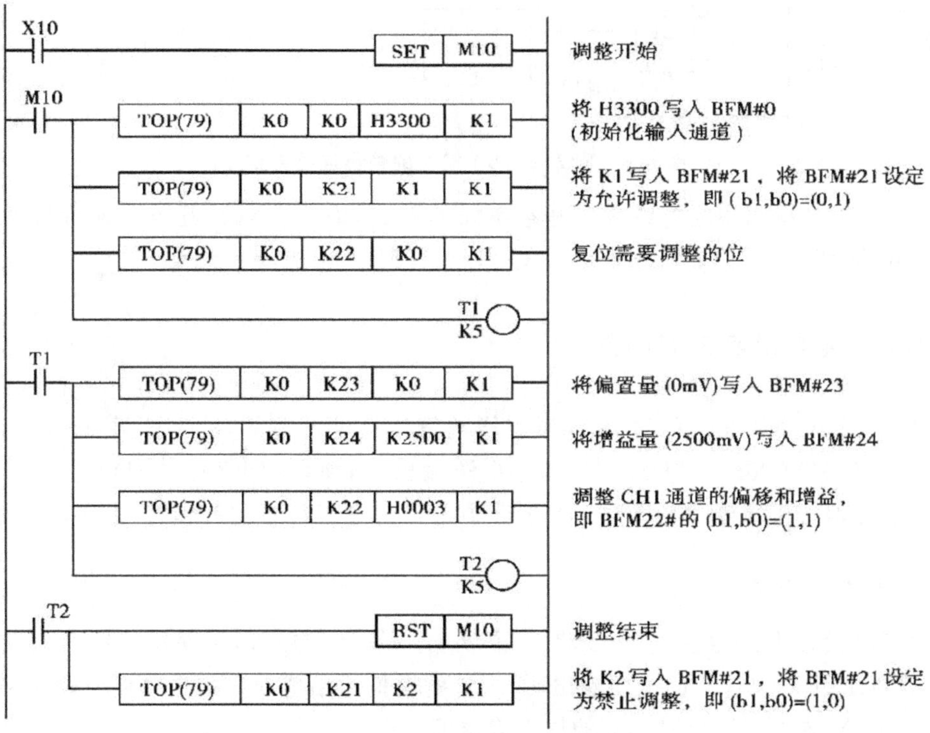

图 6.5　偏置和增益的调整举例

§6.2 FX2N—2DA模拟量输出模块

6.2.1 功能特点

FX2N—2DA模块用来将12位的数字信号转换成模拟量电压或电流输出。它具有2个模拟输出通道。这两个通道可接受的输出信号为0 ～ 10VDC(分辨率为2.5mV)、0 ～ 5VDC(分辨率为1.25mV)的电压信号或4 ～ 20mA(分辨率为4uA)的电流信号。

模拟输出通过双绞屏蔽电缆与驱动负载相连,其连接方法如图6.6所示。当使用电压输出时,需将IOUT端和COM端短接。

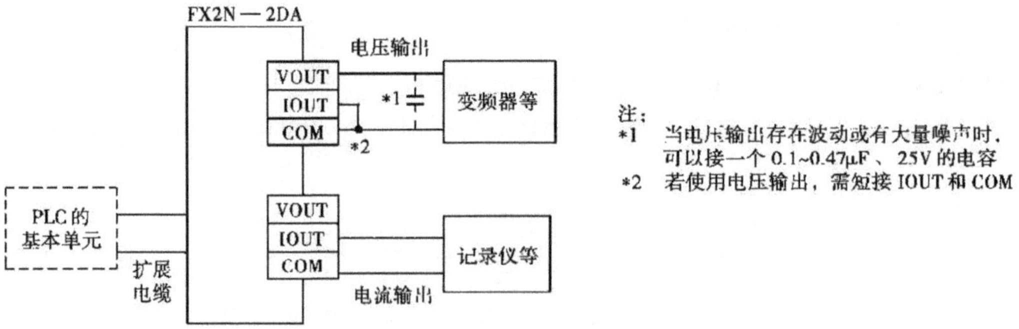

图6.6 FX2N—2DA模块的输出连接方法

FX2N—2DA模块用电缆连接在基本单元的右边,消耗FX2N基本单元或有源扩展单元5VDC电源20mA、24VDC电源50mA。D/A转换时间为4ms/通道。

6.2.2 偏置和增益的调整

FX2N—2DA模块在出厂时,其偏置和增益值是经过调整的,数字值为0～400,电压输出为0 ～10V。若FX2N—2DA模块用于电流输出,则须利用FX2N—2DA上的容量调节器对偏置值和增益值重新进行调整。当容量调节器向顺时针方向旋转时,数字值增加。

(1) 增益的调整

增益可以设置为任意值,但为了将12位分辨率展示到最大,可使用的数字范围为0 ～ 4 000。故当使用0 ～ 10V的电压输出时,10V的模拟输出值对应的数字值应调整到4 000;当使用0 ～ 5V的电压输出时,5V的模拟输出值对应的数字值应调整到4 000;当使用4 ～ 20mA的电流输出时,20mA的模拟输出值对应的数字值应调整到4 000。也就是说,0 ～ 10V、0 ～5V、4 ～20mA对应的增益值分别为10V、5V、20mA,如图6.7所示。

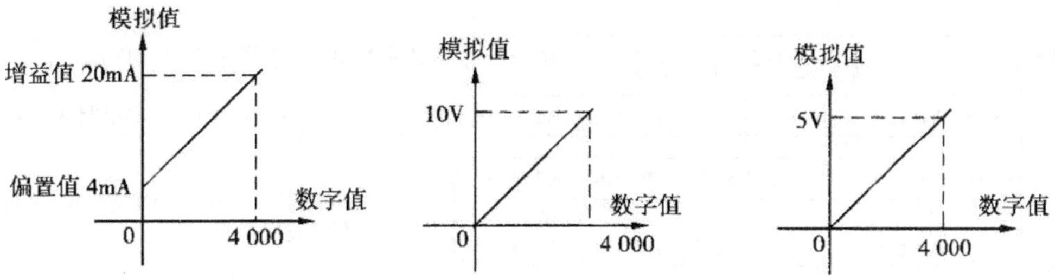

图 6.7　FX2N—2DA 的增益和偏置

(2) 偏置的调整

电压输出时，其偏置值为 0；电流输出时，其偏执值为 4mA。其如图 6.8 所示。

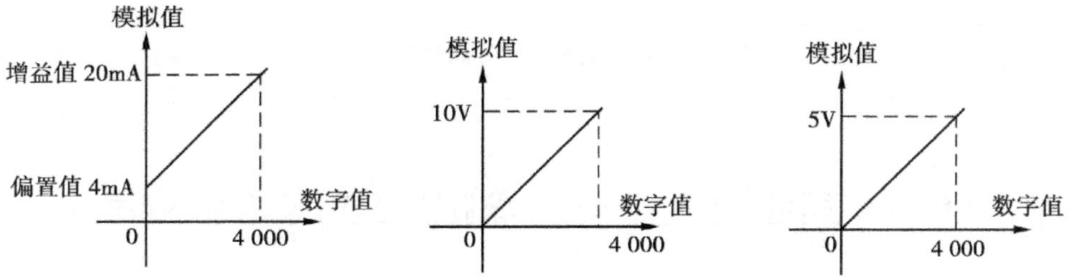

图 6.8　FX2N—2DA 的增益和偏置

6.2.3　缓冲存储器(BFM)的分配

FX2N—2DA 模块共有 32 个缓冲存储器(简称“BFM”)，但只使用了以下两个 BFM：

(1) BFM ＃16：BFM＃16 的 b7～b0(共 8 位)用于输出数据的当前值(低 8 位数据)。

(2) BFM ＃17：当 BFM＃17 的第 b0 位从“1”变成“0”时，通道 2 的 D/A 转换开始；当 BFM ＃17 的第 b1 位从“1”变成“0”时，通道 1 的 D/A 转换开始；当 BFM ＃17 的 b2 位从“1”变成“0”时，D/A 转换的低 8 位数据被保持。其余各位没有定义。

6.2.4　编程举例

假设 FX2N—2DA 模块被连接到 FX2N 系列 PLC 的 1 号特殊模块位置，通道 1 和通道 2 的数字数据分别被存放在数据寄存器 D10 和 D11 中。当输入 X0 接通时，通道 1 进行 D/A 转换；当输入 X1 接通时，通道 2 进行 D/A 转换。通道 1 进行 D/A 转换的梯形图如图 6.9 所示。请读者自己编出通道 2 进行 D/A 转换的梯形图。

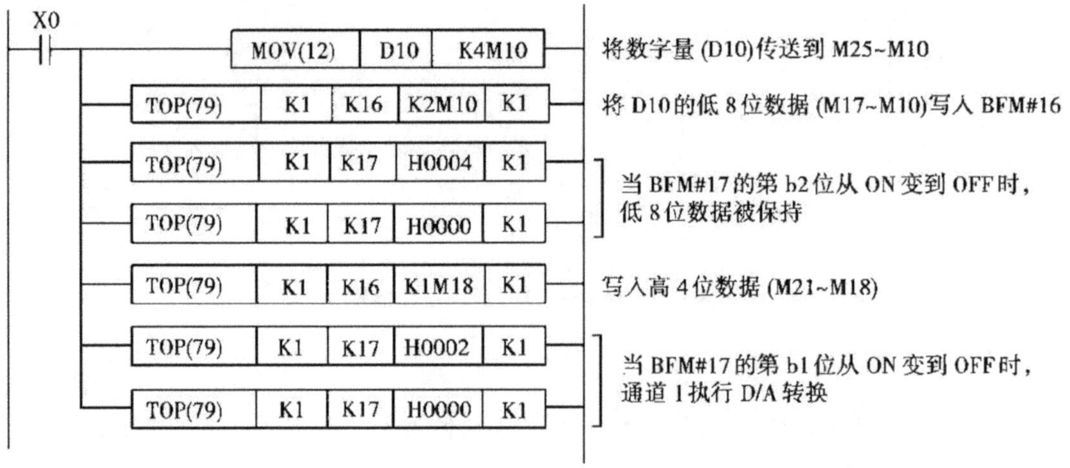

图 6.9 FX2N—2DA 模块的编程

§6.3 其他模拟量输入/输出模块的功能和特点

6.3.1 FX 系列的 12 位模拟量输入/输出模块的公共特性

除 FX2N—3A 和 FX1N—8AV—BD/FX2N—8AV—BD 的分辨率是 8 位，FX2N—8AD 是 16 位以外，其余的模拟量输入/输出模块和功能扩展板均为 12 位。

电压输入时(如 DC 0 ～ 10V、0 ～ 5V)，模拟量输入电路的输入电阻为 20kΩ；电流输入时(如 DC 4～20mA)，模拟量输入电路的输入电阻为 250Ω。

模拟量输出模块在电压输出时的外部负载电阻为 2kΩ～1MΩ，电流输出时小于 500Ω。12 位模拟量输入在满量程时(例如 10V)的数字量转换值为 4 000。未专门说明时，满量程的总体精度为±1 %。

6.3.2 模拟量输入扩展板 FX1N—2AD—BD

功能扩展板的体积小巧、价格低廉，PLC 内可以安装一块功能扩展板。

FX1N—2AD—BD 有两个 12 位的输入通道，输入为 DC 0～10V 和 DC 4～20mA，转换速度为 1 个扫描周期，没有光隔离，不占用点，适用于 FX1S 和 FX1N。

6.3.3 模拟量输出扩展板 FX1N—1DA—BD

FX1N—1DA—BD 有 1 个 12 位的输出通道，输出为 DC 0～10V、0～5V 和 4～20mA，

转换速度为 1 个扫描周期，没有光隔离，不占用点，适用于 FX1S 和 FX1N。

6.3.4　模拟量设定功能扩展板 FX1N—8AV—BD 和 FX2N—8AV—BD

模拟量设定功能扩展板上面有 8 个电位器，用应用指令 VRRD 读出电位器设定的 8 位二进制数，作为计数器、定时器等的设定值。电位器上有 11 档刻度，根据电位器所指的位置，使用应用指令 VRSC，可以将电位器当作选择开关使用。其中，FX1N—8AV—BD 使用于 FX1N 和 FX2N，FX2N—8AV—BD 适用于 FX2N。

6.3.5　模拟量输入/输出模块 FX2N—3A

FX2N—3A 是 8 位模拟量输入/输出模块，有两个模拟量输入通道、一个模拟量输出通道，输入为 DC 0～10V 和 4～20mA，输出为 DC 0～10V、0～5V 和 4～20mA，模拟电路和数字电路间有隔离，占用 8 个 I/O 点。

6.3.6　模拟量输入和温度传感器输入模块 FX2N—8AD

FX2N—8AD 提供 8 个 16 位(包括符号位)的模拟量输入通道，输入为 DC —10～10V 电压或—20～＋20mA 电流，或 K、J 和 T 型热电阻，输出为有符号十六进制数，满量程的总体精度为±0.5 %。只有电压电流输入时的转换速度为 0.5ms/通道，其他通道有热电偶输入时为 1ms/通道，热电偶输入通道为 40ms/通道。模拟电路和数字电路间有光隔离，占用 8 个 I/O 点。

6.3.7　PT—100 型温度传感器用模拟量输入模块 FX2N—4AD—PT

FX2N—4AD—PT 供三线式铂电阻 PT—100 用，有 12 位 4 通道，驱动电流为 1mA(恒流方式)，综合精度为 1 %(相对于最大值)。它里面有温度变送器和模拟量输入电路，对传感器的非线性进行了校正。温度可用摄氏或华氏表示，额定温度范围为－100℃～＋600℃，输出数字量为—1 000～＋6 000，转换速度为 15ms/通道，模拟电路和数字电路间有光隔离，在程序中占用 8 个 I/O 点。

6.3.8　热电偶温度传感器用模拟量输入模块 FX2N—4AD—TC

FX2N—4AD—TC 有 12 位 4 通道，与 K 型(—100～＋1 200℃)和 J 型(—100～＋600℃)热电偶配套使用，K 型的输出数字量为—1 000～＋12 000，J 型的输出数字量为—1 000～＋6 000。综合精度为 0.5 %满刻度＋1℃，转换速度为 240ms/通道，在程序中占用 8 个 I/O 点。模拟电路和数字电路间有光隔离。

6.3.9 温度调节模块 FX2N—2LC

FX2N—2LC 有 2 通道温度输入和 2 通道晶体管输出，提供自调整 PID 控制、两位式控制和 PI 控制，可以检查出断线故障。可以使用多种热电偶和热电阻，有冷端温度补偿，控制周期为 500ms。在程序中占用 8 个 I/O 点，模拟电路和数字电路间有光隔离。

6.3.10 可编程控制器的输入/输出的接线方式

(1) 输入的接线方式

按 PLC 的输入单元与用户设备接线方式的形式可分为汇点式输入接线和分隔式输入接线两种基本方式，如图 6.10 所示。

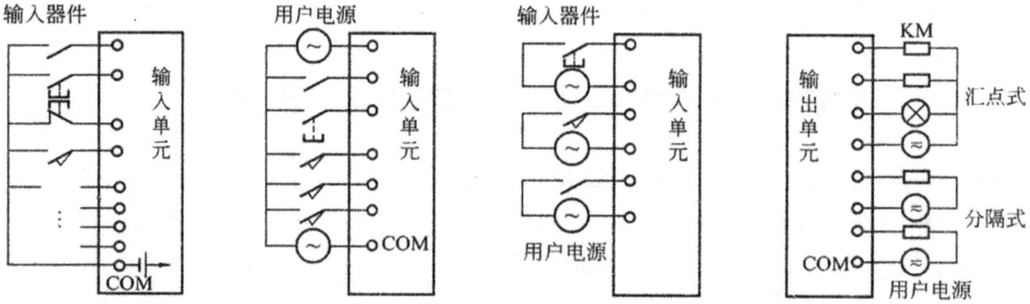

(a) 汇点式接线方式1　(b) 汇点式接线方式2　(c) 分隔式输入接线方式　(d) 分隔式汇点式接线方式

图 6.10 输入、输出的接线方式

汇点式输入接线是指输入回路有一个公共端(汇集端)COM，它可以是全部输入点一组共用一个公共端和一个电源。如图 6.10(a)所示的直流输入单元，其直流电源由 PLC 内部提供。也可将全部输入点分为 N 组，每组有一个公共端和一个独立的电源，如图 6.10(b)所示。汇点式输入接线方式可用于直流或交流输入单元，交流输入单元的电源由用户提供。

分隔式输入接线方式如图 6.10(c)所示，它是将每个输入点单独用各自的电源接入输入单元，在输入端没有公共的汇点，每个输入器件是隔离的。

(2) 输出的接线方式

根据输出单元与外部用户输出设备的接线方式分为汇点式输出和分隔式输出两种基本形式，如图 6.10(d)所示。它可以把全部输出点汇集成一组共用一个公共端 COM 和一个电源，也可以将所有的输出点分成 N 组，每组有一个公共端 COM 和一个单独的电源。这两种形式的电源均由用户提供，可根据实际负载确定选用直流或交流电源。

习　题　6

1. 假设 FX2N—4AD 模块连接在特殊功能模块的 1 号位置，通道 1 用－10～＋10V 的电压输入，通道 2 用 4～20mA 的电流输入，采样平均次数为 4，用 D100 和 D101 接收采样平均值。

(1) 试编写该模块实现 A/D 转换的基本程序。

(2) 试通过编程将输入通道 1 的偏置和增益分别调整为 0V 和 5V。

2. 假设 FX2N—2DA 模块被连接到 FX2N 系列的 PLC 的 3 号特殊功能模块位置，通道 1 和通道 2 的数字数据分别被存放在数据寄存器 D100 和 D101 中。当输入 X1 接通时，通道 2 进行 D/A 转换。试编写通道 2 进行 D/A 转换的梯形图程序。

第 7 章 FX 系列 PLC 通信技术

本章要点

1. PLC 通信的基本知识。
2. FX 系列 PLC 的网络通信参数设置及控制程序的设计方法。

随着计算机通信网络技术的日益成熟以及企业对工业自动化程度要求的提高,生产过程的自动控制系统从传统的集中式控制向多级分布式控制方向发展,构成控制系统的 PLC 也就必须要具有通信及网络的功能,要能够相互连接、远程通信。现在即便是微型和小型的 PLC 也都具有网络通信接口。网络的总体发展趋势是向高速、多层次、大信息吞吐量、高可靠性和开放式的方向发展。

§7.1 PLC 通信的基本知识

7.1.1 通信系统的基本概念

(1) PLC 通信系统的基本组成

通信系统由硬件设备和软件共同组成。硬件设备包括发送/接收设备和通信介质(总线)等。通信软件有通信协议和通信编程软件。通信系统组成示意图如图 7.1 所示。由图可知,通信传送设备至少有两个,即发送设备和接收设备。对于多台设备之间的数据传送,可以有主机(主站)和从机(从站)之分。主机在通信控制中起到控制、发送和处理信息的主导作用,从机被动地接收、监视和执行主机的信息。主机和从机在实际通信时,由数据传送的结构来确定主从关系。在 PLC 通信系统中,传送设备可以是 PLC、计算机或其他各种外围的设备。

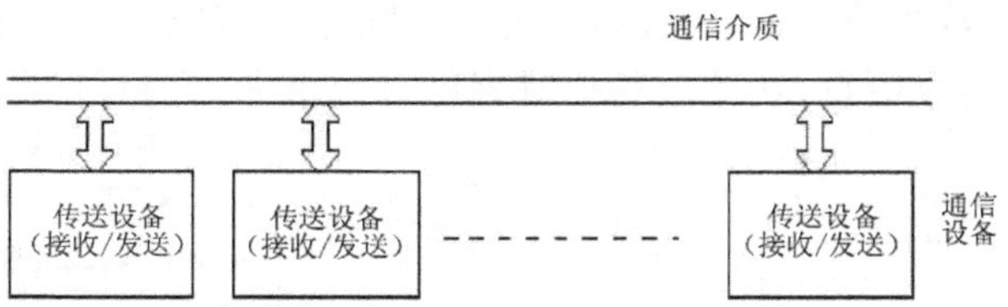

图 7.1　通信系统组成示意

(2) 通信方式

根据通信系统中数据传输方式的不同,数据通信分为两种基本形式:并行通信方式和串行通信方式。

① 并行通信。将传送数据的每一位同时传输的方式称为并行传输,如图 7.2 所示。并行数据通信是以传送数据的位为单位,除了使用 8 根或 15 根数据线和一根公共线外,还需要通信双方之间进行联络用的控制线。

图 7.2　8 位数据并行传输

并行数据的特点是:传输速度快,不论是 8 位还是 15 位传输数据,只需要一个时钟周期的传送时间,但所需的传输线数目多、成本较高,通常用于传输速率高的近距离数据传输,如打印机与计算机之间的数据传送。

② 串行通信。串行通信只用一根数据线进行传输,多位数据在一根数据线上顺序传送,如图 7.3 所示。这是一种以二进制的位(bit)为单位的数据传输方式。串行通信每次只传送一位,除了公共线外,在一个数据传输方向上只需要一根数据线,这根线既可以作为数据线,又可以作为通信联络用的控制线。

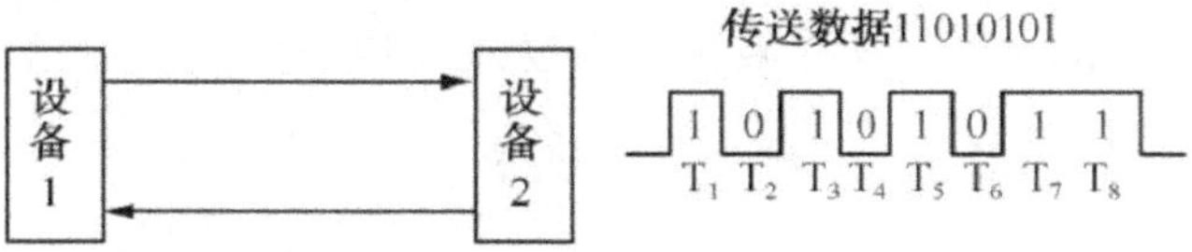

图 7.3　8 位数据串行传输

串行通信的特点是:数据传输速度慢,但通信时需要的信号线少(最少只需要两根线),在远距离传输时通信线路简单、成本低,常用于远距离传输而速度要求不高的场合。串行通信在工业控制中应用广泛,计算机和 PLC 都有通用的串行通信接口(如 RS—232C)。

在串行通信中,数据传输速率(又称比特率)通常是指每秒传送的二进制位数。不同的串行通信网络的传输速率差别极大,常用的标准数据传输率为 300b/s、500b/s、9 500b/s 等。

串行通信的数据通路形式。串行通信按照信息在设备间的传输方向分为单工、半双工和全双工三种方式,如图 7.4 所示。单工通信是指信息的传递始终保持为一个固定的方向,不能进行反方向传送。半双工是指在两个通信设备间的同一时刻只能由一个设备发送数据,而另一个设备只能接收数据,两个设备不能同时发送或接收信息。全双工是指两个通信设备可以同时发送和接收信息,线路上任何时刻可有两个方向的数据在传送。

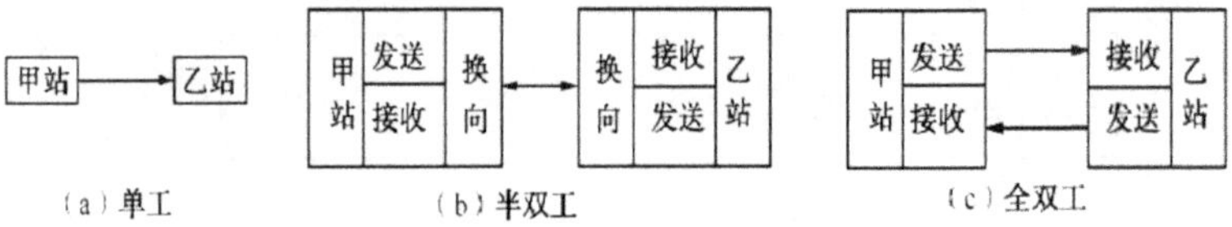

图7.4 单工、半双工和全双工

串行通信的同步方式。在串行通信中,为了保证发送和接收数据的一致性,可以采用两种通信技术,即异步串行通信和同步串行通信技术。

异步串行通信方式是将传输的数据按照某位数进行分组(通常以8位字节为单位),在每组数据的前面和后面分别加上一位起始位和停止位,根据需要还可以在停止位加一位校验位,并且停止位的长度还可以增加,这样组合成的一组数据称为一帧。

发送设备一帧一帧地发送,接收设备一帧一帧地接收,加入了起始位、停止位以及校验位,就可以确保数据传输的完整性。接收设备若发现某一帧数据缺少了必需的起始位或停止位,可以要求发送设备重新传送这一帧数据。异步串行通信的数据格式如图7.5所示。在异步传输方式中加入了起始位和停止位以及校验位后,保证了异步传输数据的可靠性和正确性,但加入了这些内容后,造成异步串行通信的传输效率降低,因而提出了同步串行传输的通信方式。

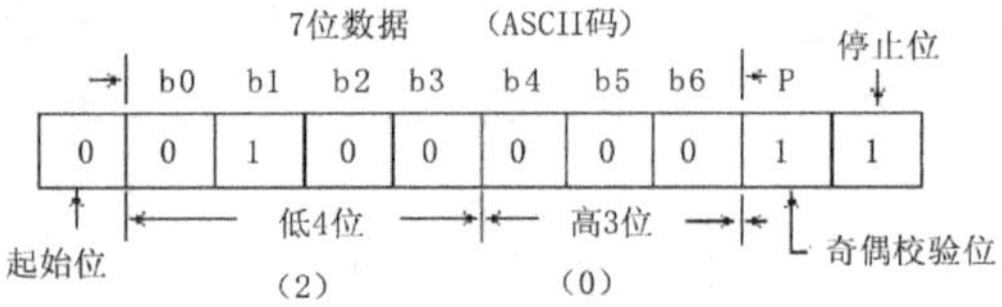

图7.5 异步串行通信的数据格式

同步串行通信方式对每一帧数据的分组方式做了一些改进。同步串行通信方式不再以字节构成,而是以每个数据块为单位,每个数据块可以由多个字节构成,只在每个数据块的前后加上起始位和停止位即可。这样减少了需要额外传输的控制数据长度,提高了传输效率。

(3) 通信介质

一个通信系统不论采用并行或串行传输方式,数据最终要通过某种介质和接口才能从发送设备传送到接收设备。在通信系统中,可以将通信介质比作输送数据信息的管道,管道的质量以及畅通的程度决定了通信的质量和能力。PLC对通信介质的基本要求是具有传输效率高、能量损耗小、抗干扰能量强、性价比高等特性。

目前,PLC通信大多数采用有线介质,如双绞线、同轴电缆、光纤等。由于工业环境中存在各种各样的干扰,因此对于PLC网络通信来讲,要求通信介质必须具备较高的抗干扰能量,所以双绞线和同轴电缆适用于PLC的通信。

(4) 通信接口

① RS—232 通信接口。RS—232 通信接口是数据通信中应用最为广泛的一种串行接口，它是数据终端设备与数据通信设备进行数据交换的接口，目前最受欢迎的是 RS—232C，即 C 版本的 RS—232。

RS—232 接口物理连接器(插头)规定为 25 芯插头，通常插头在数据终端设备(DTE)端，插座在数据通信设备(DCE)端。"RS"是英文"推荐标准"的缩写，"232"是标识号，"C"表示此标准修改的次数。它既是一种协议标准，又是一种电气标准，规定了终端和通信设备之间信息交换的方式和功能，采用串行通信方式传送数据，波特率规定为 19 200b/s、9 600b/s、4 800b/s 等几种。

RS—232C 接口是标准的 25 针的 D 型连接器。RS—232C 采用负逻辑，规定逻辑"1"电平在(—5～—15)V 范围内，逻辑"0"电平在(5～15)V 范围内，具有较高发抗干扰能力。

② RS—422 通信接口。RS—422 通信接口定义有 RS—232C 通信接口所没有的 10 种电路功能，规定用 37 针的连接器。采用差动发送、差动接收的工作方式，发生器、接收器使用+5V 的电源，因此在通信速率、通信距离、抗干扰能力等方面较 RS—232C 通信接口有很大的提高，其数据的传送速率可达 10Mb/s，通信距离为 12～1 200m。

③ RS—485 通信接口。RS—485 通信接口是 RS—422 的改进，RS—485 采用半双工通信方式，它的电气接口电路采用了差分传输方式，抗共模干扰能力增强，输出阻抗低，并且无接地回路，适用于远距离数据传输。

PLC 主要是通过 RS—232、RS—422、RS—485 等通用通信接口进行联网通信的。若联网通信的两台设备都具有同样类型的接口，可以直接通过适配的电缆连接实现通信。若两台设备的通信接口不同，则要采用一定的硬件设备进行接口类型的转换。三菱公司生产的这类设备采用功能扩展板和独立机箱型两种基本结构形式。功能扩展板通信接口(如 FX2N—485—BD 型)没有外壳，安装在 PLC 的机箱内使用，其构成的通信距离最大为 50m。而独立机箱型接口(如 FX2N—485ADP 型)属于扩展模块一类，其采用适配器构成的通信距离最大为 500m。

在许多工业环境中，要求使用最少的信号线，在远距离内实现通信任务。目前在 PLC 局域网中广泛使用 RS—485 串行接口总线。采用 RS—485 构成分布式系统，系统中最多可有 32 个站，新的接口器件已允许连接 128 个站。

(5) 通信协议

PLC 网络和计算机网络一样，也是由各种数字设备(其中也包括 PLC、计算机)和终端设备(显示器、打印机等)通过通信线路连接起来的复合系统。在这个系统中，由于数字设备的型号、通信线路的类型、连接方式、同步方式、通信方式的不同，给网络的通信带来了不便。不同系列、不同型号的计算机、PLC 通信方式各有差异，造成了通信软件需要依据不同的情况进行开发。这不仅涉及数据的传输，而且还涉及 PLC 网络的正常运行，因此在网络系统中，为确保数据通信双方能正确而自动地进行通信，针对通信过程中的各种问题，制定了一整套的约定，这就是网络系统的通信协议，又称网络通信规程。

通信协议主要用于规定各种数据的传输规则，使之能更有效地利用通信资源，保证通信的畅通，接发双方都必须严格遵守通信协议个各项规定。通信软件则是人与通信系统之间沟通的一个工具，使用者可以通过通信软件了解整个系统运作的情况，进而对系统进行各种控制和管理，如同道路交通管理中的交通规则。

网络通信协议是一组约定，通常至少应有两种功能：一是通信，包括识别和同步；二是信息传输，包括传输正确的保证、错误检测和修正等。具体来讲，网络协议主要有以下三个部分。

① 语义：是对协议元素含义的解释。不同类型的协议元素所规定的语义是不同的，如需要发出何种控制信息、完成何种动作及得到的响应等。

② 语法：将若干个协议元素和数据组合在一起用来表达一个完整的内容所应遵循的格式，是对信息的数据结构做出的一种规定，如用户数据与控制信息的结构与格式等。

③ 时序：对事件实现顺序的详细说明。例如，在双方进行通信时，发出一个数据报文，如果目标正确收到，则回答源点接收正确；若接收到错误的信息，则要求源点重发一次。

由此可以看出，协议实质上是网络通信时所使用的一种联络语言。

7.1.2 FX2N系列PLC的通信形式

FX2N系列PLC支持以下四种类型的通信形式。

(1) 并行通信

FX2N系列PLC可以采用FX2N—485—BD内置通信板和专用通信电缆连接实现两台同系列PLC间的并行通信。

(2) 计算机与多台PLC之间的通信

一台计算机采用RS—485通信接口与多台PLC之间进行通信，多见于计算机为上位机的控制系统中，这时的各个PLC均可以接收上位机的命令，并将执行结果送给上位机，形成一个简单的集中管理、分散控制系统。

(3) N:N网络通信

采用RS—485通信接口在FX系列PLC之间进行简单的数据链接，实现多机通信互联，常用于生产过程中的集散控制与集中管理等方面。

(4) 无协议通信

采用具备RS—422通信接口或RS—485通信接口的各种设备，以无协议的方式进行数据交换，对于PLC只需编写实现通信功能的梯形图即可实现通信。常用于PLC与计算机、条形码阅读器、打印机和各种智能仪表等串口设备之间的数据交换。

§7.2　PLC 与计算机的通信

PLC 和计算机的通信是一种最简单、最直接的通信方式，一般的 PLC 都具有和计算机通信的功能。当 PLC 和计算机联网通信后，可充分地发挥出计算机在系统管理、数据处理、图像显示、文字处理及打印报表等方面的优点。利用计算机可以实现 PLC 采用梯形图编程，使程序的自动监控执行更加直观和形象，可以实现生产过程的模拟仿真、生产过程的流程图和检测量变化的显示；可以进行数据显示等。总之，采用计算机和 PLC 联网通信扩大了 PLC 的应用范围。

7.2.1　计算机与多台 PLC 的连接

一台计算机和多台 PLC 连接通信称为 1∶N 型网络。一台计算机最多可以连接 16 台 PLC。图 7.6 所示为采用 RS—485 通信的 1∶3 型网络连接示意图，图中 PLC 采用 FX2N—485—BD 型内置通信板和 FX—485PC—IF 型接口转换模块，将一台计算机和 3 台 PLC 连接为通信网络，可进行 PLC 和计算机之间的信息、数据交换。

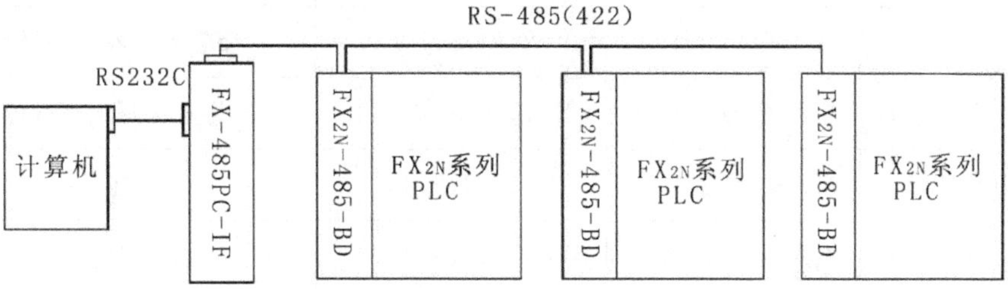

图 7.6　使用 RS-485 通信的 1∶3 连接

7.2.2　通信协议

FX 系列 PLC 与计算机采用 RS—232C 标准，通信协议的有关规定如下所述。

（1）数据格式

通信采用异步串行方式，通信协议的数据交换格式为字符串的方式，由奇偶校验位、起始位和停止位、数据位组成。数据位利用字符串的 ASCII 码表示。数据是以帧为单位发送和接收的，FX 系列 PLC 与计算机通信的数据格式如图 7.5 所示。

（2）通信控制字符

通信控制字符有 ENQ、ACK、NAK、STX 和 ETX，共 5 个。PLC 和计算机之间的数据传输以帧为单位，每一帧为 10 个字符，其中 ENQ、ACK 或 NAK 可以构成单字节字符帧；其余的字符在发送和接收时，必须以字符STX为起始符、ETX为结束符，否则将不能保持同步，产生错帧。表7.1所示为FX系列PLC与计算机的通信控制字符及其含义。

表7.1 FX系列PLC与计算机的通信控制字符及其含义

字符	ASCII码	数据格式	注　释
ENQ	05H	1100001010	来自计算机的查询信号
ACK	06H	1100001100	无校验错误，PLC对ENQ的确认应答信号
NAK	15H	1100101010	检测到错误，PLC对EHQ的否认应答信号
STX	02H	1100000100	数据(信息帧)的起始标志
ETX	03H	1100000110	数据(信息帧)的结束标志

(3) 通信命令

FX系列PLC有4条通信命令，分别是读命令、写命令、强制为ON命令和强制为OFF命令。表7.2所示为FX系列PLC的通信命令代码及功能说明。

表7.2 FX系列PLC的通信命令代码及功能说明

命　令	命令代码	目标元件	功能说明
读	0：ASC码30H	X,Y,M,S,T,C,D	读软继电器状态及数据
写	1：ASC码31H	X,Y,M,S,T,C,D	将数据写入软继电器
强制为ON	7：ASC码37H	X,Y,M,S,T,C	强制为ON
强制为OFF	8：ASC码38H	X,Y,M,S,T,C	强制为OFF

(4) 报文格式

多字符传送时构成多字符帧，一个多字符帧由字符STX、命令码、数据段、字符ETX及校验位组成。计算机向PLC发出报文格式如图7.7(a)所示，PLC向计算机发出的应答报文格式如图7.7(b)所示。

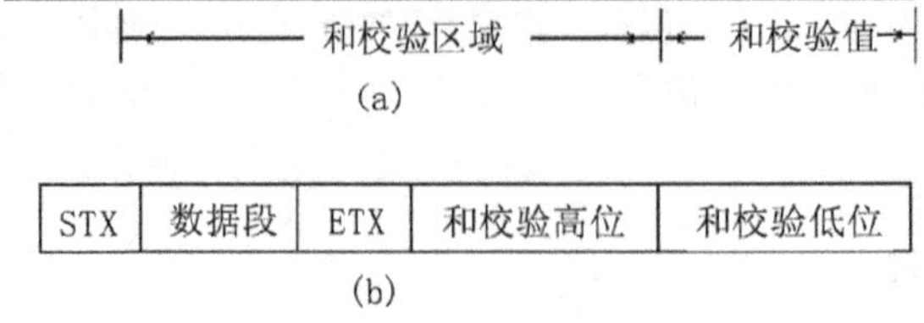

图7.7 报文格式

(5) 传输规程

在 FX 系列 PLC 与计算机的通信中，无论是读或写操作，PLC 始终为被动状态，都是由计算机发出信号，传输规程说明如图 7.8 所示。

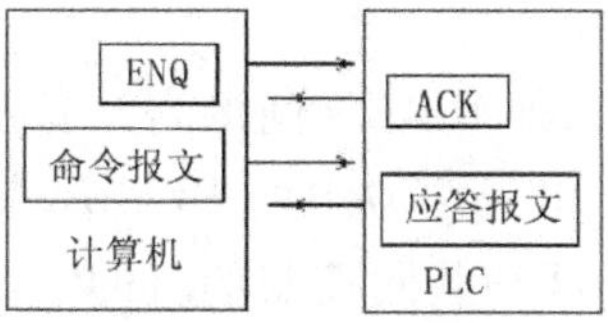

图 7.8　传输规程说明

开始通信由计算机发出一个控制字符 ENQ，去询问 PLC 是否做好通信准备，同时也可以检查 PLC 与计算机之间的链接是否正确。当 PLC 接收到该字符后，正处于 STOP 状态，则立即做出回答，如通信有错，则回答 NAK，如通信正常，则回答 ACK。若 PLC 正处于 RUN 状态，则要等待至本次扫描结束时(至 END 指令)才能回答。

如果计算机发出一个 ENQ 经过 5s 后，没有收到回答，则计算机会再次发出 ENQ 控制字符，仍没有回答说明链接有错。在计算机收到回答字符 ACK 后，就可以进行数据通信了。

(6) 通信格式

PLC 和计算机通信的详细协议采用 PLC 内部的特殊辅助继电器 D8120 进行设置，具体的设置内容为数据长度、校验形式、传输速率和协议方式等。图 7.9 所示为 D8120 设置示例，如果采用模式 1 标准，图中梯形图程序的设置为：无协议通信、传送数据长度为 7 位、偶校验位、1 位停止位和 9600b/s 数据通信速率。

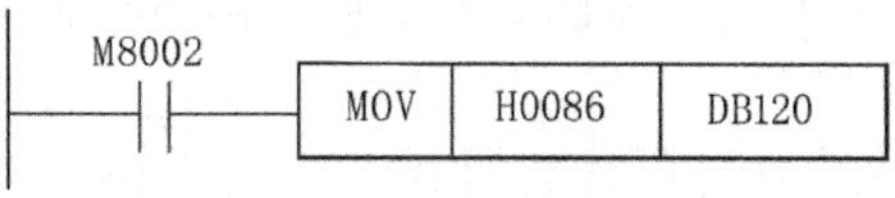

图 7.9　D8120 设置示例

对于多台 PLC 链接时，还要用 D8121 设置 PLC 的站号。站号的设置范围为 00～07CH。

采用 D8129 设置检验时间。检验时间指计算机向 PLC 发送数据失败时，从传送开始至接收完最后一个字符所等待的时间。计算机向 PLC 传送的字符串个格式如图 7.10 所示。

控制代码
站号
PLC 的 CPU 代码
操作指令
等待时间
软元件及其设定
和校验码
控制码 CR/LF

图 7.10　字符串的格式

§7.3 FX2N 系列 PLC 的 N:N 通信网络

N:N 链接通信协议用于 FX 系列 PLC 之间的自动数据交换。N:N 网络主要应用于工业生产过程的复杂控制系统中,应用于网络中的 PLC 都有各自不同的控制任务,但通过相互之间的链接通信,可达到统一管理和共同控制的目的。

7.3.1 N:N 网络的特点

(1) 采用 RS—485 通信传输标准。

(2) 最多连接 8 台 PLC,一台为主机,其他为从机。

(3) 采用 FX2N—485—BC 通信模块通信距离最大为 50m。采用 FX0N—485—ADP 模块最大距离可达 500m。

(4) 通信方式为半双工通信方式。

(5) 采用设置通信模式(三种)方法,确定可供数据交换的共享区域。

7.3.2 N:N 网络的参数设置

N:N 网络中有系统指定的共享数据区域,即网络中的每一台 PLC 都要提供各自的辅助继电器和数据寄存器组成网络交换数据的共享区间。网络编程元件的共享区域如表 7.3 所示。

对于网络中的每一台 PLC 都可以将自身用于网络交换的数据存入共享数据区。网络中的每一台 PLC 使用网络中其他 PLC 自动传来的数据就像读本身内部数据区的数据一样方便。采用 N:N 网络通信,能链接一个小规模系统中的数据,每一个 PLC 都可以监视网络中其他 PLC 共享区域中的数据。N:N 网络的设置只有在程序运行或 PLC 启动时才有效。N:N 网络的参数设置内容如下:

(1) 站号设置(D8176)。D8176 的取值范围为 0～7,主机应设置为 0,从机设置为 1～7。

(2) 设置从机个数(D8177)。该设置只适用于主机,设定范围为 1～7,默认值为 7。

(3) 设置刷新范围(D8178)。刷新范围是指对通信联网中所有 PLC 的共享寄存器复位操作的范围。设置刷新范围实际上是设定联网 PLC 的共享区域辅助继电器、数据寄存器的范围,对于不同型号的 PLC,其内部编程元件的地址和范围有差异,所以要根据 PLC 的机型设置刷新范围。

刷新范围的设定有两步:首先由主机的 D8178 设置刷新模式(0、1、2 共三种。默认值为 0),参见表 7.4 的内容。当刷新模式设定后,N:N 网络中主机和从机的刷新范围也就确定了,其主、从机的共享辅助继电器和数据寄存器的使用范围也就确定了。假设采用 FX2N 型 PLC 进行联网,如果设定模式 1,则参考表 7.3 的内容就可以知道采用模式 1 编程元件的共享区域了。

表 7.3　网络编程元件的共享区域

站号	模式 0	模式 1		模式 2	
	4 点字元件	32 点位元件	4 点字元件	64 点位元件	8 点字元件
0	D0～D3	M1000～M1031	D0～D3	M1000～M1063	D0～D7
1	D10～D13	M1064～M1095	D10～D13	M1064～M1127	D10～D17
2	D20～D23	M1128～M1159	D20～D23	M1128～M1191	D20～D27
3	D30～D33	M1192～M1223	D30～D33	M1192～M1255	D30～D37
4	D40～D43	M1256～M1287	D40～D43	M1256～M1319	D40～D47
5	D50～D53	M1320～M1351	D50～D53	M1320～M1383	D50～D57
6	D60～D63	M1384～M1415	D60～D63	M1384～M1447	D60～D67
7	D70～D73	M1448～M1479	D70～D73	M1448～M1511	D70～D77

表 7.4　刷新模式

通信元件	刷新模式(刷新范围)		
	模式 0	模式 1	模式 2
	(FX0N、FX1S、FX1N、FX2N、FX2NC)	(FX1N、FX2N、FX2NC)	(FX1N、FX2N、FX2NC)
位元件	0 点	32 点	64 点
字元件	4 点	4 点	8 点

(4) 其他相关标志和数据寄存器:

① M8038:设置网络参数。

② M8183:在主机的通信错误时为 ON。

③ M8184～M8190:在从机产生错误时为 ON。

④ M8189:在与其他从机通信时为 ON。

⑤ D8179:主机设定通信重试次数,设定值为 0～10(默认值为 3),该设置仅用于主机,当通信出错时,主机就会根据设置的次数自动重试通信。

⑥ D8180:设置主机和从机间的通信驻留时间,设定值为 5～255,对应设置的通信驻留时间为 50～2550ms。

7.3.3 N:N通信网络示例

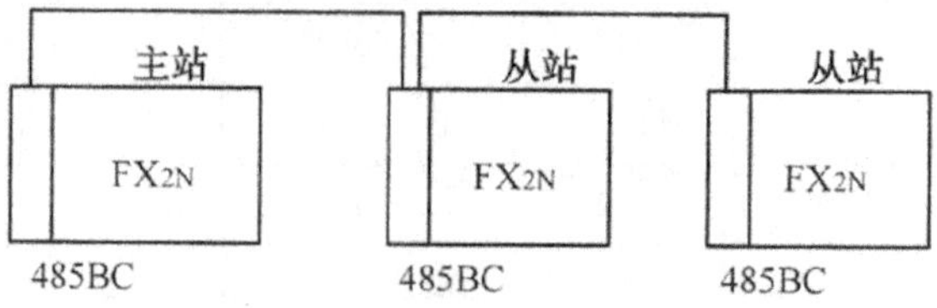

图7.11 3:3通信网络示意

图7.11所示为3:3通信网络示意图。图中的系统有3个站点,其中1个为主站,2个为从站,每个站点的PLC都连接在一个FX2N—485—BD通信板上,通信板之间用单根双绞线连接,刷新范围选择模式1,重试次数选择3,通信超时选择50ms,要求系统的功能为:

(1) 将主站点的输入点X0～X3输出到从站点1和2的输出点Y10～Y13。

(2) 将从站点1的输入点X0～X3输出到主站和从站点2的输出点Y14～Y17。

(3) 将从站点2的输入点X0～X3输出到主站和从站点1的输出点Y20～Y23。

根据系统的功能要求,图7.12所示为主站的程序梯形图,图7.13所示为从站点1的程序梯形图,图7.14所示为从站点2的程序梯形图。

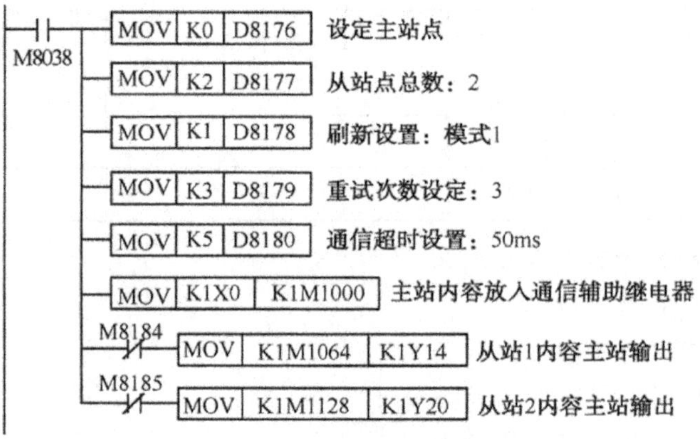

图7.12 主站点的程序梯形

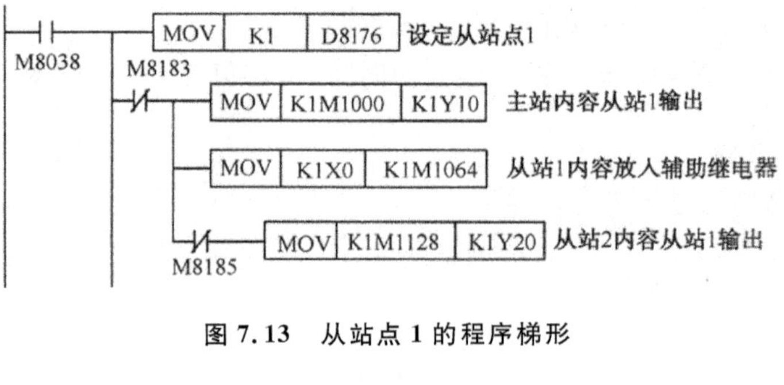

图7.13 从站点1的程序梯形

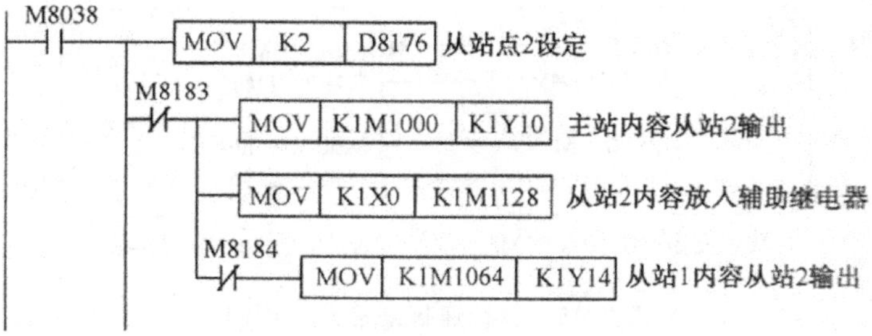

图 7.14　从站点 2 的程序梯形

§7.4　双机并行通信

7.4.1　与并行链接有关的标志寄存器

(1) 并行通信的标志寄存器

并行通信可采用两台 FX 系列 PLC 实现相互间的数据自动传送。与并行通信有关的标志寄存器如表 7.5 所示。

表 7.5　并行通信的标志寄存器

元件号	操　作　功　能
M8070	为 ON 时，PLC 作为并行链接的主机
M8071	为 ON 时，PLC 作为并行链接的从机
M8072	PLC 运行在并行链接时为 ON
M8073	在并行链接时，主机和从机中任何一个设置出错时为 ON
M8162	为 OFF 时为标准模式，为 ON 时为快速模式

(2) 使用方法

将两个都安装有通信模块的 FX 系列 PLC 的基本单元采用单根带屏蔽的双绞线连接，即可组成双机并行通信网络。编程时用 M8070 和 M8071 设定主机和从机，用特殊辅助继电器在两台可编程控制器之间进行自动的数据传送。另外，并行连接分为一般模式和高速模式，两种模式由 M8162 的 ON/OFF 识别。

采用并行通信的一般模式时，特殊辅助继电器 M8162 为 OFF 时，主机、从机的设定和通信用特殊继电器和数据寄存器如图 7.15 所示。主机和从机的区别仅在于供通信用的数据寄存器和辅助继电器的地址分配不同，不表示两台 PLC 在通信中的主、从关系。

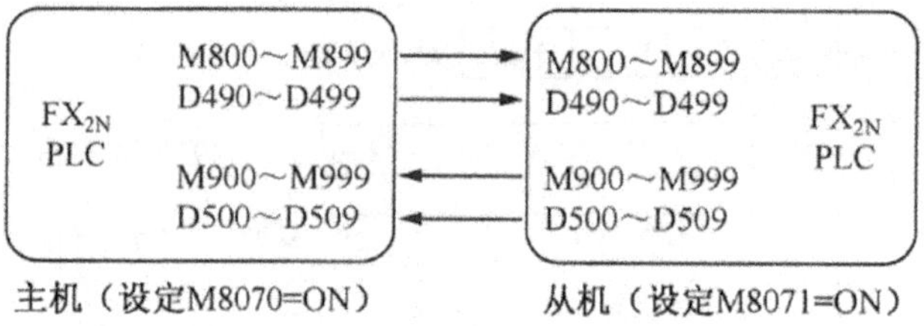

图 7.15 并行通信编程元件说明

7.4.2 并行通信模式的设置与连接

当两个 FX 系列 PLC 的主要单元分别安装在一块通信模块后，用单根带屏蔽双绞线连接即可。编程时设定主站和从站，用特殊辅助继电器在两台可编程控制器之间进行自动数据传送，很容易实现数据通信链接。主站和从站的设定由 M8070 和 M8071 设定，图 7.16 所示为两台 FX2N 主单元用两块 FX2N—485—BD 模块的通信连接示意图。

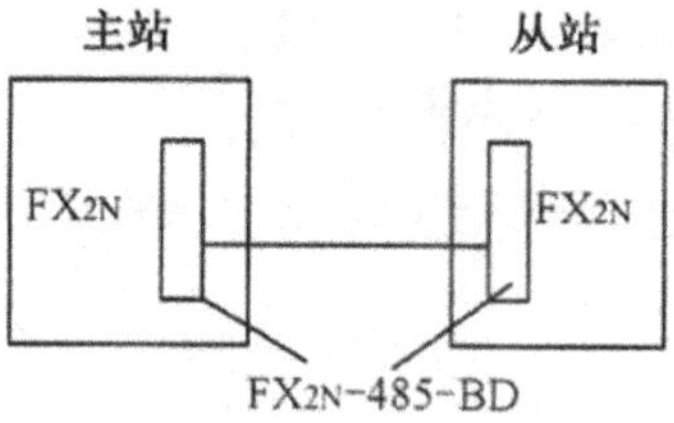

图 7.16 并行通信

图 7.16 的配置选用一般模式(特殊辅助继电器 M8162 为 OFF)时，主站、从站的设定和通信用特殊继电器和数据寄存器如图 7.15 所示。按照并行通信方式连接好两台 PLC 后，将其中一台 PLC 的特殊辅助继电器 M8070 置为 ON 状态，表示该台 PLC 为主站；将另一台 PLC 中的 M8071 置为 ON 状态，表示该台 PLC 为从站。

两台双机并行通信的 PLC 投入运行后，主站内的 M800～M899 的状态随时可以被从站读取，即从站通过这些 M 的触点状态就可以知道主站内相应线圈的状态，但从站不可以再使用同样地址的线圈(M800～M899)。同样，从站内的 M900～M999 的状态也可以被主站读取，即主站通过这些线圈的触点就可以知道从站内相应线圈的状态，但主站也不能再使用 M900～M999 线圈。

另外，主站中数据寄存器 D490～D499 中的数据可以被从站读取，从站中的数据寄存器 D500～D509 中的数据可以被主站读取。

7.4.3 双机并行通信示例

设图 7.16 所示并行通信系统的控制要求为：

(1) 主站点输入 X0～X7 的 ON/OFF 状态输出到从站点的 Y0～Y7。

(2) 当主站点的计算结果(D0＋D2)大于 100 时，从站点的 Y10 为 ON。

(3) 从站点的 M0～M7 的 ON～OFF 状态输出到主站点的 Y0～Y7。

(4) 用从站点D10中的数值设置主站点定时器T0的值。

根据控制要求，并行通信主站点程序梯形图如图7.17所示；并行通信从站点的程序梯形图如图7.18所示。

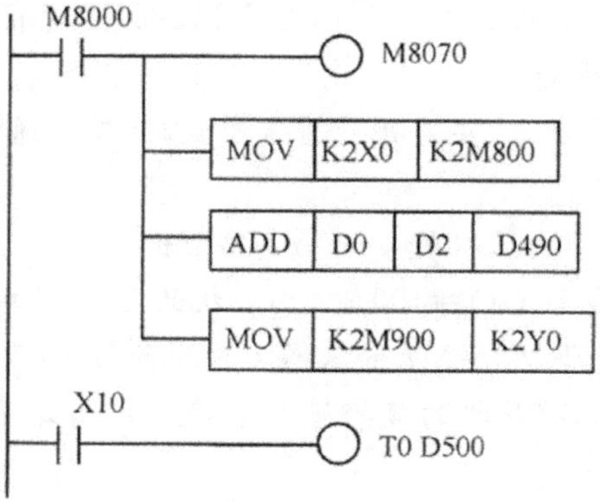

图7.17　并行通信主站点的程序梯形

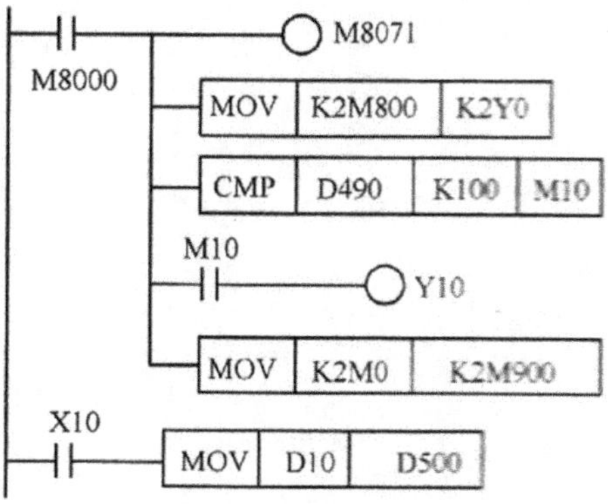

图7.18　并行通信从站点的程序梯形

习　题　7

1. FX系列PLC的通信形式有哪几种？

2. 简述N:N网络通信的特殊辅助寄存器的功能。

3. 简述通用通信接口的类型及特点。

4. 采用两台FX2N型PLC，通过RS—485—BD内置通信板和专用通信电缆连接，构建一个N:N型通信网络。其中一台设置为主机，另一台设置为从机。要求编程实现如下通信控制功能：

(1) 主、从机通信对方呼叫响应的功能。按下主机的呼叫按钮SB0，从机的指示灯HL点亮；按下从机的呼叫按钮SB1，主机的指示灯HL点亮。

(2) 当从机检查到主机出现通信错误时，从机点亮从机端设置的主机通信故障指示灯。

同理,当主机检查到从机通信出现错误时,主机点亮主机端设置的从机通信故障指示灯。

(3) 采用从机的计数器,对某生产过程中的参数进行计数,在计数器计满时点亮主机端的指示灯,由主机设定计数器的设定值,并控制计数器复位。

(4) 设置主机和从机的通信检测指示灯,对主、从机的“通信准备到位”进行检测。当其指示灯点亮,表明对方未准备好通信工作。

5. 采用两台FX2N系列PLC实现并行通信控制,试设计通信控制程序。要求完成的具体功能为:

(1) 主机的信号X0～X7由从机的Y0～Y7端输出。

(2) 当主机的计算值(D0+D1)=100时,由从机的Y10端输出信号,并采用LED指示。

(3) 将从机的辅助继电器M0～M7的状态由主机的Y0～Y7端输出。

(4) 由从机的X10控制,将从机的数据寄存器D10的内容传送到主机,作为主机定时器T0的设定值(10s)。

第 8 章　编程器与编程软件的功能及使用

本章要点

1. FX-20P-E 型手持式编程器的使用方法。
2. 计算机编程软件的使用方法。

三菱 FX 系列 PLC 的编程工具有 FX-20P-E 型手持编程器、GP-80FX-E 图形编程器、用于计算机编程的 FXGPWIN 及 GX Developer 编程软件等。本章主要介绍 FX-20P-E 型编程器和 FXGPWIN 及 GX Developer 编程软件的使用方法。

§8.1　FX-20P-E 型编程器的使用

8.1.1　FX-20P-E 型编程器简介

(1) FX-20P-E 型手持编程器的组成

FX-20P-E 型手持式编程器(简称 HPP)由液晶显示屏、ROM 写入器接口、存储器卡盒接口及按键组成,如图 8.1 所示。

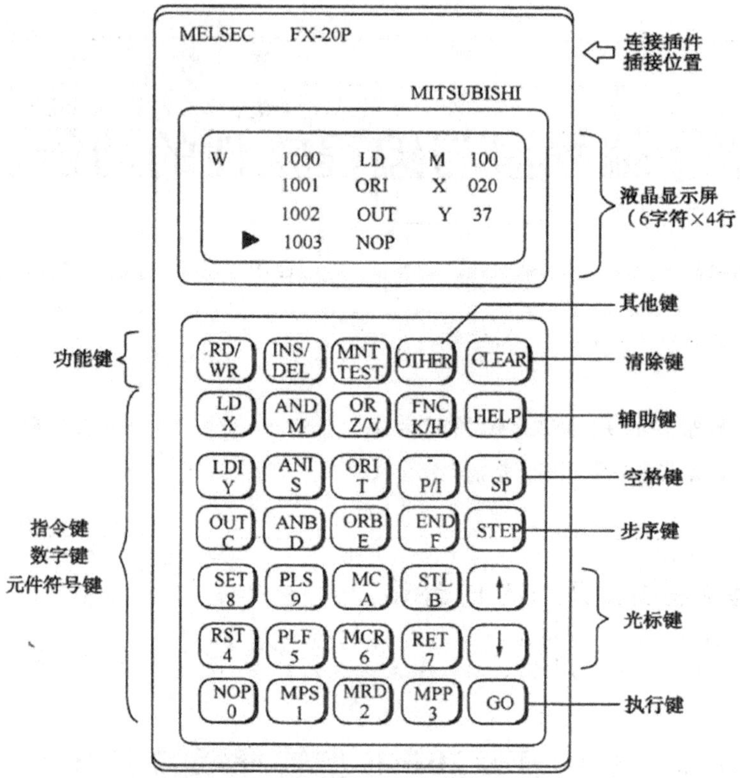

图 8.1　FX-20P-E 手持式编程器的操作面板

FX-20P-E 型手持式编程器配有专用电缆 FX-20P-E-CAB 与 PLC 主机相连。系统存储卡盒用于存放系统软件,其他的配件为选用件(如 ROM 写入器、存储器卡盒等)。FX-20P-E 手持式编程器的液晶显示屏能同时显示 4 行内容,每行有 16 个字符。编程器的键盘由 35 个按键组成,包括功能键、指令键、元件符号键、数字键等。手持编程器的显示内容说明如图 8.2 所示。

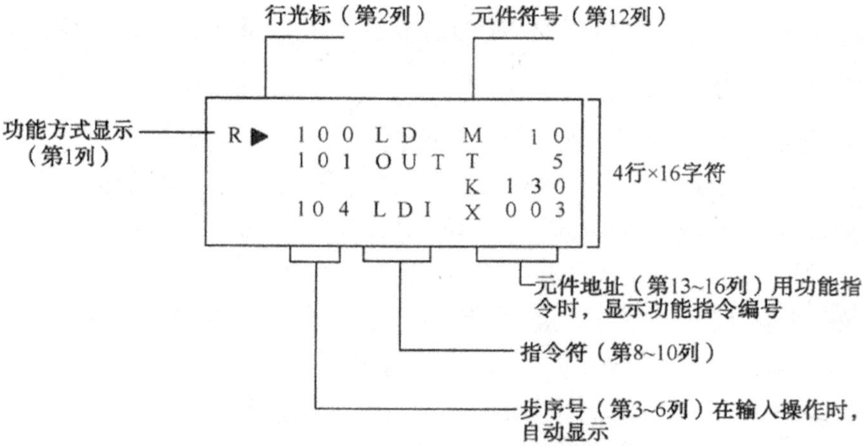

图 8.2　液晶显示屏

(2) 编程器按键的功能

HPP 的各个按键的操作功能如表 8.1 所示。

表 8.1　HPP 各按键的功能

键符号	键名称	功　能　说　明
RD/WR	读/写	这 3 个键为复用键，交替起作用，按第一次是选择左上方表示的功能，按第二次则表示选择右下方表示的功能
INS/DEL	插入/删除	
MNT/TEST	监控/监测	
OTHER	其他	无论在使用何种操作，按此键进入各种方式的选择
CLEAR	消除	在按下 GO 键之前，按下此键，可以消除错误信息，返回到上一个屏幕，该键也可用于消除显示屏幕上的错误信息
HELP	帮助	显示应用指令菜单，在监控功能下，显示十进制与十六进制之间的转换
SP	空格	连续写入元件号或常数时用此键
STEP	步长	设置程序的步序号
↑ ↓	上、下移动	移动光标和提示符或快速卷动屏幕(选定已用过或未用过的步序号的元件，做上下滚动)
GO	执行	确认或执行指令，或连续搜索屏幕信息
LD AND X M 0 1	指令 符号 数字	这组键均为复用键，有两种功能，键上部为指令键，下部为数字键或器件符号键，何种功能有效，由当前操作状态下功能自动定义

(3) FX-20P-E 型编程器的工作方式选择

① PLC 通电后，POWER 灯亮；将 PLC 的工作方式选择开关置于 STOP 状态，此时，PLC 处于编程状态。

② 编程器与主机同时通电，此时显示器显示内容为：

```
PROGRAM MODE
◢ ON   LINE  (PC)
OFF  LINE   (HPP)
```

其中，ON LINE 表示联机，OFF LINE 表示脱机，◢ 为光标。通过操作上下移动键(↑、↓)将光标移动到要选择的方式上，然后按 GO 键，就进入到所选定的编程方式。

光标在 ON LINE 前，按下执行键，为联机编程方式，执行对 PLC 内部的用户程序存储器的读/写操作。

光标在 OFF LINE 前，按下执行键，选择脱机编程方式，编程时将指令先写入编程器的 RAM 中，以后再转入 PLC 主机的用户程序存储器里。

③ 在联机编程方式下,有以下 7 种工作方式可供选择:

a. OFF LINE MODE(脱机方式):进入脱机编程方式。

b. PROGRAM CHECK:程序检查,若无错误,显示 NO ERROR;有错误,显示出错误的步序号及出错代码。

c. DATA TRANSFER:数据传送,若 PLC 内安装有存储器卡盒,在 PLC 的 RAM 和外装的存储器之间进行程序和参数的传送,相反则显示 NO MEM CASSETTE,不进行传送。

d. PARAMETER:对 PLC 的用户程序存储器容量、各种具有断电保持功能的编程元件范围以及文件寄存器的数量进行设置。

e. XYM..NO.CONV:对用户程序中的 X、Y、M 的元件号进行修改。

f. BUZZER LEVEL:对编程器的蜂鸣器音量进行调节。

g. LATCH CLEAR:对断电保持功能的编程元件进行复位。

8.1.2 FX-20P-E 型编程器的操作使用

(1) 写指令操作 W

按下功能键 RD/WR,编程器显示屏上显示 W,在进行写指令操作之前,可以将用户存储器中原先的内容清除掉。使显示屏上的指令都变成 NOP。按键的操作顺序为:

→[NOP]→[A]→[GO]→[GO]

此操作进行之后显示器上全部显示为 NOP。也可以在存储器的指令语句上直接写入,即将原来的指令语句覆盖。写指令操作分为下面三种情况。

① 写入基本指令。基本指令的写入有以下三种情况。

a. 写入仅有指令助记符的指令。例如,要写指令 ORB,按键的操作顺序为:

→[ORB]→[GO]

b. 写入有指令助记符和一个元件的指令。例如,写入指令 LD X0,按键操作顺序为:

→[LD]→[X]→[0]→[GO]

c. 写入指令助记符及一个元件带常数的指令。例如,要写入定时器 T0 定时 10s 的指令,按键的操作顺序为:

→[OUT]→[T]→[0]→[SP]→[K]→[100]→[GO]

写入定时器 T0 定时 D0 秒指令的按键操作顺序为:

→[OUT]→[T]→[0]→[SP]→[D]→[0]→[GO]

② 写入功能指令。写入功能指令时,先按功能指令键 FNC,再输入功能指令代码及 SP 键,再输入元件或常数,最后按 GO 键结束。例如,要写入图 8.3 所示的 16 位功能指令,其按键的操作顺序分别为:

→[FNC]→[12]→[SP]→[K]→[5]→[SP]→[D]→[1]→[GO]

→[FNC]→[12]→[P]→[SP]→[K]→[0]→[SP]→[K]→[4]→[Y]→[0]→[GO]

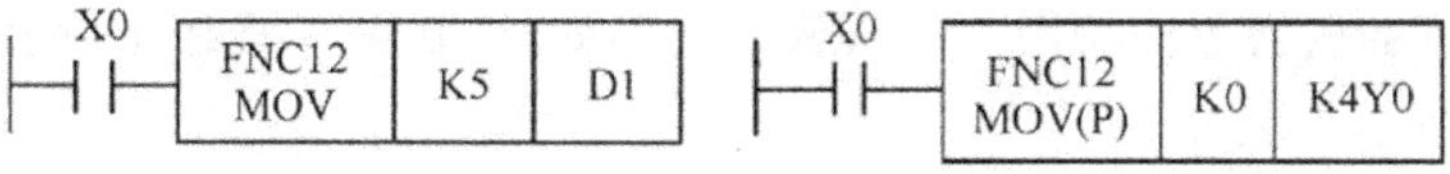

图 8.3　写入 16 位功能指令

又如，要写入图 8.4 所示的 32 位功能指令，其按键的操作顺序分别为：

→[FNC]→[D]→[12]→[SP]→[K5]→[SP]→[D1]→[GO]

→[FNC]→[D]→[12]→[P]→[SP]→[K0]→[SP]→[K4]→[Y0]→[GO]

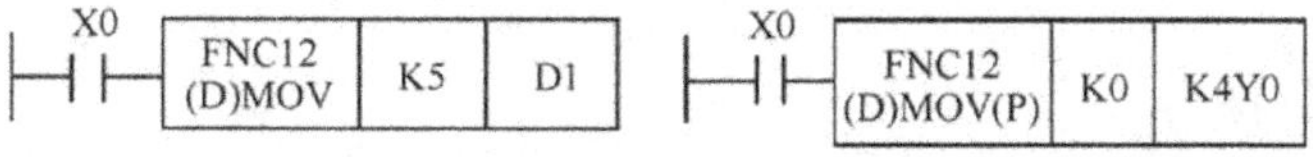

图 8.4　写入 32 位功能指令

③ 写入指针指令。写入指针 P、I 和写入指令的方法相同，即按 P 或 I 键后，再输入标号，最后按 GO 键确认。例如，要写入图 8.5 中指令 P0，按键操作顺序为：

[P]→[0]→[GO]

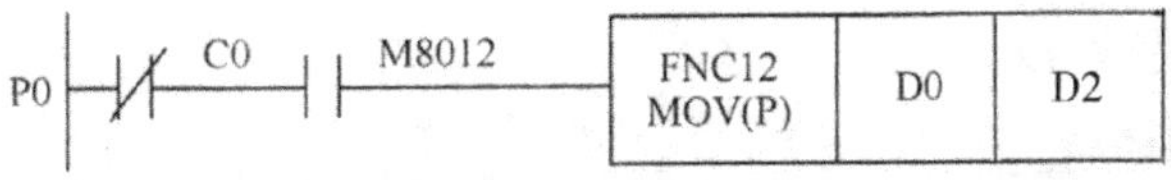

图 8.5　指针 P0

④ 指令的改写操作。在指定的步序上改写指令时，首先将光标移到改写的指令处，然后将正确的指令写入，按 GO 键确认。

⑤ 移动光标。在写状态下移动光标到指定的程序步。例如，要将光标从目前位置移动到程序步 100，按键的操作顺序为：

→[STEP]→[100]→[GO]

(2) 读指令操作 R

按功能键 RD/WR，使编程器显示屏上出现 R，此时可进行读指令操作，读指令的操作分为以下三种情况。

① 由步序号读出指令。直接由步序号读出写入的指令语句。例如，要读出步序号为 50 的指令语句，其按键的操作顺序为：

→[RD]→[STEP]→[5]→[0]→[GO]

按上、下移动键可显示该指令之前或之后的其他指令。

② 由指令语句读出指令。在已写入的程序中读出某条指令语句。例如，在已写入的程序中读出指令 OUT T0，按键的操作顺序为：

→[OUT]→[T0]→[GO]

当找到 OUT T0 指令时，光标停留在指令 OUT T0 前面，再按 GO 键，PLC 从目前位置继续向下寻找 OUT T0 指令。如果程序中还有 OUT T0 指令出现，则光标停留在 OUT T0 指令出现的第二个位置前面；如果没有，显示屏上则显示 NOT FOUND，表示程序中 OUT T0 指令再没有第二次出现。按 CLEAR 键，可以清除 NOT FOUND 显示。

③ 由元件号读出指令。在程序中寻找一个元件的操作，无论该元件以何种指令形式出

现在程序中，都可在读指令的功能下进行检索。例如，要在一个程序中寻找定时器 T10，按键的操作顺序为：

→[SP]→[T10]→[GO]

当找到 T10 元件时，光标停留在元件 T10 前面，再按 GO 键，PLC 从当前位置继续向下寻找元件 T10。如果程序中还有 T10 元件出现，则光标停留在第二个 T10 元件前面；如果再没有此元件了，显示屏上显示 NOT FOUND，表示程序中 T10 元件再没有出现第二次。按 CLEAR 键，可以清除 NOT FOUND 显示。

(3) 插入指令操作 I

按功能键 INS/DEL，出现标识符 I 后，可进行插入指令操作。

插入指令的操作：在显示屏上出现 I 标识符后，再移动光标(◢)，将光标对准要插入指令位置的下一条指令，然后写入所要插入的指令，按 GO 键实现该指令的插入，插入 1 条指令后，程序的步序号会自动加 1。

(4) 删除指令操作 D

按功能键 INS/DEL，使编程器显示屏上出现删除标识符 D，此时可进行删除指令操作。删除指令有两种操作方式：

① 逐条删除指令。在显示标识符 D 的状态下，移动光标(◢)对准要删除的指令，然后按 GO 键即可删除该条指令。如果一直不停地按 GO 键，将逐条删除下一条指令。

② 删除部分指令。在显示标识符 D 的状态下，删除部分指令的操作顺序为：

[STEP]→[起始步序号]→[SP]→[STEP]→[终止步序号]→[GO]

例如，要删除程序步号 10 到程序步号 120 之间的指令，按键的操作顺序为：

[STEP]→[10]→[SP]→[STEP]→[120]→[GO]

(5) 监视操作 M

监视标识符为 M，编程器和 PLC 在联机的方式下进行监视操作。监视功能是利用编程器的显示屏监视用户程序中元件的 ON/OFF 状态以及 T、C 元件当前值的变化。

① 位元件的监视。位元件的监视是指监视指定位元件的 ON/OFF 状态。元件监视的操作：按 MNT/TEST 键，使编程器显示屏上出现监视功能标识符 M，再按 SP 键，输入要监视的元件符号及元件号，再按 GO 键即可。例如，要监视元件 Y0～Y7 的 ON/OFF 状态，按键操作顺序为：

→[M]→[SP]→[Y0]→[GO]

显示屏出现 Y0，按向下(↓)的光标键，显示屏依次出现 Y1～Y7 的状态显示，如果某元件前面出卍现▌标记，表示该元件处于 ON 状态；如果元件前面没有出现▌标记，表示该元件处于 OFF 状态。

② 对基本指令运行状态的监视。如需要对某条基本指令的运行状态进行监视，则先按照指令读出的方法，将其读出在显示屏上，并移动光标(◢)指向该条指令，再按功能键“MNT/TEST”，编程器显示屏上出现监视操作符号 M 后，根据该指令中元件的左边有无

“▌”标记，判断指令中的触点和线圈的状态。例如，监视第 126 条指令，按键的操作顺序为：

→[M]→[STEP]→[1]→[2] →[6]→[GO]

显示屏的显示内容如下所示：

M	126	LD	X000
	127	ORI	▌M100
	128	OUT	▌Y005
	129	OUT	Y006

由显示屏的内容可知，M100 触点为 ON 状态，Y5 线圈为得电状态。

③ 监控数据寄存器 D、V、Z 中的数据。如需要监视数据寄存器中的数据，首先要按 MNT/TEST 键，使编程器显示屏上出现监控操作的标识符 M 后，再输入数据寄存器的元件号。例如，要监视数据寄存器 D10 中的数据，其按键的操作顺序为：

→[M]→[SP]→[D]→[1]→[0]→[GO]

此时显示屏上显示出数据寄存器 D10 中的数据，若按下移动键↓，依次可以显示 D10、D11、D12 中的数据。此时显示的数据为十进制数表示，按 HELP 键，显示的数据在十进制数和十六进制数之间切换。

④ 定时器和计数器的监视。如需要监视计数器的运行情况，首先要按 MNT/TEST 键，编程器显示屏上出现监视操作的标识符 M 后，再输入计数器的元件号。例如，要监视计数器 C10 的运行情况，其按键的操作顺序为：

→[M]→[SP]→[C]→[1]→[0]→[GO]

显示屏的显示内容为：

M	T100	K100
	P　R	K20
◢	C 10	K9
	P　R	K100

图中光标◢停在 C10 的位置，K9 是 C10 的当前计数值。在下一行中 K100 为 C10 计数器的设定值，P 表示 C10 的常开触点状态，其右侧若有▌标记，表示 C10 常开触点闭合，相反表示常开触点断开，R 表示 C10 复位电路的状态。当其右侧有▌标记时表示其复位电路闭合，复位位为 ON 状态；若无▌标记表示其复位电路断开，复位位为 OFF 状态；若无▌标记表示其复位电路断开，复位位为 OFF 状态。

⑤ 对步状态继电器的监视。采用指令或编程元件的测试功能使特殊辅助继电器 M8047(STL 监视有效)为 ON，然后先进入元件的监视状态 M，再按下 STL 键和 GO 键，可以监视最多 8 点为 ON 的步状态继电器 S，它们按照元件从大到小的顺序排列。

(6) 强制元件置位/复位 T

编程器的测试功能的标识符为 T，测试功能用于对用户程序中位元件的触点和线圈进行强制置位/复位(ON/OFF)操作。此操作只能在 PLC 的工作方式开关为 STOP 时使用。

要强制元件为 ON/OFF，首先要进入位元件的监视状态，然后再对元件进行测试。例

如,要对元件 Y13 进行强制 ON/OFF,首先要进入对 Y13 的监视状态:

→[M]→[SP]→[Y]→[1]→[3]→[GO]

再按 MNT/TEST 功能键,出现测试标识符 T 后,对位元件进行测试,其按键的操作顺序为:

→[T]→[SET](强制 Y13 为 ON)→[RST](强制 Y13 为 OFF)

操作时可观察到显示屏上 Y13 旁█标记的变化。

§8.2 Fxgpwin 编程软件的使用

Fxgpwin 编程软件是专为 FX 系列 PLC 设计的编程软件,其占用空间小,功能较强。该软件可以采用梯形图和指令语句编程,并可以实现两者间的相互转换;可以实现各种监控和测试功能,如梯形图的监控、元件的监控;可以强制位元件 ON/OFF;可以改变 T、C、D 的当前值等。

8.2.1 Fxgpwin 编程软件使用说明

运行 Fxgpwin 编程软件后,计算机显示器上将出现 Fxgpwin 软件的小图标,双击 Fxgpwin 的小图标,将出现初始启动画面,单击初始启动界面菜单栏中文的菜单,并在下拉菜单中选取新文件菜单条,即出现如图 8.6 所示的 PLC 型号选择界面图(PLC 类型选择对话框),选择好 PLC 的机型,单击确认后,则出现如图 8.7 所示的编辑程序菜单界面图(主界面)。

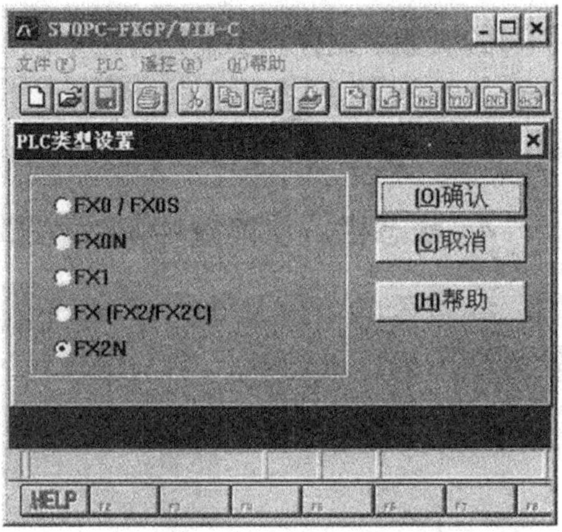

图 8.6 PLC 型号选择界面

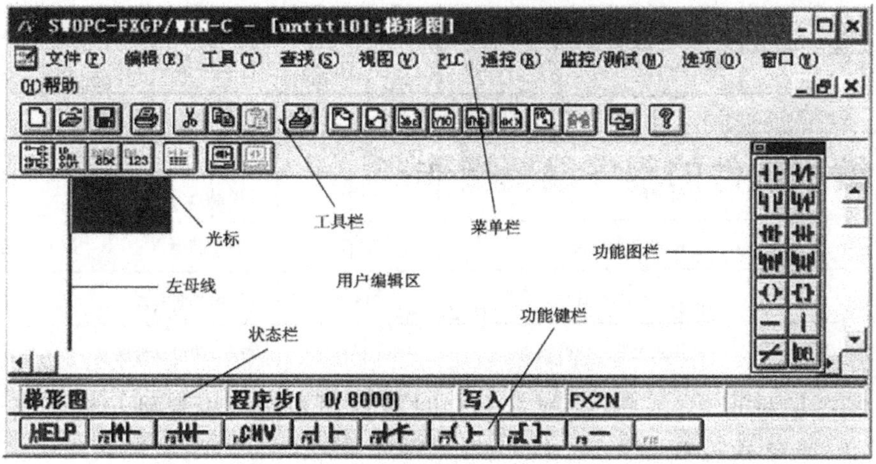

图 8.7　编辑程序菜单界面

主界面分为以下几个主要区域：菜单栏（包括 11 个主菜单单项）、工具栏（快捷操作窗口）、用户编辑区。在用户编辑区下边分别是状态栏及功能栏，在界面的右侧还有功能图栏。其操作功能分别说明如下。

（1）菜单栏

菜单栏是以菜单形式操作的入口，菜单中包含文件、编辑、工具、查找、视图、PLC、遥控、监控/测试等项，用鼠标单击某项菜单项，可弹出该菜单项的细目。例如，文件项目的细目包含新建、打开、保存、另存为打印、页面设置等项；编辑菜单包含剪切、复制、粘贴、删除等项。这两个菜单项的主要功能是管理、编辑程序文件。菜单条中的其他项目为编程形式（梯形图和指令语句表）的变换、程序的下载传送、程序监控及测试等功能的操作。

（2）工具栏

工具栏提供简便的鼠标操作，将最常用的 Fxgpwin 编程软件的编程操作以按钮形式设定到工具栏中。用户可以利用菜单栏中的“视图”菜单选项来显示或隐藏工具栏。菜单栏中涉及的各种功能在工具栏中都能找到。

（3）编辑区

用户编辑区用来显示程序编辑操作的区域，可选择使用梯形图、指令表等方式进行程序的编辑工作。使用菜单栏中“视图”梯形图及指令表菜单条，可实现梯形图程序与指令表程序间的转换。也可利用工具栏中的按钮，将所编辑好的梯形图转换成指令表，另外利用程序查找按钮和可以直接查找到所编辑程序的开始和结尾。工具栏中的其他按钮的功能可以按照图 8.7 所示的内容，单击后了解其操作功能。

（4）状态栏、功能键栏及功能图栏

编辑器下部是状态栏，用于表示编程 PLC 类型、软件的应用状态及所处的程序步数等。

状态栏下为功能键栏,它与编辑区中的功能图栏都含有各种梯形图符号,相当于梯形图绘制的图形符号库。功能图栏的符号及其含义如表 8.2 所示。

表 8.2　功能图栏的符号及其含义

梯形图符号	含　义	梯形图符号	含　义
─┤├─	动合触点	─┤/├─	动断触点
└┤├┘	并联动合触点	└┤/├┘	并联动断触点
─┤↑├─	上升沿动合触点	─┤↓├─	下降沿动合触点
└┤↑├┘	并联上升沿动合触点	└┤↓├┘	并联下降沿动合触点
─(　)─	线圈	─[　]─	功能指令框
──	横线	│	竖线
─/─	取反	│DEL	删除竖线

8.2.2　编程软件的程序编辑操作

(1) 程序编辑操作

① 采用梯形图方式编程。采用梯形图编程是在编辑区中绘制梯形图,首先选择文件菜单项中的新文件选项,再通过打开视图菜单项目,选择梯形图或指令表的编程形式。

若选择梯形图编程形式,打开新建文件夹时主窗口左边可以见到一根竖直的线,这就是梯形图中左母线,蓝色的方框为光标。梯形图的绘制过程是取用图形符号库中的符号,“拼绘”梯形图的过程。比如,要输入一个常开触点,可单击功能图栏中的常开触点,也可以在工具菜单中选择触点,并在下拉菜单中单击常开触点符号,这时出现如图 8.8 所示对话框,在对话框中输入触点的地址及其他有关参数后单击确认按钮,要输入的常开触点及其地址就出现在蓝色光标所在位置。

图 8.8　输入元件对话框

如需输入功能指令时，单击工具菜单中的"功能"菜单或单击功能图栏[ ]及功能键中的"功能"按钮，即可弹出如图 8.9 所示的对话框，然后在对话框中填入功能指令的助记符及操作数，单击确认按钮即可。

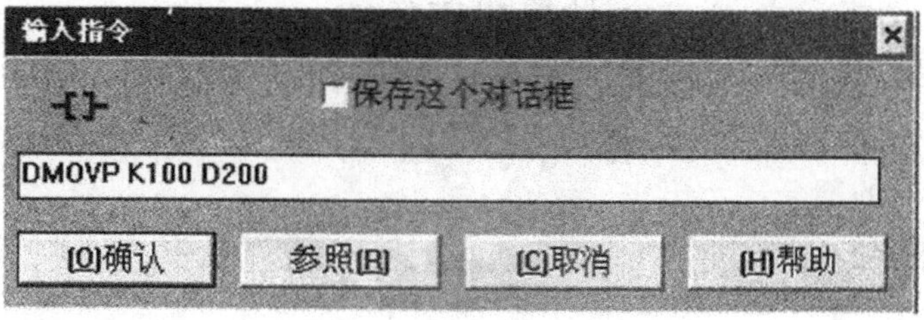

图 8.9　输入功能指令对话框

输入功能指令时需要注意：

a. 助记符与操作数间要空格。

b. 指令的脉冲执行方式中加的 P 与指令间无空格。

c. 32 位数据操作指令的助记符与其前面的 D 间无空格。

梯形图符号间的连线可通过工具菜单中的连线菜单选择水平线与竖线完成。另外还需注意，不论绘制什么图形，先要将光标移到梯形图中要绘制这些符号的地方。梯形图符号的删除用计算机的删除键，梯形图竖线的删除用菜单栏中工具菜单中的竖线删除。梯形图元件及电路块的剪切、复制和粘贴等方法与其他编辑类软件操作相似。

当绘制的梯形图需保存时，要先选择菜单栏中工具下拉菜单中的"转换"选项。转换成功后才能保存。若绘制梯形图未经转换而单击保存按钮存盘，则会造成编辑软件关闭，绘制的梯形图将丢失。

② 采用指令表的方式编程。采用指令表编程比较简单，选择"视图"→"指令语句表"即可，或者单击工具栏中的"指令语句视图"图标，进入指令表编程方式，即在编辑区光标位置直接用键盘输入指令语句，一条指令输入完毕后，按回车键后光标移至下一条指令，则可输入下一条指令。指令语句表编辑方式中指令的修改也十分方便，将光标移到需要修改的指令语句上，重新输入新指令即可。

无论采用梯形图编程或指令表编程，当编程完成后，通过选择视图菜单中梯形图和指令表，两者间可以进行转换。

(2) 程序的检查

程序编制完成后，可以利用菜单栏中的选项菜单下的程序检查功能，对程序做语法、双线圈及电路错误的检查。如有问题，会显示出程序存在的错误。

(3) 计算机和 PLC 间程序的传送

程序编辑完成后若需要传送到 PLC 中运行，首先将 PLC 的工作方式开关置于"STOP"状态，再单击菜单栏中"PLC"→"传送"→"写入"命令，出现一个对话框，选中"范围设置"按钮，将所编辑程序的步序号写入到对话框中的"终止步"，然后单击"确认"按钮，即可将步序号范围内的程序写入到 PLC 中。如果选择"所有范围"按钮，则程序写入到 PLC 的 0～7999

步中，这样写入的时间就会变长。在“写出”的过程，计算机会自动将计算机中的程序与 PLC 中的程序进行核对。

若要将 PLC 中的程序传送到计算机，可选择 PLC→“传送”→“读出”命令，就可以将 PLC 中的程序读入到计算机中。执行读入命令后，计算机中的程序将丢失，即原有的程序被读入的程序所代替。在此可以对读入到计算机中的程序进行修改。

如果选择 PLC→“传送”→“核对”命令，就可以将 PLC 中的程序和计算机中的程序进行对比，并将其中不同的部分显示出来。

(4) 程序的运行及监控

Fxgpwin 编程软件具有监控功能，可用于程序的运行及监控。在程序已读入到 PLC 之后，要运行或监控程序，则首先要将 PLC 的工作方式开关置于“RUN”状态。

① 程序的运行及监控。程序下载后仍保持编程计算机与 PLC 的联机状态并启动程序运行，在编辑区显示梯形图的状态下，单击菜单栏中“监控/测试”选项后，单击“开始监控”即进入元件的监控状态。这时，在梯形图上将显示各触点的状态及各数据存储单元的数值变化情况，如图 8.10 所示。图中有长方形光标显示的位元件，表示该元件处于接通状态，数据元件中的数据可直接标出。在监控状态时，单击“停止监控”可终止监控状态。

图 8.10　编制的梯形图界面

元件状态的监视还可以通过表格方式实现。在编辑区显示梯形图或指令语句表的状态下，单击菜单栏中“监控/测试”选项，再选择“进入元件监控”项，则进入元件监控状态对话框，这时可在对话框中设置需要监控的元件，在 PLC 运行程序时就可显示程序运行中要监控元件的状态。

② 位元件的强制状态。在调试中可能需要 PLC 的某些位元件处于 ON 或 OFF 状态，以便观察程序的反应，这可以通过监控/测试菜单项中的“强制 Y 输出”及“强制 ON/OFF”命令来实现。选择这些命令时会弹出对话框，在对话框中设置需强制的元件号并单击“确定”按钮即可。

③ 改变 PLC 字元件的当前值。在调试中若需改变字元件的当前值，如定时器、计算器的当前值及存储单元的当前值等，具体操作也是从“监控/测试”菜单进入，选择改变当前值，

在弹出的对话框中设置元件号及数值后，单击“确定”按钮即可。

(5) PLC 程序的保存和打开

单击文件菜单中的“保存”子菜单，出现如图 8.11 所示界面，选择正确的文件夹，并输入文件名，按“确定”键即可。

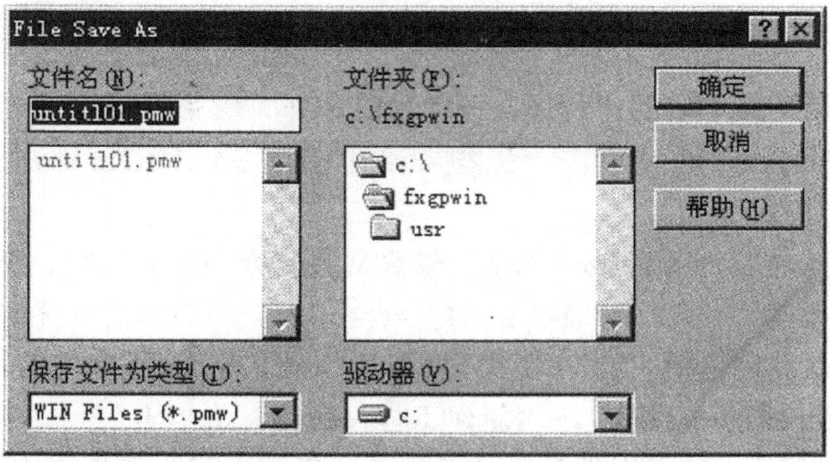

图 8.11　文件保存界面

第 9 章　可编程序控制器的实际应用

本章要点

1. PLC 控制系统的设计步骤。
2. 功能图设计顺序控制程序的方法。
3. PLC 在过程控制中的应用。

§9.1　PLC 控制系统的设计

9.1.1　PLC 控制系统设计的步骤和内容

(1) PLC 控制系统设计的基本原则

任何一个控制系统的设计都是以实现被控对象的工艺要求为前提,以提高生产效率、产品质量和生产安全为准则,在设计 PLC 控制系统时,遵循以下原则:

① 最大限度地满足被控对象和用户的要求。

② 在满足要求的前提下,力求使控制系统简单、使用方便,一次性投资小,使用后节约能源。

③ 保证控制系统安全、可靠,使用、维修方便。

④ 考虑到今后的发展和工艺的改进,在配置硬件设备时应留有一定的裕量。

(2) PLC 控制系统设计的步骤

图 9.1 所示为 PLC 控制系统设计的一般步骤。首先应根据系统控制任务和要求,在分析工艺条件和控制要求的基础上,确定 PLC 控制的基本方法、要完成的动作、自动工作循环的组成、自动控制的动作顺序、必需的保护和连锁条件及故障指示等,在此基础上,根据控制任务确定 PLC 的机型,进行 I/O 地址分配,画出 I/O 接线图。

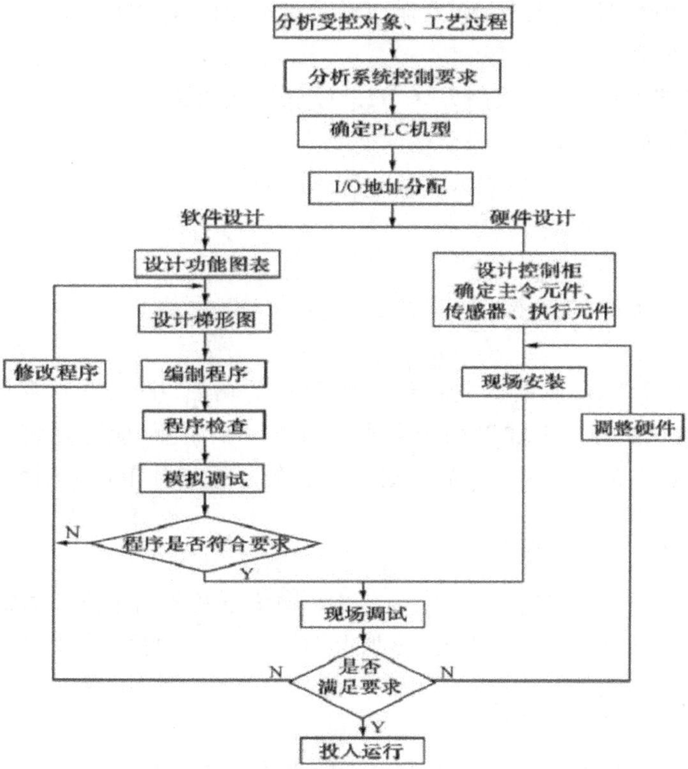

图 9.1　PLC 控制系统设计的一般步骤

对较复杂的控制系统，应根据生产工艺要求设计控制流程图，画出工作循环图表或详细的功能图。根据功能图或控制流程图设计出梯形图，将编好的指令程序输入到 PLC 的程序存储器中。

在进行软件设计的同时，还要进行控制系统的硬件设计。硬件设计的内容包括：电动机主电路及元器件的选择，主令元件、传感器及执行元件的选择，PLC 的 I/O 接线图，输出电路的外接电源，控制柜的结构以及柜内供配电装置等。

程序的初步调试是在模拟状态下进行的。如果控制系统是由几个部分组成，应先做局部调试，然后再进行整体调试。如果控制系统的步骤较多，则可先进行分段调试，然后再连接起来统调。

现场调试是对实际受控对象进行调试。首先应仔细检查 PLC 的外部接线，硬件检查完毕后，将初步调试好的用户程序进行总调试。总调试时也可以采用先做局部调试试验或分段调试，直到各部分的功能都正常，并能协调一致贯通成一个完整的体系为止。对程序不能满足要求的，可以对硬件、软件进行调整，通常只需要修改程序即可达到调整的目的。全部调试好后，将程序固化到存储器中，交用户使用。

(3) PLC 控制系统设计的基本内容

① 指定控制系统设计的技术条件。技术条件一般以设计任务书的形式来确定，它是整个系统设计的依据。

② 选择主令元件和检测元件、电力拖动形式和电动机、电磁阀、调节阀等执行机构。

③ 选择PLC的型号。

④ 分配PLC的I/O点数,绘制PLC的I/O硬件接线图。

⑤ 设计控制系统的梯形图并调试。

⑥ 设计控制面板、电气控制柜以及安装接线图等。

⑦ 编写设计说明图和使用说明书。

9.1.2 PLC硬件的选择

PLC的种类非常多,可以根据控制要求及PLC的功能、I/O点数、存储容量以及安全可靠、维修方便、性价比高等因素加以综合考虑。对于一个企业,应尽量统一PLC的机型,这样其外部设备通用,资源可共享,也易于联网通信,便于组成分布式控制系统。

(1) PLC的I/O点数选择

首先要考虑控制要求,在这一前提下,还要兼顾价格及备用裕量。通常I/O点数是根据受控对象的输入、输出信号的实际需要,再加上10%~30%的备用量来确定的。

(2) PLC结构形式的选择

对于整体结构式的PLC,其每一个I/O点的平均价格比模块式便宜,且体积相对较小,所以一般用于系统工艺过程较为固定的系统;而模块式PLC的功能扩展灵活方便,在I/O点数、I/O模块的种类等方面,选择余地大,维修时只需更换模块,同时故障判断也很方便,因此,模块式PLC一般用于较复杂的系统和工作环境较差的场合。

(3) PLC安装方式的选择

PLC的安装方式可分为集中式、远程式和多台联网分布式。集中式不需要设置驱动远程I/O硬件,系统反应快、成本低。大型系统经常采用远程I/O式,因为它们的装置分布范围很广。对于多台联网的分布式控制,采用多台设备分别独立控制且相互之间采用通信联系方式时,则要选择具有较强通信功能的小型机。

(4) PLC功能的选择

PLC的功能主要有逻辑运算、算术运算、计时、计数、数据处理、PID运算和通信功能。对于以开关量控制为主,带少量模拟量控制的系统,可以选用小型的且能配接A/D和D/A转换,具有加减算术运算、数据传送功能的PLC。对于控制系统较复杂,要求实现PID运算、闭环控制、通信联网等功能,可按控制规模的大小及复杂程度,选用中型或大型PLC。

9.1.3 控制程序的设计方法

常用的PLC程序设计方法有经验法和顺序功能图法。

（1）经验法

经验法设计控制程序的步骤为：了解受控设备及其工艺过程，分析控制系统的要求，选择控制方案；设计主令元件和检测元件，确定输入/输出信号；设计基本控制程序；在程序中加入连锁、互锁关系；设置必要的保护措施，检查、修改和完善程序。

经验设计法由于不规范，给使用和维护带来不便，也给控制系统的改进带来很多的困难，因此经验设计法一般仅适用于简单的梯形图设计。

（2）顺序功能图法

功能图和步进指令设计程序的方式易被初学者接受，设计的程序规范、直观，易阅读，也便于修改和调试。

9.1.4　减少所需 I/O 点数的方法

在工程设计中，经常遇到 I/O 点不够用的问题，如果直接增加硬件配置，会加大投资量，但在实际设计时，可以采用改进接线与编程相结合的方法，减少所需 PLC 的 I/O 点数。

（1）减少输入点数的措施

① 分组输入。某些控制系统存在多种工作方式，但系统工作时又只选择其中的一种工作方式运行，各种工作方式的程序不可能同时执行。例如，系统的自动程序和手动程序就不会同时执行，所以可以将几种工作方式分别使用的输入信号分成若干组，由于 PLC 运行时只会用到其中的一组信号，因此各组输入可以共用 PLC 的输入点，这样就使所需的 PLC 的输入点数减少。

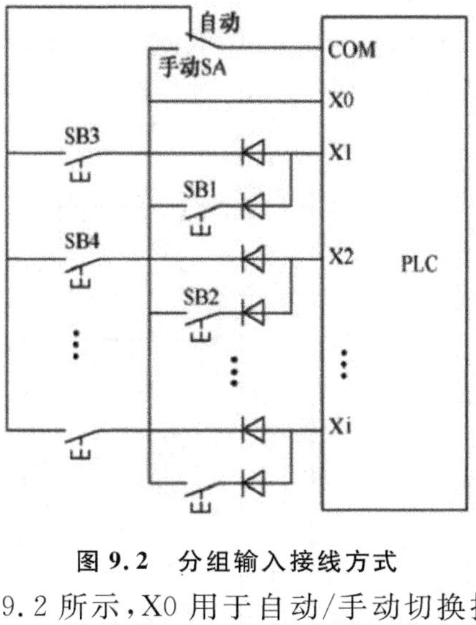

图 9.2　分组输入接线方式

分组输入接线方式如图 9.2 所示，X0 用于自动/手动切换控制，将自动/手动分别使用的输入信号分成两组："自动"输入信号 SB3、SB4，"手动"输入信号 SB1、SB2。两组输入信号分别共用 PLC 的输入点 X1 和 X2，用工作方式选择开关 SA 来切换，并通过输入信号 X0 让

PLC 识别是“自动”或是“手动”信号,从而执行自动程序或手动程序。图中的二极管是用来切断寄生信号的,避免错误信号的产生,可见用一个输入端就可以分别反映两个输入信号的状态,节省了输入点数。

② 将控制功能相同的操作开关并联连接。对于多个功能相同的操作按钮,在 PLC 输入点数较多的情况下,可以采用一般的接线方式,即一个操作按钮接到一个输入端,但当 PLC 的输入点数不够用时,可采用并联连接的方式,如图 9.3 所示。

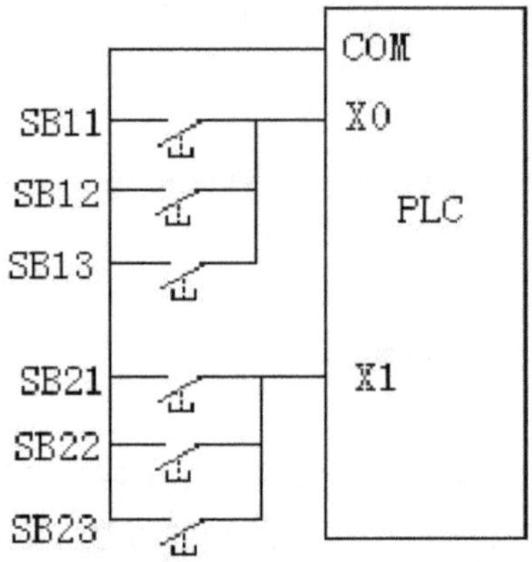

图 9.3 并联连接输入接线方式

另外,还有矩阵式的输入方式。除此之外,对于某些功能简单、涉及面窄的输入操作按钮,如某些手动按钮、电机过载保护的热继电器触点等,放在外部电路可以满足控制要求的,就可以不进 PLC 的输入端。

(2) 减少输出点数的措施

① 分组输出。当两组负载不会同时工作时,可以通过外部转换开关或通过受 PLC 控制的电器触点进行切换,这样 PLC 的每个输出点可以控制两个不会同时工作的负载。如图 9.4 所示,KM1、KM3、KM5 和 KM2、KM4、KM6 两组执行元件不会同时接通,采用外部转换开关 SA 进行切换。

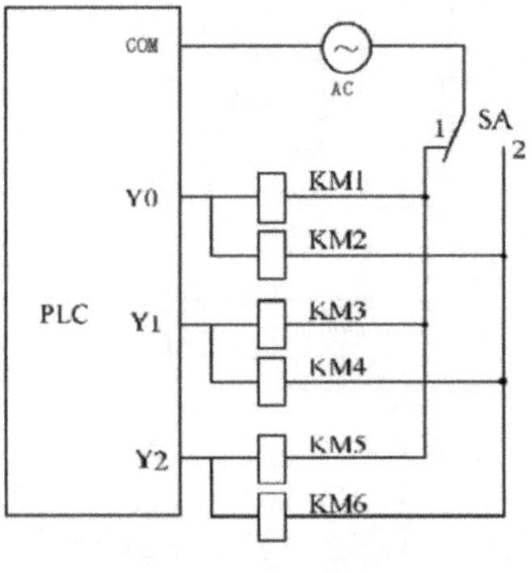

图 9.4 分组输出方式

② 并联输出。两个通断状态完全相同的负载，可并联后共用 PLC 的一个输出端子。采用这种方式必须要注意 PLC 输出端子驱动负载的能力。

③ 用编程方式使负载具有多个功能，用一个负载实现多种用途，也可以节省输出端子。例如，利用 PLC 编程的功能，用一个输出端指示灯的两种不同状态（如常亮和闪烁发亮）表示两种不同的信息，可以节省输出点数。除此之外，还可以将一些相对独立、比较简单的控制部分，不通过 PLC 而直接用继电器控制。

④ PLC 和 LED 数字显示器件的连接。用 LED 数码显示器显示时，可以选用 MAXIN 公司生产的 LED 数码显示器驱动芯片 MAX8219，它与 PLC 采用 3 线串行接口，只占用 PLC 的 3 个输出端，可以驱动 8 个 LED 数码管，通过级联可以成倍增加扩展数码管的数量，能够满足多位数的数字显示，如图 9.5 所示。

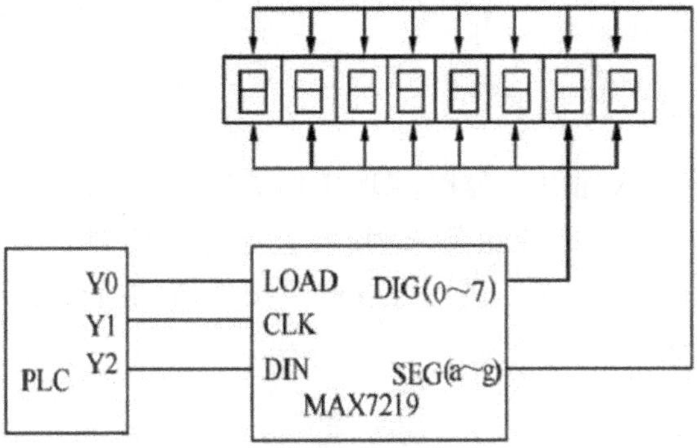

图 9.5　用 MAX8219 实现 PLC 和数字显示器的连接

在图 9.5 中，CLK 为时钟输入端，Y1 为 PLC 输出的串行数据，串行数据在时钟 CLK 的上升沿有效；LOAD 为加载数据输入端，在 LOAD 为低时允许数据输入，LOAD 由低到高，将串行输入的数据锁存到 MAX8219 内部 16 位移位寄存器中。8 个段码驱动信号 SEG(a～g)和 dp(小数点显示驱动)接每个显示器相应的段，8 个位选驱动信号 DIG(0～7)分别接显示器的共阴极公共地。

9.1.5　程序的调试与运行

PLC 程序调试和运行的步骤如下：

(1) 程序的检查。将编好的程序输入编程器进行检查，改正语法和数据错误后存入 PLC 的存储器中。

(2) 模拟运行。模拟系统实际的输入信号，在程序运行中的适当时刻，通过手动操作开关，接通或断开输入信号，来模拟各种机械动作，使检测元件状态发生变化，同时通过 PLC 输出端状态指示灯的变化来观察程序执行的情况，与执行元件应该完成的动作相对照，判断程序的正确性。

(3) 实物调试。采用现场的主令元件、检测元件及执行元件组成模拟控制系统，检验检测元件的可靠性及 PLC 的实际负载能力。

(4) 现场调试。在现场安装完毕后进行现场调试，对一些参数（检测元件的位置、定时器的设定常数等)进行现场的整定和调整。

(5) 投入运行。最后对系统的所有安全措施(接地、保护、互锁等)进行检查后,即可投入系统的试运行。试运行一切正常后,再把程序固化到 EPROM 中去。

§9.2 PLC 在顺序控制中的应用

9.2.1 按钮式交通灯的控制

(1) 按钮式交通灯的控制要求

采用 PLC 对很少有行人通过的公路实现按钮式交通灯的自动控制。图 9.6 所示为按钮式交通灯控制示意图。具体的控制要求为:无人通过公路时,车道始终为绿灯,人行道始终为红灯。当有人需要通过公路时,在人行横道边按下请求通过按钮后,交通灯控制系统按照表 9.1 中的时序控制交通灯点亮。

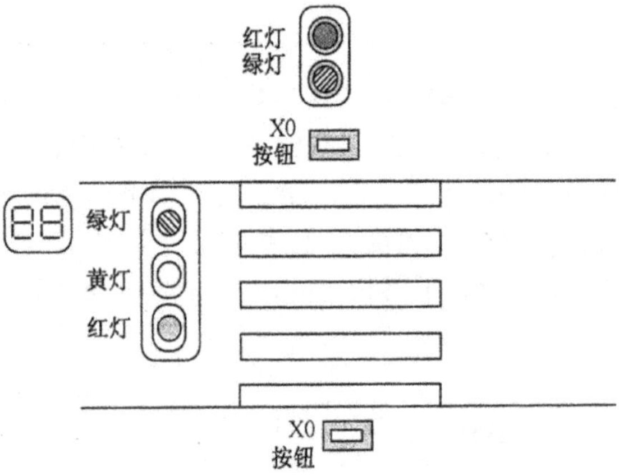

图 9.6 按钮式交通灯控制

附加控制要求为:

① 在有人请求通过公路时,采用数字显示器对车道绿灯亮的时间进行倒计时显示。

② 用脉冲信号驱动蜂鸣器实现人行道放行时间的声音提示,实现导盲功能。

表 9.1 交通灯时序

<table>
<tr><td rowspan="2">时序
道路</td><td colspan="7">交通灯点亮的时间及顺序</td></tr>
<tr><td>无人请求</td><td colspan="6">有人请求通过公路(X0 = ON)</td></tr>
<tr><td>车道</td><td>绿灯</td><td>绿灯 30s</td><td>黄灯 10s</td><td>红灯 5s</td><td colspan="3">红灯 25s</td></tr>
<tr><td>人行道</td><td>红灯</td><td colspan="3">红灯 45s</td><td>绿灯 15s</td><td>绿灯闪 5s</td><td>红灯 5s</td></tr>
</table>

(2) PLC 的 I/O 接线设计

① I/O 地址分配。PLC 的输入端 X0 接入人行道请求通过按钮开关，Y10～Y16 和 Y20～Y26 输出端口控制 2 个七段式数字显示器件，Y0～Y4 端口用于控制交通灯，Y7 端口控制蜂鸣器。I/O 地址分配如表 9.2 所示。

表 9.2　I/O 地址分配

输入地址		输出地址	
人行道按钮开关 SB	X0	车道红灯	Y0
		车道黄灯	Y1
		车道绿灯	Y2
		人行道红灯	Y3
		人行道绿灯	Y4
		蜂鸣器 HA	Y7
		车道绿灯计时显示	Y10～Y16
		车道绿灯计时显示	Y20～Y26

② I/O 接线设计。采用单相 220V 电源为 PLC 供电，同时驱动 PLC 输出端的交通灯 HL。LED 数字显示器和 HA 蜂鸣器采用 24VDC 电源（用户电源）驱动。PLC 的 I/O 接线图如图 9.7 所示。

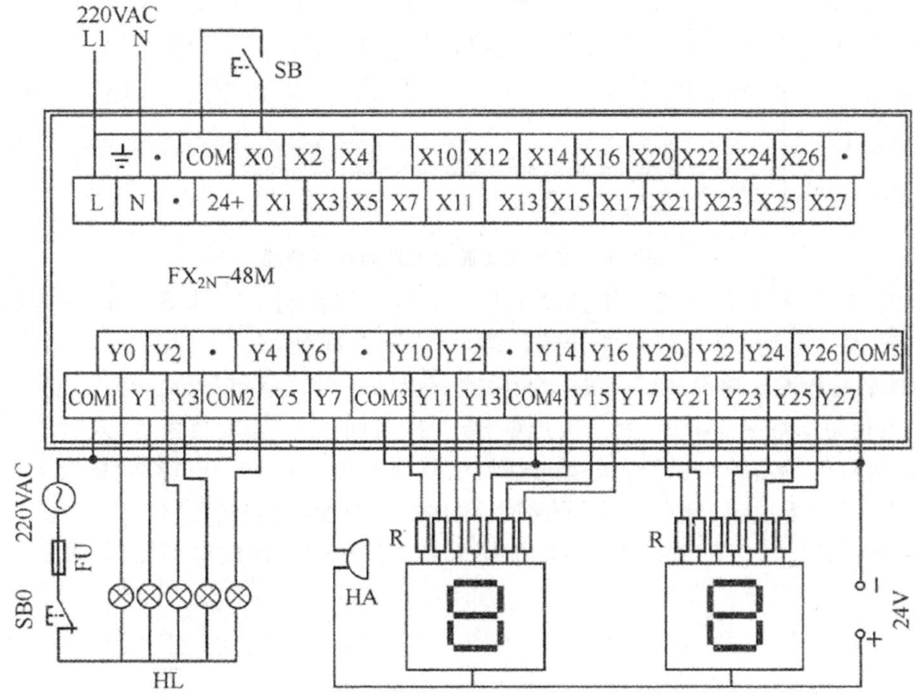

图 9.7　按钮式交通灯 I/O 接线

(3) 控制程序设计

① 功能图设计。根据控制要求确定功能图采用并行结构形式。按钮式交通灯的控制程序功能图如图9.8所示。功能图分析:PLC上电后,由区间复位指令ZRST给程序中使用的步状态器复位,并给S0步置位。S0步控制车道绿灯亮,人行道红灯亮。如果人行道此时没有人请求通过,车道绿灯、人行道红灯的工作状态将一直持续下去,因为X0为OFF状态,所以程序不能转移到下一步执行。

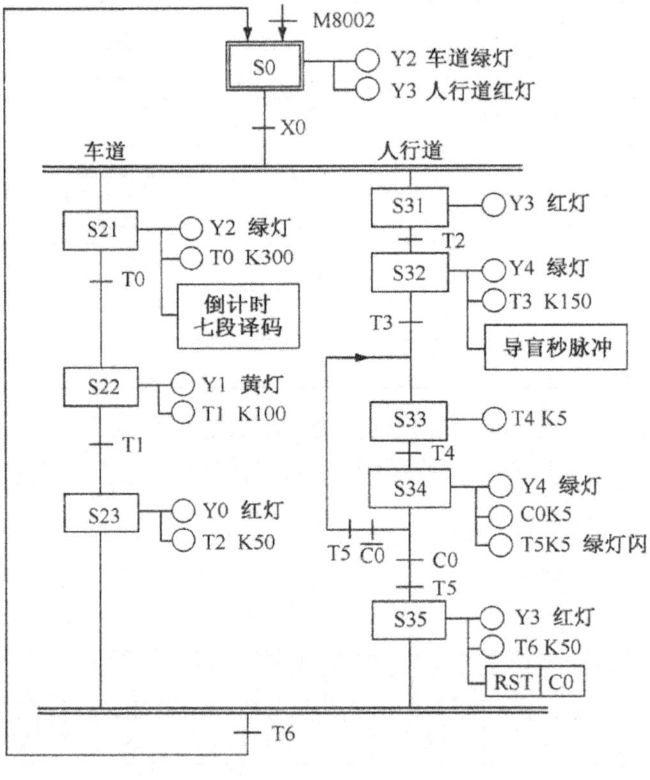

图9.8 按钮式交通灯的控制程序功能

当有人按下人行道请求通过按钮,X0为ON,程序转移到S21和S31步,车道仍旧绿灯亮,人行道红灯亮,车道继续放行并开始计时,当30s时间到,车道黄灯亮10s后,接着红灯亮5s(此时车道和人行道都是红灯亮),5s后人行道红灯熄灭,绿灯点亮,但车道仍保持红灯亮状态。人行道绿灯亮15s后,变为闪烁(闪烁5次时间为5s),5s结束后,人行道红灯亮5s(车道仍旧为红灯)后,程序返回到初始步S0,恢复为车道绿灯、人行道红灯的无人请求通过的初始状态,直到下次有人请求通过公路时,程序才能开始向下执行。

② 梯形图设计。将图9.8所示的功能图采用步进指令转换成梯形图,如图9.9所示。

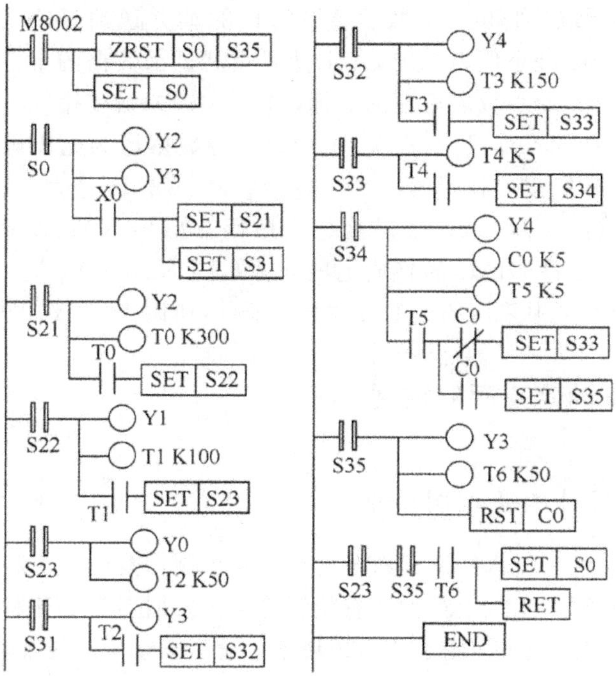

图 9.9　按钮式交通灯的控制程序梯形

③ 附加控制要求的程序设计：

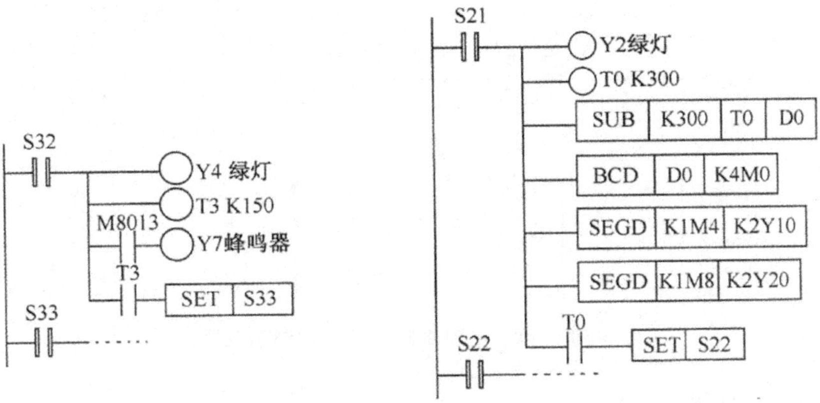

（a）导盲式脉冲控制程序　　（b）倒计时七段码译码程序

图 9.10　附加控制要求的程序梯形

a. 导盲蜂鸣器控制程序设计。为引导盲人安全通过人行道，采用秒脉冲驱动蜂鸣器发声提示。导盲秒脉冲程序如图 9.10(a)所示。当人行道的绿灯点亮时，程序执行到第 S32 步，定时器 T3 开始 15s 计时，采用 PLC 内部的特殊辅助继电器 M8013 的秒脉冲信号，经 Y7 端口驱动蜂鸣器发出嘀嗒的声音。当 15s 时间到时，程序转移到 S33 步，Y7 自动关闭。

b. 倒计时数字显示程序设计。车道绿灯亮 30s 的倒计时显示程序如图 9.10(b)所示。定时器 T0 的计时脉冲周期(时基信号)为 100ms，设定的延时时间常数为 300，要采用十进制数 300 减去 T0 的当前值，才能得到定时器的倒计时变化数据。由于七段译码指令 SEGD

只能对 BCD 码操作,所以要将倒计时数据转换成 BCD 码并送到 K4M0 中。由于 T0 的时基信号为 0.1s,计时数据的最小值为 0.1s,而倒计时只需显示数据的十位和个位,所以只需要显示 K2M4 存储的数据,而小数点后面的数据(M3～M0)未被使用。

因为七段译码指令 SEGD 只能将[S.]中的第四位数据译为七段码信号,要显示倒计时的两位数据(最大 30s),所以要执行两次 SEGD 指令,将 K2M4 分为 K1M4 和 K1M8 两组数据译码并驱动显示器件。即将 K1M4 转换成七段码输出到 K2Y10,驱动倒计时的个位数(十进制数)显示器件,再将 K1M8 转换成七段码输出到 K2Y20 端,驱动倒计时的十位数的数字显示器件。由于本例中采用的是七段式显示器件,所以 Y17、Y27 未使用,为空端。

9.2.2 送料车的定点呼叫控制

(1) 定点呼叫送料车的控制要求

图 9.11 所示为某生产流水线的送料车定点呼叫控制示意图。送料车根据要求对 1＃～4＃的工位进行送料。每个工位上都设置有位置检测传感器 SQ,用于检测送料车到位状况。每个工位都设置有呼叫按钮 SB,用于呼叫送料车。送料车在生产线 1＃～4＃工位的范围内左、右运动,当某个工位的呼叫按钮闭合时,送料车将自动运行到呼叫工位。采用 PLC 对送料车进行控制,要求设置数字显示器,用于显示送料车的当前位置及当前呼叫按钮的编号。要求采用应用质量设计控制程序。

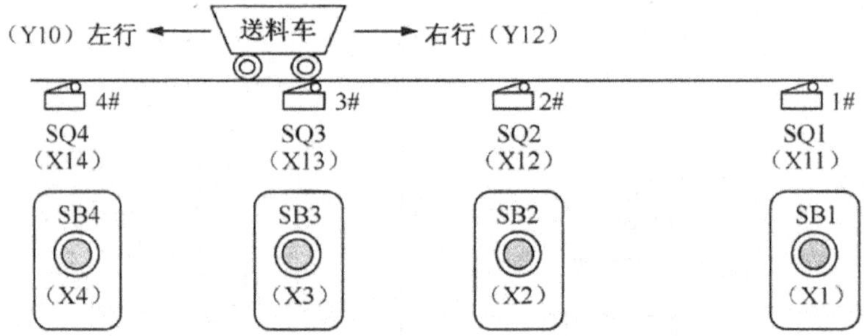

图 9.11 送料车定点呼叫控制示意

(2) PLC 控制系统的硬件电路设计

① 主电路设计。送料车采用电动机驱动,送料车定点呼叫的控制电路如图 9.12 所示。通过交流接触器 KM1 和 KM2 控制电动机的正、反转,实现送料车左行、右行。所以,KM1、KM2 为 PLC 的控制负载。

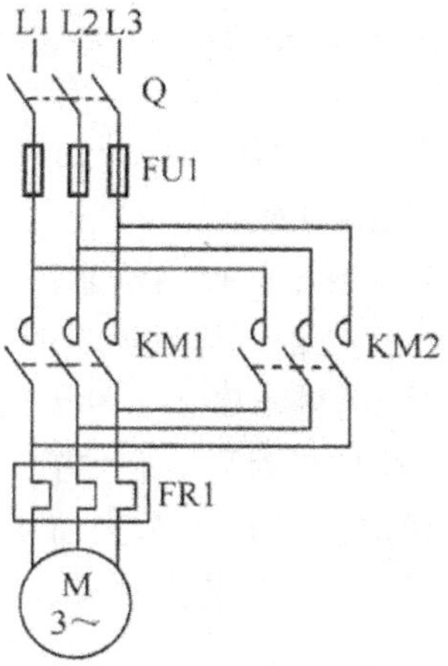

图9.12 送料车定点呼叫控制主电路

② 电气控制硬件的选择。送料车采用Y112M-4型电动机驱动,电动机的额定功率为4KW,额定电压为380V。电源开关Q选用HK1-30/3型瓷底、胶盖刀开关,配用熔丝线径为(2.30～2.52)mm;FU1选用RL-60型,配用25A的熔体(管);交流接触器KM选用CJ10-30H(LD1-D)型,线圈电压为380VAC;热继电器FR选用电流等级11A、JR16-20/3D型;PLC外部的急停开关SB0选用LA20-11J型开关;PLC外部输出端的熔断器FU2选用RL2-15型,配用6A的熔体(管)。位置检测开关选用霍尔检测开关。

主电路接线板采用三相四线380V±5%、50HZ交流电源。电路板输出的三相三线380V为电动机的动力电源;输出的单相220V电源为PLC供电。电源具有断电保护功能,对于可能出现的误操作,均能确保主机的安全。

③ I/O地址分配。送料车定点呼叫的I/O地址分配如表9.3所示。送料车的位置检测开关SQ要安装在送料车运动导轨旁,可采用外部直流电源供电,呼叫按钮SB安置在各个工位上,数字显示,急停开关SB0(不进入PLC的内部)都安装在控制面板上。数字显示器件采用用户电源供电。

表9.3 I/O地址分配

输入地址		输出地址	
呼叫按钮SB1	X1	按钮呼叫号显示器	Y0～Y6
呼叫按钮SB2	X2	送料车工位号显示器	Y20～Y26
呼叫按钮SB3	X3	送料车左行KM1	Y10
呼叫按钮SB4	X4	送料车右行KM2	Y12
热继电器FR	X5		
位置检测开关SQ1	X11		
位置检测开关SQ2	X12		
位置检测开关SQ3	X13		
位置检测开关SQ4	X14		

(3) PLC 的控制程序设计

① 控制程序设计说明。控制程序分为四个部分:开机清零程序,送料车运动方向的判断程序,左、右运动控制及数字显示控制程序。

a. 送料车的运动方向判断。由送料车的控制示意图可知,送料车可能停止在生产流水线的任何一个工位上,而另外的 3 个工位都可以呼叫送料车,所以送料车的运动方向由当前所在的工位和呼叫按钮号决定。假设送料车停在 2 号工位,若 4 号工位呼叫,则送料车就要左行,此时若出现 1 号工位呼叫,则送料车就要右行,首先要编程实现送料车运动方向的判断。由前面的分析可知,当呼叫按钮号大于送料车当前所在的工位号时,送料车要左行;相反,呼叫按钮号小于当前所处工位号时,送料车要右行。所以,采用比较指令编程就可以实现送料车运动方向的判断。

b. 送料车左、右运动的控制。生产流水线共设置 4 个工位,当送料车停在 4#工位时,不会出现向左运动的要求。同理,送料车停在 1#工位时,也不会出现向右运动的要求。所以可以确定左、右运动的要求各为 3 个,这些要求就是送料车左行和右行的起动条件,而每个工位的位置检测传感器信号(SQ)为运动的停止信号。可以采用主控指令和跳转指令选择执行左行、右行的控制程序。

c. 数字显示。采用七段译码指令 SEGD 将数据寄存器中的数据译为七段码信号,驱动 PLC 输出端的数字显示器件,就可以实现数字显示。

② 控制程序分析。送料车定点呼叫程序如图 9.13 所示。首先采用区间复位指令 ZRST 给程序中使用的数据寄存器和辅助继电器复位。

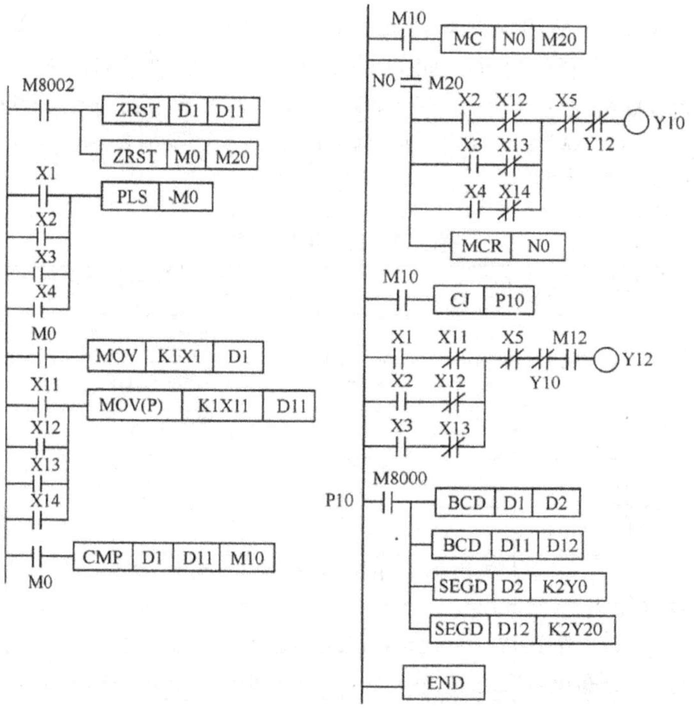

图 9.13 送料车定点呼叫控制程序

X1～X4 为各个工位的呼叫按钮开关，在任何一个呼叫开关闭合的上升沿，采用脉冲指令 PLS 得到一个扫描周期宽度的控制信号 M0。用 M0 信号控制执行 MOV 指令，将当前的呼叫信号送到数据寄存器 D1。同理，将送料车当前所处的位置号送到数据寄存器 D11 中。在 M0 为 ON 时执行比较指令，以确定送料车的运动方向。当 D1 中的内容(呼叫开关编号)大于 D11 中的内容(小车的当前工位号)时，M10 常开触点闭合，满足 N0 号主控指令的执行条件，实现执行左行程序。相反，当 D1 中的内容小于 D11 中的内容时，M12 的常开触点闭合，不满足主控指令和跳转指令的执行条件，M12 为 ON 执行右行程序。

在 PLC 运行期间，利用特殊辅助继电器 M8000 的常开触点一直为闭合状态，将送料车的呼叫按钮编号及当前位置编号用数字显示出来。

§9.3　PLC 在生产过程中的应用

9.3.1　PLC 过程控制系统的组成

(1) PLC 闭环控制系统的概念

图 9.14 所示为 PLC 模拟量闭环控制系统，图中虚线部分是用 PLC 实现的。由于生产过程中大多数的物理量都是模拟量，所以需要采用模拟量输入模块将来自变送器的标准模拟量 $p_v(t)$(4～20mA 或 1～5V/DC)转换成数字量 $p_v(n)$，然后将其读入 PLC；同样需要采用模拟量的输出模块将 PLC 输出的数字量 $m_v(n)$转换成模拟量 $m_v(t)$，才能控制生产过程中的各种模拟量输入的执行器(电动调节阀和变频器等)。

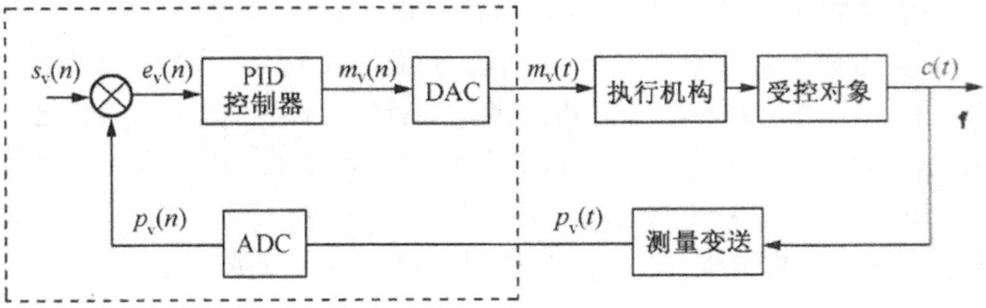

图 9.14　PLC 模拟量闭环控制系统

(2) 变送器的选择

在生产过程中，变送器用于将传感器输出的电信号转变为 1～5V(0～10V)(DC)或 4～20mA(DC)的标准输出信号。电压输出型变送器具有恒压源的特性。PLC 模拟量输入模块的电压输入端具有高输入阻抗特点(如 100KΩ～10MΩ)，在实际使用时，若控制现场距 PLC 较远，通过线路间的分布电容和分布电感感应的干扰信号，在模块输入阻抗上将产生较高的干扰电压,如 1μA 的干扰电流在 10MΩ 的输入阻抗上产生 10V 的干扰电压信号,所以远程传送模拟量电压信号时抗干扰能力较差。

电流输出型变送器具有恒流源的特性,恒流源的内阻很大。PLC 的模拟量输入模块输入电流时,输入阻抗较低(如 250Ω),线路上的干扰信号在模块输入阻抗上产生的干扰电压很低,所以模拟量电流信号适应远程传送。电流信号比电压信号的传送距离要远得多,实际使用时选用两线制变送器,接入模拟量输入模块的电流输入端,配套使用很方便。

(3) 模拟量输入模块的选择

模拟量输入模块接收变送器提供的标准电流信号或标准电压信号,因此模拟量输入模块的选型与变送器有关,选择时要做以下综合考虑:

① 模拟量输入模块的分辨率。模拟量输入模块的分辨率采用转换后的二进制数的位数表示,主要有 8 位和 12 位两种。8 位分辨率较低,一般用于要求不高的场合。

12 位二进制数对应的十进制数为 0～4095. FX2N 系列模块的满量程模拟量一般对应于数字 0～4000,如 FX2N—2AD 模拟量输入模块,0～10V 对应于数字量 0～4000 输出,故其分辨率为:

$$10V/4000\text{字}=2.5mV/\text{字}$$

② 模拟量模块的转换速度。与微机测控装置中使用的 ADC、DAC 相比,PLC 的模拟量模块的转换速度都较低,如模拟量输入模块 FX2N—2AD 的转换时间为 2.5ms/通道。

③ 温度检测模拟量模块。用于温度控制的温度检测模拟量模块一般是温度变送器和模拟量输入模块的组合,如 FX 与铂热电阻(Pt100)配合使用的 FX2N—4AD—PT 模拟量输入模块、配热电偶使用的 FX2N—4AD—TC 模拟量输入模块。使用时可将传感器(测温元件)直接和模块相连,不需再接温度变送器。

(4) 模拟量输出模块的选择

模拟量输出模块将 12 位数字信号转换为模拟电压或电流输出。对于 FX2N—2DA 模块,在出厂时,调整为输入数字值 0～4000 对应于输出电压 0～10V。实际使用时可采用 FX2N—2DA 上的调节电位器对增益值和偏移量重新进行调整,也可以编程进行调整。

增益值可以设置为任意值,为了充分利用 12 位的数字值,建议将数字范围设定为 0～4000,如需要采用 4～20mA 电流输出时,调节 20mA 模拟量对应的数字输入值为 4000。电压输出时,其偏移量为 0;电流输出时,4mA 模拟输出量对应的数字量为 0。

(5) 实现 PID 控制的方法

采用 PLC 实现模拟量的闭环控制时,可以采用以下方法:

① 使用 PID 控制模块。PID 控制模块有 ADC、DAC 和 PID 控制程序。PID 控制程序由 PLC 制造厂家设计并已存于模块中,用户使用时只需要设置一些参数即可,使用非常方便。一块模块可以控制几路或几十路闭环控制回路,一般在大中型控制系统中使用。

② 使用 PID 指令。FX2N 系列 PLC 的生产厂家提供给用户 PID 控制用指令,相当于用于实现 PID 控制的子程序,与模拟量输入/输出模块一起使用非常方便。

③ 用自编程序实现 PID 控制。对于没有 PID 控制指令的 PLC 机型，可以采用自编程序的方法实现 PID 控制的功能；对于已有 PID 控制指令的 PLC 机型，在使用时也可以自行编程改进 PID 控制算法。

④ 变频器的闭环控制。变频器一般都有一个 PI 控制器和一个 PID 控制器。对于恒压供水这一类闭环控制系统，可以将反馈信号接到变频器的反馈信号输入端，用变频器内部的控制器实现闭环控制。如果用 PLC 实现 PID 闭环控制，需将反馈信号送给 PLC 的模拟量输入模块；用 DAC 输出的信号作为变频器的频率给定信号，则需要增设 PLC 的模拟量输入模块和模拟量输出模块。

9.3.2 PLC 的过程控制算法

(1) 模拟量输入模块输出值的标度变换

采用模拟量输入模块时要考虑经 ADC 后输出值与被测物理量的对应关系，即标度变换问题。

图 9.15 所示为 FX2N—2AD 模拟量输入模块的 A/D 转换的关系，对于 0～10V 直流模拟电压输入，转换为数字量的范围是 0～4000，当输入 0～5V 的电压信号时，需要进行偏移值和增益值调整，可直接通过调整模块上的电位器完成，也可通过编程实现。当输入为压力变速器时，则要找出被测物理量压力与 A/D 转换后数据之间的比例关系。

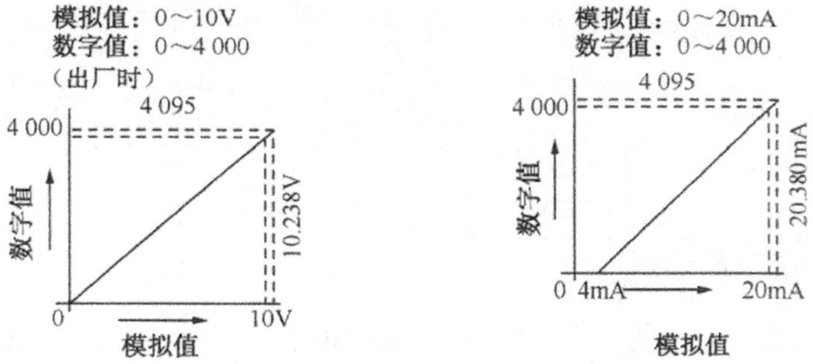

(a) 电压输入　　　　(b) 电流输入

图 9.15　FX2N—2AD 模拟量输入模块的 A/D 转换的关系

设所采用的压力变送器的压力测量范围为 0～10MPa，对应输出信号为 4～20mADC，若选择 FX2N—2AD 模块，给模块输入 4～20mA 信号，模块转换后输出的数字量为 0～4000，设转换后得到的数字为 N，试计算以 KPa 为单位的输出压力值。

解：0～10MPa(0～10000KPa)对应于转换后的数字 0～4000，转换公式为：

$$P=(10000\times N/4000)\text{KPa}=(2.5N)\text{KPa}$$

表示模块输出每个字(数字量)代表 2.5KPa 的压力值。

用定点数运算的计算公式为：

$$P=(N\times 5/2)\text{KPa}$$

按照上面的公式，采用算术运算指令编程，即可实现标度变换。注意运算时要先乘后除，否则可能会损失原始数据的精度。

(2) 非线性处理

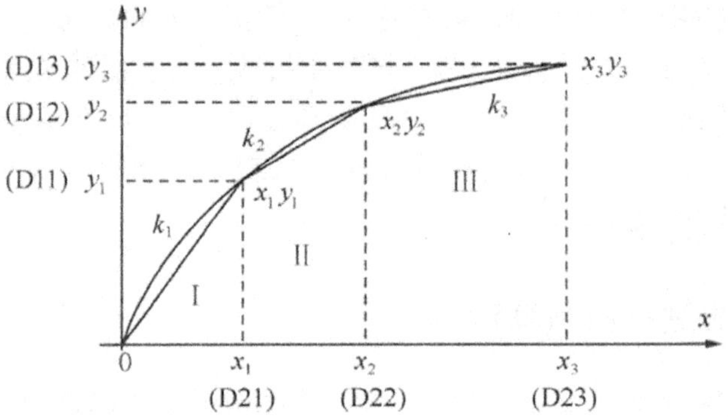

图 9.16 某传感器的特性曲线

图9.16表示某传感器的输出特性曲线，图中还表示了用折线逼近实际特性曲线的线性化的方法，x表示测量数据，y表示线性化后的输出。折线线性化的方法为：将特性曲线分为3个区间，用3段直线来逼近该传感器的非线性曲线。为减小线性化的误差，采用不等距的分段法，k_1、k_2、k_3分别为3段折线的斜率值。由此可以写出各段的线性差值公式：

当 $0 \leqslant x_b < x_1$ 时，$y = k_1 x_b$；

当 $x_1 \leqslant x_b < x_2$ 时，$y = y_1 + k_2(x_b - x_1)$；

当 $x_2 \leqslant x_b < x_3$ 时，$y = y_2 + k_3(x_b - x_2)$；

当 $x_b \geqslant x_3$ 时，$y = y_3$。

上式中，$k_1 = y_1/x_1$；$k_2 = (y_2 - y_1)/(x_2 - x_1)$；$k_3 = (y_3 - y_2)/(x_3 - x_2)$；$x_b$为实际的被测值。图9.17所示为根据折线线性化方法设计出的程序流程图。

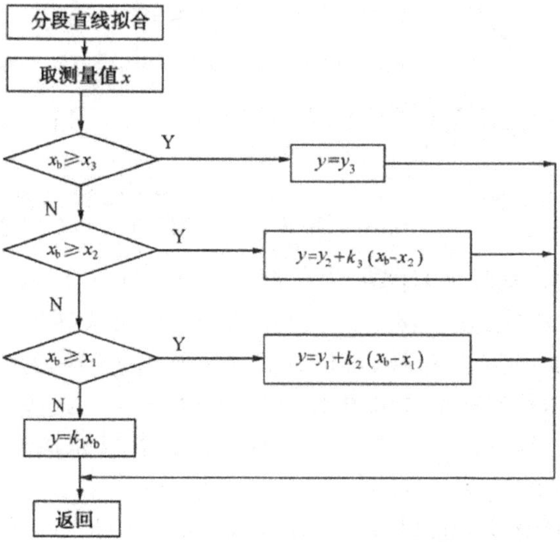

图 9.17 折线线性化的程序流程

实现折线线性化的程序设计步骤如下：

① 首先采用 PLC 的模拟量输入模块，将来自传感器的被测值 x_b 读入到 PLC 基本单元的数据寄存器 D0 中，并将线性化的有关参数输入到数据寄存器，如图 9.17 所示。折线斜率 k_1、k_2、k_3 被存入到 D_1、D_2、D_3；拐点对应值 y_1、y_2、y_3 被存入到 D11、D12、D13 中；x_1、x_2、x_3 点的对应值被存入到 D21、D22、D23 中；确定线性化后输出的数据存入 D30 中。其如图 9.18 和图 9.19 所示。

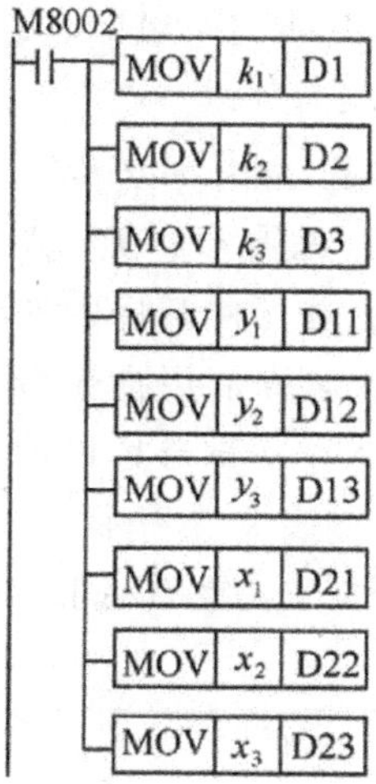

图 9.18　读入数据

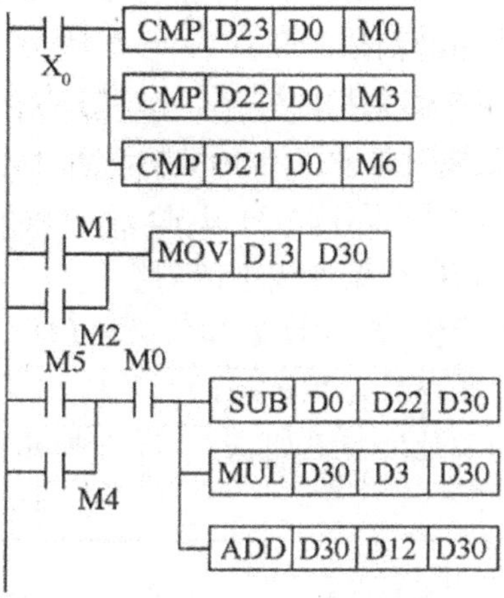

图 9.19　算数运算

② 确定被测量 xb 所在的区间。在图 9.19 所示的梯形图中，用比较指令确定被测量值所在的区间。

③ 算术运算。在确定了被测值 xb 所在的区间后，进行算术运算，如图 9.19 所示。假设被测值 $x_b \geqslant x_3$ 时，M1＝M2＝ON，将 D13 中的数据送入 D30，等于输出数据。假设 $x_2 \leqslant x_b < x_3$，由比较指令给出结果 M0＝ON、M4＝ON、M5＝ON，控制进行减 x_2 值(D22 中数值)、乘系数 k_3(D3 中数值)以及加 y_2(D12 中数值)的运算，线性化后的结果存入 D30 中。

若被测值在其他的区间内，其控制程序和上述相同，这里不再赘述。

(3) PID 控制指令

① PID 指令的操作功能。图 9.20 所示为 PID 指令的示例梯形图。PID 指令用于模拟量的闭环控制，PID 运算所需的参数存放在指定的数据区内。指令中[S1]用于存放置位值；[S2]存放当前值(测量值)；[S3]是用户为 PID 指令定义参数表的首位地址，该参数表需要占用 25 个寄存器，此例中占用 D100～D124；[D]用于存放 PID 运算的结果。

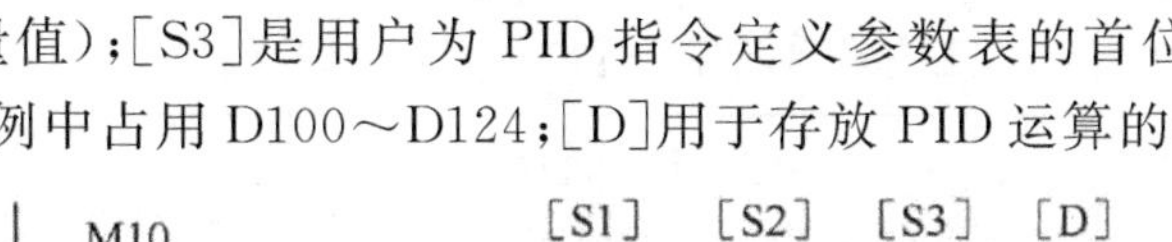

图 9.20　PID 指令的示例梯形

[S3]～[S3]＋6 用来存放控制参数的数据，FX 系列 PLC 的 PID 指令使用位置式输出的增量式 PID 算法。

达到采样时间的 PID 指令在其后扫描周期中进行 PID 运算。图中，M10 为该指令的执行条件，当M10＝ON时，置位值存入D0，当前值从D1中读出；D100～D124为用户定义参数寄存器；运算结果的输出值存入D150。

PID指令在使用时应注意以下几点：

a. 一个程序中可以使用多条PID指令，但每条指令的数据寄存器应是独立的。

b. PID参数的出错信息放在D8067中。

c. PID指令可以使用中断、子程序、条件跳转和步进指令，但使用时要注意其采样时间必须大于程序的扫描时间。

d. 为了提高采样的速率，可以把PID指令放在定时中断的程序中。

e. PID指令要采用停电保护型数据寄存器，在PLC停电后，无须再重新写入参数。

② PID指令的参数表。PID指令的参数表占用[S3]指定的首元件开始的连续25个数据寄存器。PID数据堆栈中的内容中一部分必须由用户在PID运算前用指令写入(如控制用参数的设定值，在PID运算前必须预先通过MOV等指令写入)，一部分留做内部运算用，还有一部分是存放运算结果的。PID数据堆栈中的内容及功能如表9.4所示，表中[S3]＋n表示指令的源地址。例如，若[S3]选择用数据寄存器D10，则[S3]＋4就表示D14。

表9.4 PID指令的参数

源地址 [S]＋n	参数及功能	设定范围及说明		备　注
[S3]＋0	采用周期Ts	1～32767ms(读当前值的时间间隔)		不能小于扫描时间
[S3]＋1	动作方向(ACT)	b0	0：正作用，1：反作用	b3～b15不用
[S3]＋1	动作方向(ACT)	b1	输入变化报警0：无效，1：有效	b3～b15不用
[S3]＋1	动作方向(ACT)	b2	输出变化报警0：无效，1：有效	b3～b15不用
[S3]＋2	输入滤波常数	0～99(%)		为0时无输入滤波
[S3]＋3	比例增益KP	1～32767(%)		
[S3]＋4	积分时间TI	0～32767(＊100ms)		为0时做处理(无积分)
[S3]＋5	微分增益KD	0～100(%)		为0时无微分增益
[S3]＋6	微分时间TD	3～32767(10ms)		为0时无微分处理
[S3]＋20	当前值上限报警设定值	0～32767 (用户设定，超限时[S3]＋24的b0为1)		[S3]＋1的b1＝1时有效
[S3]＋21	当前值下限报警设定值	0～32767 (用户设定，超限时[S3]＋24的b0为1)		[S3]＋1的b1＝1时有效
[S3]＋22	输出增量报警设定值	0～32767 (用户设定，超限时[S3]＋24的b0为1)		[S3]＋1的b2＝1时有效

(4) PID控制参数的整定方法

为了使PID控制系统得到好的控制效果，要对PID控制参数进行整定，获得适合于控制对象的 PID 参数的最佳值，即最佳的 K_P、T_I、T_D值。通常 PID 控制参数的确定方法如下。

① 阶跃响应曲线法。给系统的控制对象加上阶跃输入信号，测出其响应曲线，并根据此曲线计算 K_P、T_I和 T_D的方法。

阶跃响应曲线法是采用给控制对象加上阶跃输入信号，测出输出响应的信号，再根据输出响应曲线计算 K_P、T_I、T_D值的。图 9.21 所示为对象的输入/输出信号，表 9.5 所示为根据阶跃响应曲线求参数的计算方法。

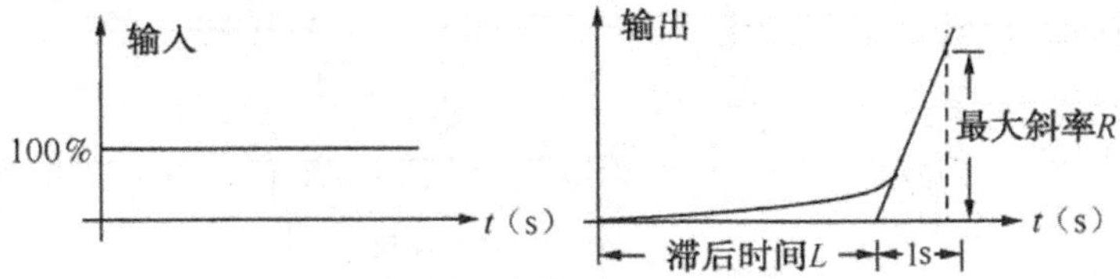

图 9.21　对象的输入/输出信号

表 9.5　根据阶跃响应曲线求参数

PID 参数 控制作用	比例增益 K_P(%)	积分时间 T_I(×100ms)	微分时间 T_D(×100ms)
比例作用	(1/RL)×输出值(mV)	—	—
比例积分作用	(0.9/RL)×输出值(mV)	33L	—
比例积分微分作用	(1.2/RL)×输出值(mV)	20L	50L

② 参数自整定功能(仅适用于 FX2N V2.00 以上版本的 PLC)。参数自整定功能根据阶跃响应曲线法，自动设定 PID 的 3 个重要参数。其作用方向为[S3]+1 的 bit0，比例增益为[S3]+3，积分时间为[S3]+4，微分时间为[S3]+6，以得到最佳的 PID 控制效果。

参数自整定方法如下：

a. 传送自整定用输出值至输出值数据寄存器[D]中，该输出值应在输出设备最大可能输出值的 50%~100%范围内。

b. 预先设定不能被自整定的参数(如采样时间、输入滤波常数、微分增益等)及目标值等，应注意以下事项：

(a) 目标值的设定。自整定开始时，测量值和目标值的差(偏差)必须大于 150，若小于 150，则先设定自整定用目标值，待自整定完成后，再设定目标值。

(b) 采样时间。自整定时的采样时间必须在 1s 以上，一般采样时间应远远大于扫描周期。

(c) [S3]+1(ACT)的 bit4 设为 ON 后，自整定开始。当测量值达到目标值的 1/3 时，自整定结束，[S3]+1(ACT)的 bit4 自动变为 OFF。

需要注意：自整定应在系统处于稳定状态时进行，否则会产生不正确的结果。PID 参数自整定程序设计可参考图 9.24 所示炉温自动调节的 PLC 控制梯形图。

9.3.3 PLC 在温度控制系统中的应用

图 9.22 所示为温度控制系统示意图。图中控温对象为电炉，热电偶为温度检测元件，采用 FX2N 型 PLC 实现 PID 温度控制，要求电炉温度控制在 50℃。控温系统采用模拟量输入模块 FX2N—4AD—TC 接入热电偶的检测信号。

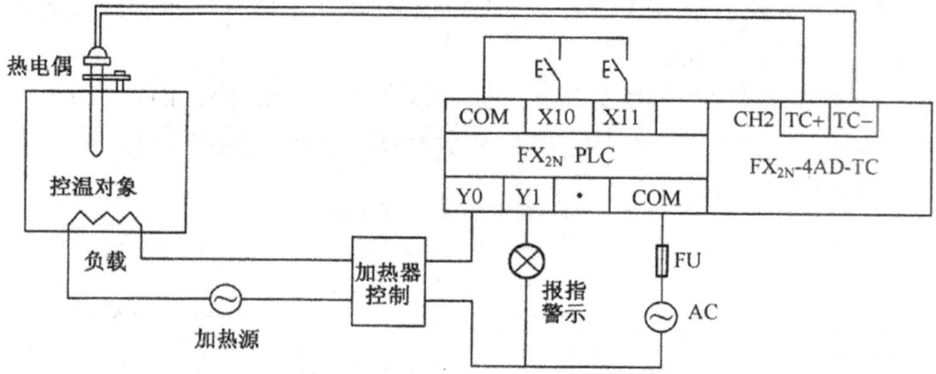

图 9.22　温度控制系统示意

模拟量模块 FX2N—4AD—TC 仅靠 PLC 基本单元安装，其编号为 0，模块 FX2N—4AD—TC 的缓冲寄存器 BFM#0 中设定值为 H3303，表示设置 1～4 通道的设定，通道 2 设定为输入 K 型热电偶信号，其他通道设置为 3，即通道关闭。通道 2 将热电偶输出的信号接入模拟量模块进行采样及 A/D 转换后，输出到 PLC 的基本单元进行程序处理。图 9.23 所示为电炉加热的动作时序说明，D502 的设定内容为自动调节的输出值设定(1.8s 为 ON)。

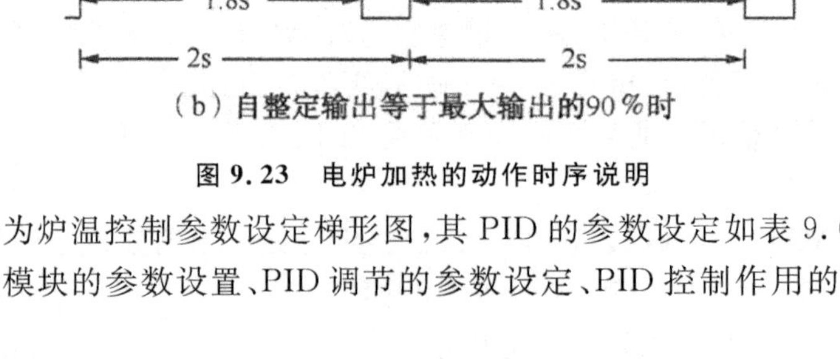

图 9.23　电炉加热的动作时序说明

图 9.24 所示为炉温控制参数设定梯形图，其 PID 的参数设定如表 9.6 所示。程序的设定内容为：模拟量模块的参数设置、PID 调节的参数设定、PID 控制作用的输出、方向及出错报警输出等。

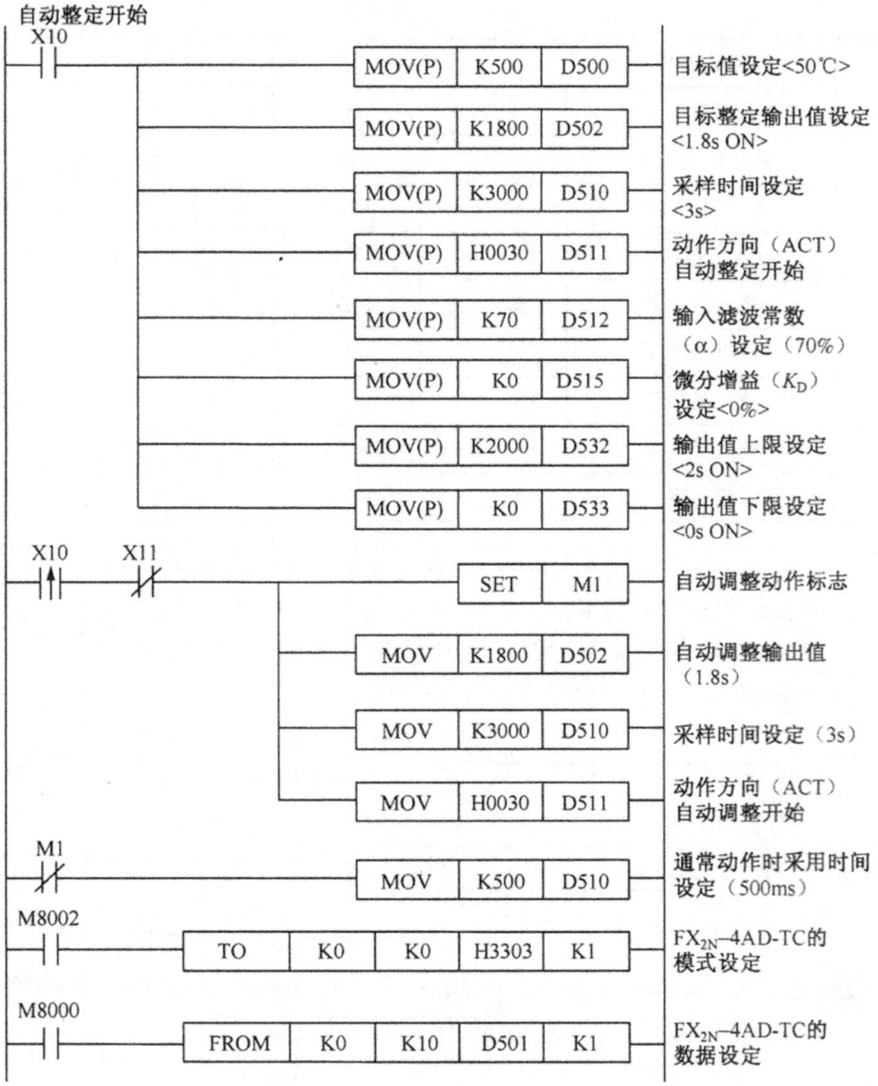

图 9.24　参数设定梯形

在图 9.24 所示的参数设定梯形图中，设定控制温度为 50℃，即目标值为 500（即被控温度要保持在 500×0.1℃/单位变化量＝＋50℃）；输入输出变化量报警有效；输出上下限设定；自动整定＋PID 控制，则（S3）＋1 动作方向（ACT）的 bit0＝0（对于 0℃的正向动作），bit1～bit5 均为 1，即动作方向（ACT）单元的设定参数为（0～011110）BIK＝K30。

表 9.6　参数设定

	参数设定	元件号		自整定中	PID 控制中
目标值	温度值(℃)	[S1]	D500	(500+50)℃	(500+50)℃
参　数	采样时间(Ts)	[S3]	D510	3000ms	500ms
	输入滤波(α)	[S3]+2	D512	70%	70%
	微分增益(KD)	[S3]+5	D515	0	0
	输出值上限	[S3]+22	D522	2000(2s)	2000
	输出值下限	[S3]+23	D523	0	0
动作方向(ACT)	输入量报警	[S3]+1	D511	bit1=1 无	bit1=1 无
	输出量报警	[S3]+1	D511	bit1=1 无	bit1=1 无
	输出值上下设定	[S3]+1	D511	bit5=1 有	bit5=1 有
输出值		[D]	Y1	1800ms	根据运算

图 9.25 所示为 PID 控制梯形图，当 X10=ON、X11=OFF 时，先执行自动整定(PID 参数的整定)，然后再执行 PID 控制(实际为 PI 作用)；若 X10=OFF、X11=ON 时，仅执行 PID 控制。梯形图每一步的操作功能如图中注释所述。

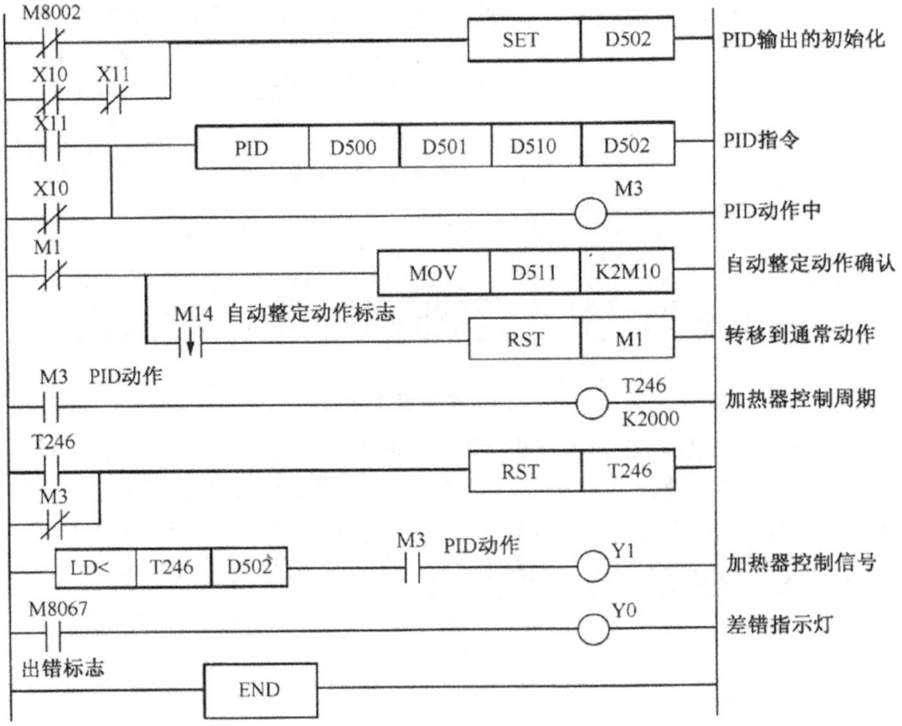

图 9.25　PID 控制梯形

习　题　9

1. 用经验法设计满足题图 9.1 所示波形图的梯形图。

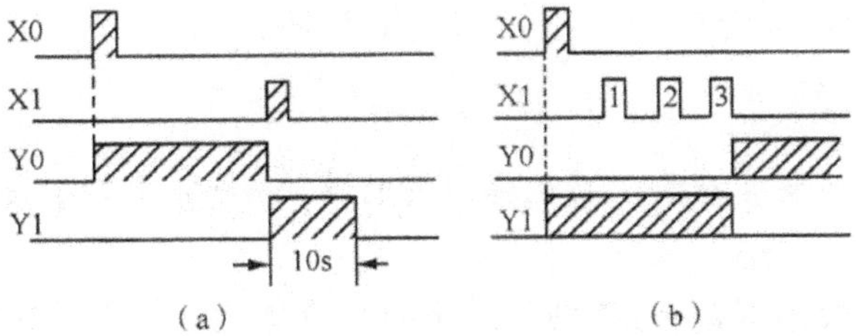

题图 9.1　波形图的梯形

2. 某一油循环系统如题图 9.2 所示。

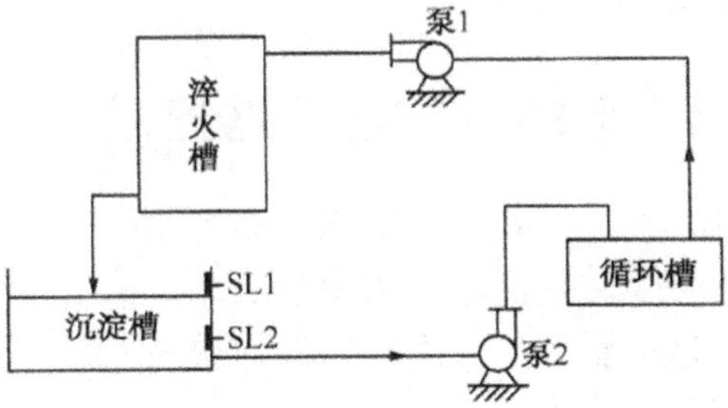

题图 9.2　油循环系统示意

其控制要求为：

(1) 当按下起动按钮 SB1 时，泵 1 和泵 2 通电运行，由泵 1 将油从循环槽打入到淬火槽，经过沉淀，再由泵 2 打入循环槽，运行 15s 后，泵 1、泵 2 停止工作。

(2) 在泵 1、泵 2 运行期间，当沉淀槽液位升高到高液位时，液位传感器 SL1 接通，此时泵 1 停止，泵 2 继续运行 1s。

(3) 在泵 1、泵 2 运行期间，当沉淀槽液位降低到低液位时，液位传感器 SL2 接通，此时泵 2 停止，泵 1 继续运行 1s。

(4) 停止按钮 SB2 按下时，泵 1、泵 2 停止。

用 PLC 实现油循环系统的控制，要求设计功能图、梯形图和指令语句。

第 10 章　可编程序控制器的设计实训

本章要点

1. 掌握顺序流程图及其对应的功能梯形图的画法，会根据工艺要求画出相应的顺序流程图。

2. 掌握应用指令的编程应用，会利用应用指令将顺序流程图改画为梯形图。

3. 根据控制要求，掌握 PLC 的编程方法和程序调试方法，使学生了解并学会用 PLC 解决一个实际问题的全过程。

§ 10.1　抢答器控制

10.1.1　设计目的

(1) 置位、复位指令的使用及编程。
(2) 抢答器控制系统的接线、调试及操作。

10.1.2　面板

抢答器面板如图 10.1 所示。

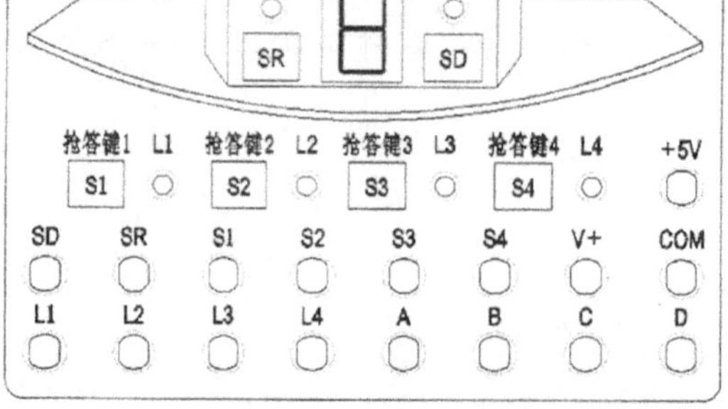

图 10.1　抢答器面板

10.1.3　控制要求

（1）系统初始上电后，主控者在总控制台点击"开始"按键后，允许各队开始抢答，即各队抢答按键有效。

（2）抢答过程中，四队中的任何一队抢先按下各自的抢答按键后（第一队-S1，第二队-S2，第三队-S3，第四队-S4），则该队的指示灯点亮（第一队-L1，第二队-L2，第三队-L3，第四队-L4），同时 LED 数码显示系统显示当前队号，此时其他队的继续抢答无效。

（3）主控者对抢答状态确认后，点击"复位"按键，系统又继续允许各队开始抢答，直至又有一队抢先按下各自的抢答按键。

10.1.4　程序流程图

抢答控制流程如图 10.2 所示。

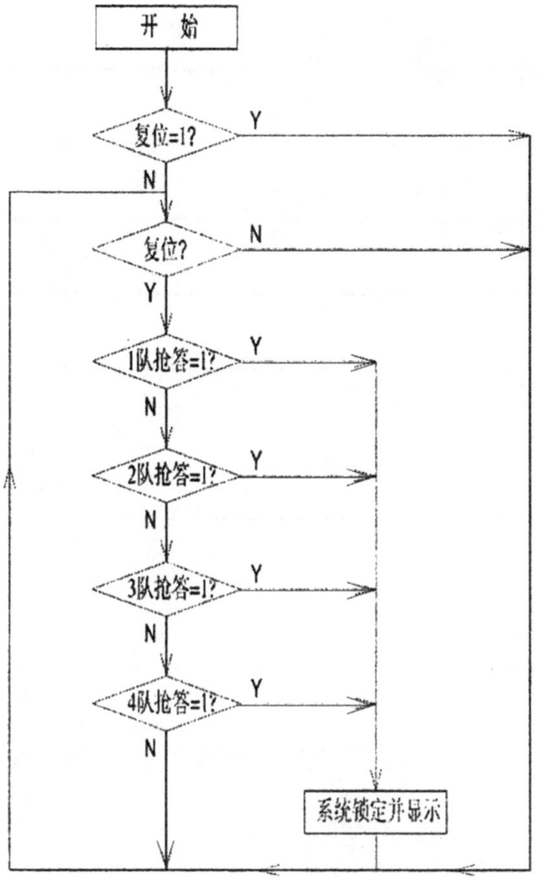

图 10.2　抢答控制流程

10.1.5 功能梯形图

功能梯形如图 10.3 所示。

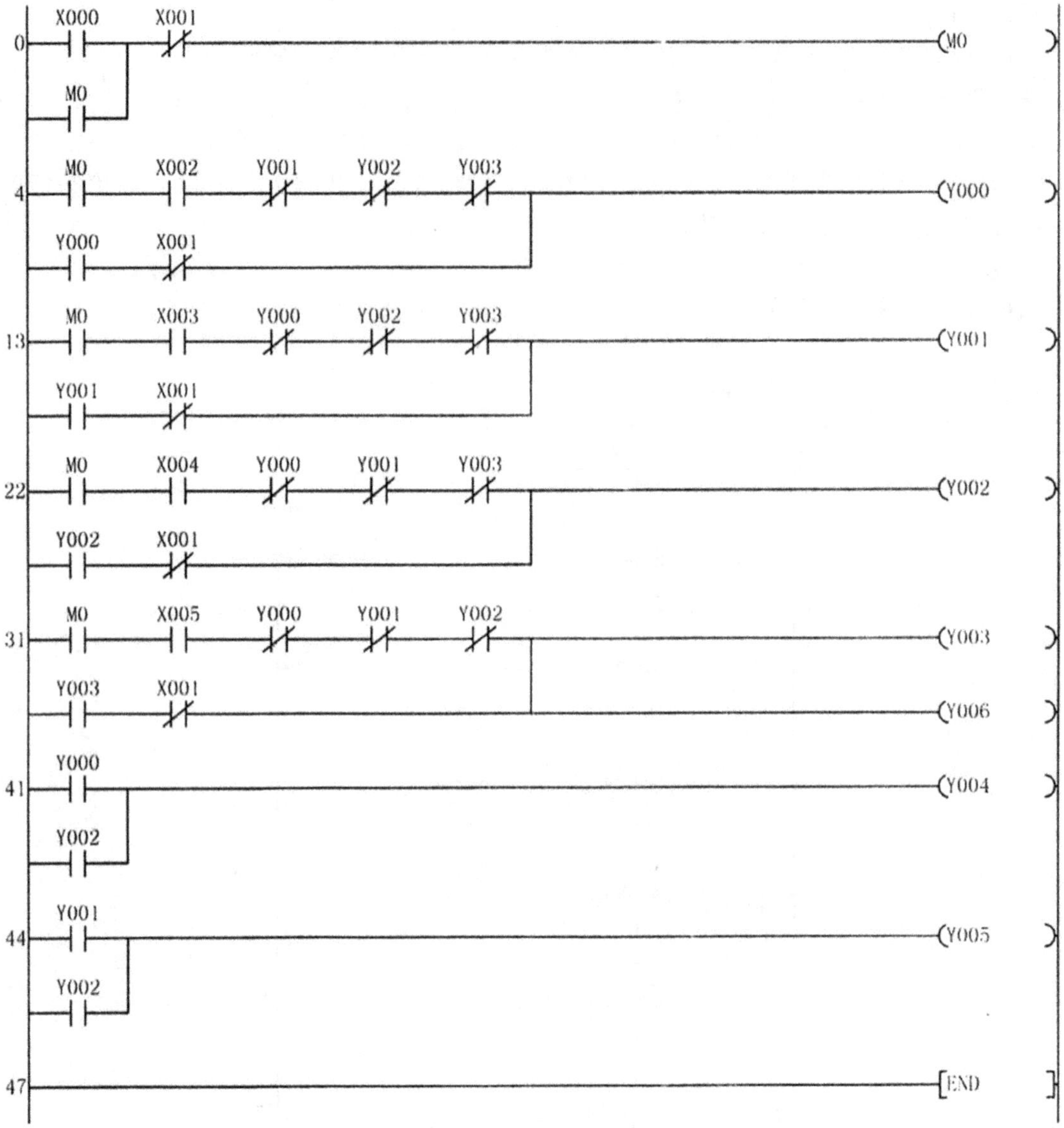

图 10.3 功能梯形

10.1.6　端口分配

I/O 端口分配功能如表 10.1 所示。

表 10.1　I/O 端口分配功能

序号	PLC 地址(PLC 端子)	电气符号(面板端子)	功　能
1	X00	SD	启动
2	X01	SR	复位
3	X02	S1	第一队抢答
4	X03	S2	第二队抢答
5	X04	S3	第三队抢答
6	X05	S4	第四队抢答
7	Y00	1	第一队抢答显示
8	Y01	2	第二队抢答显示
9	Y02	3	第三队抢答显示
10	YO3	4	第四队抢答显示
11	Y04	A	数码控制端子 A
12	Y05	B	数码控制端子 B
13	Y06	C	数码控制端子 C
14	Y07	D	数码控制端子 D
15	主机 COM0、COM1、COM2 等接电源 GND		电源端

10.1.7　控制接线图

抢答控制(接线)流程如图 10.4 所示。

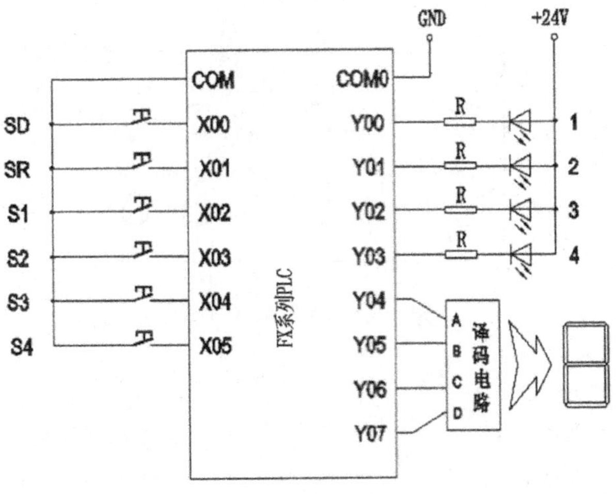

图 10.4　抢答控制(接线)流程

§10.2 天塔之光控制

10.2.1 设计目的

(1) 循环移位指令的使用及编程。
(2) 天塔之光控制系统的接线、调试及操作。

10.2.2 面板

天塔之光面板如图 10.5 所示。

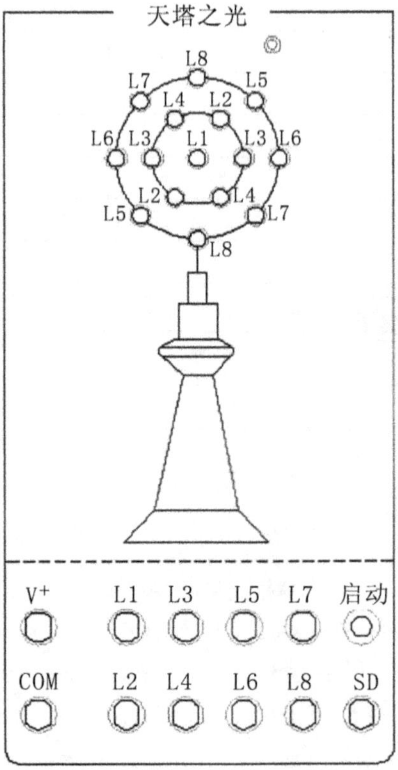

图 10.5 天塔之光面板

10.2.3 控制要求

控制要求如表 10.2 所示。
(1) 依据实际生活对天塔之光的运行控制要求,运用 PLC 的功能,实现模拟控制。

（2）闭合“启动”开关，指示灯按规律循环显示。

表 10.2　I/O 端口分配功能（自上而下，自左而右）

L1－＞L2－＞L3－＞L4－＞L5－＞L6－＞L7－＞L8－＞L1－＞L2	L8－＞L1－＞L1	L3
L3	L2－＞L1	L4－＞L1
L4－＞L5	L3－＞L1	L5
L6	L4－＞L1	L6
L7	L8－＞L1	L7
L8－＞L1－L2	L7－＞L1	L8－＞L1
L3	L6－＞L1	L2
L4－＞L5	L5－＞L1	L3
L6	L2	L4
L7	L8－＞L1	L5
L8－＞L1－＞L2	L3	L6
L3	L7－＞L1	L7
L4－＞L5	L4	L8－＞L1
L6	L6－＞L1	
L7	L2	

（3）关闭“启动”开关，天塔之光控制系统停止运行。

10.2.4 程序流程图

天塔之光控制流程如图 10.6 如示。

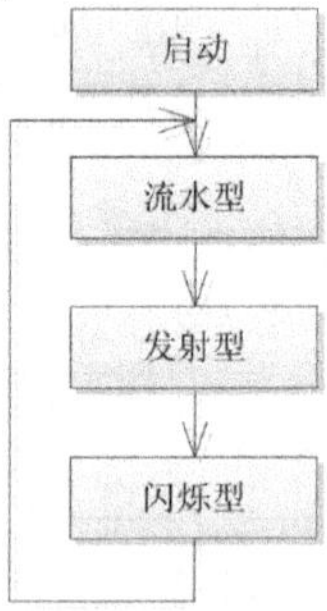

图 10.6 天塔之光控制流程

10.2.5 功能梯形图

天塔之光控制功能梯形如图 10.7 如示。

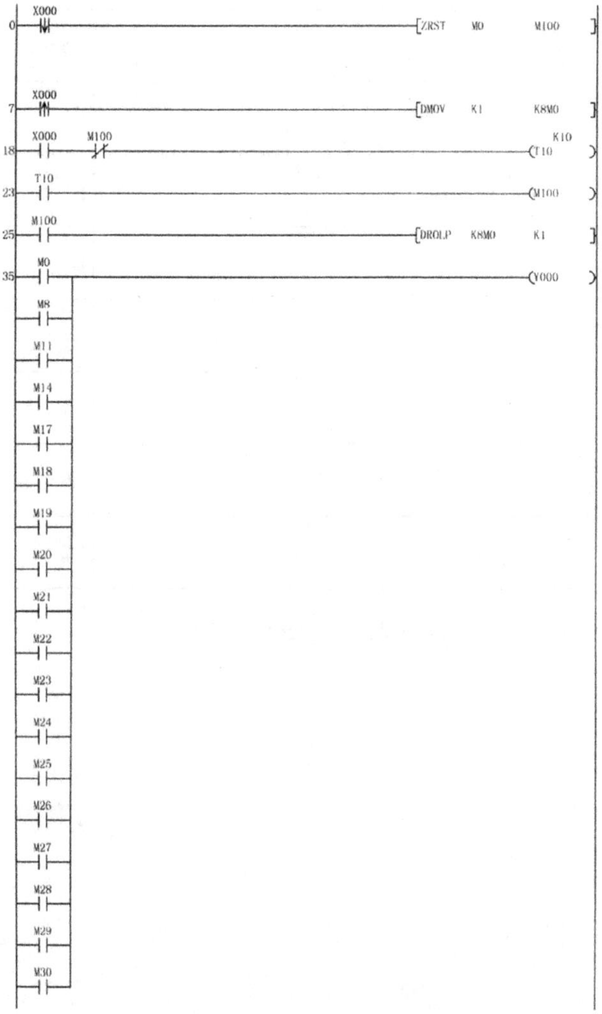

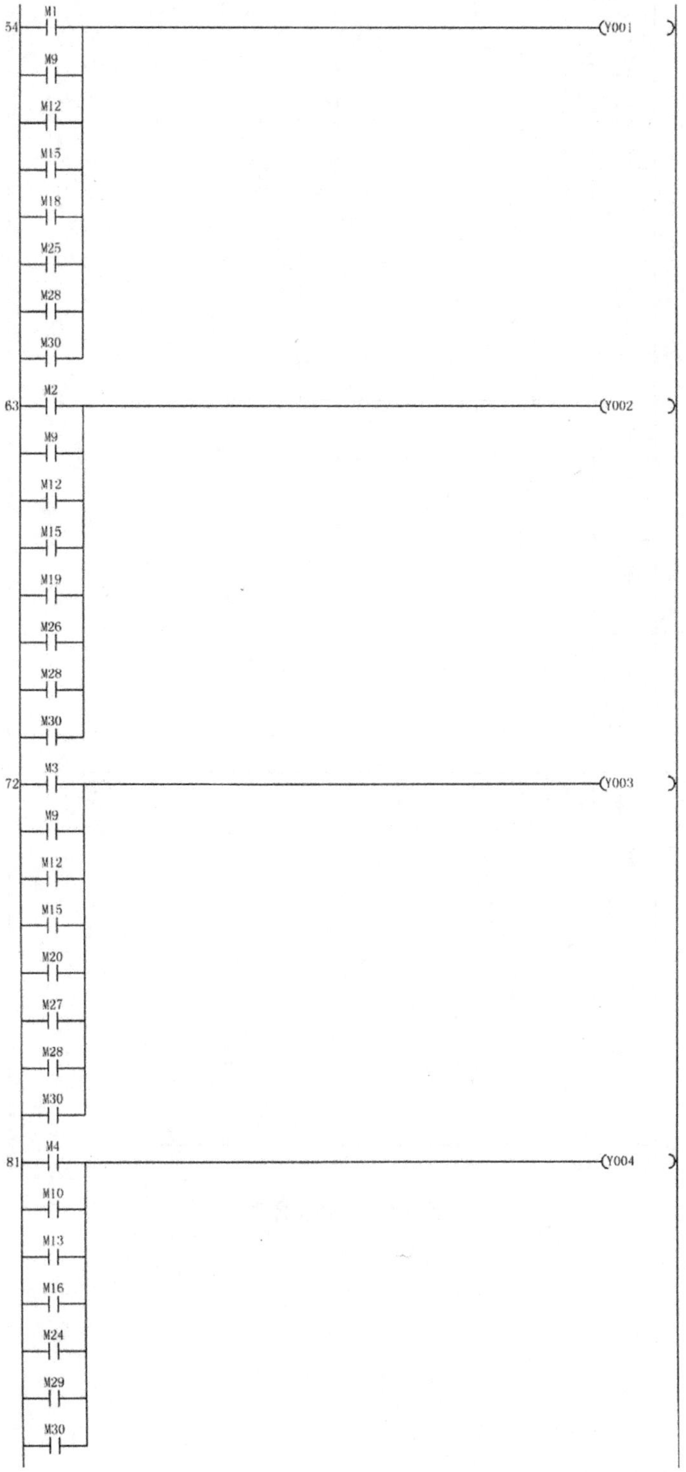
54
M1
Y001
M9
M12
M15
M18
M25
M28
M30
63
M2
Y002
M9
M12
M15
M19
M26
M28
M30
72
M3
Y003
M9
M12
M15
M20
M27
M28
M30
81
M4
Y004
M10
M13
M16
M24
M29
M30

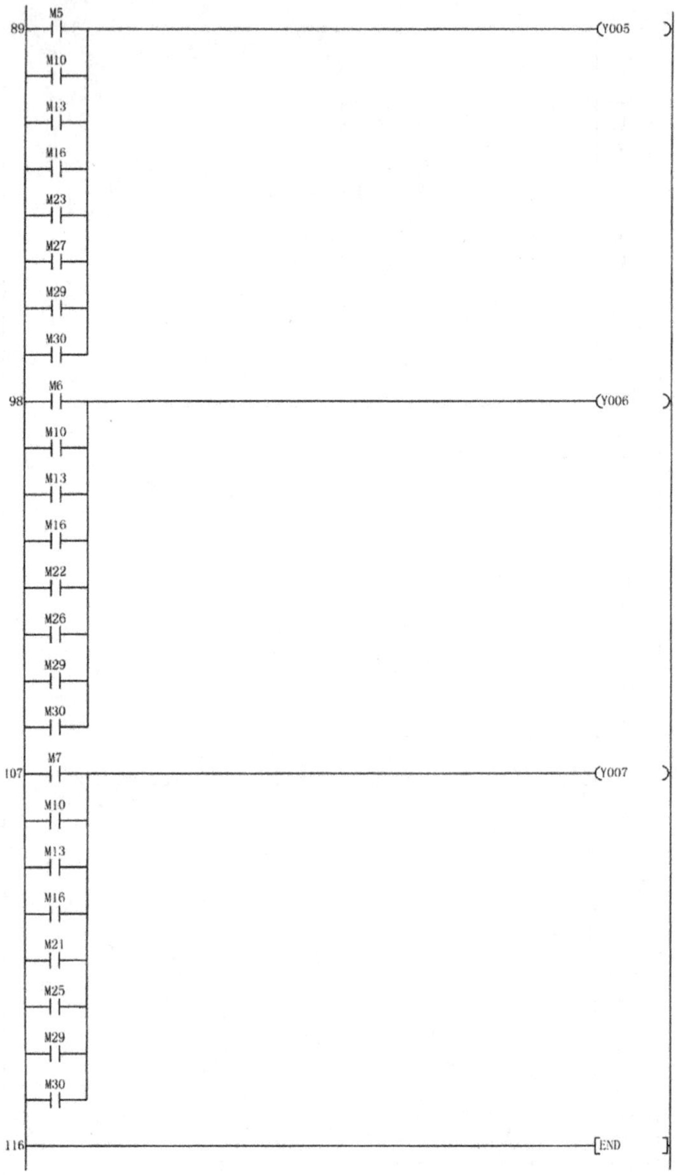
M5
89
Y005
M10
M13
M16
M23
M27
M29
M30
M6
98
Y006
M10
M13
M16
M22
M26
M29
M30
M7
107
Y007
M10
M13
M16
M21
M25
M29
M30
116
END

图 10.7 功能梯形

10.2.6　端口分配

I/O 端口分配功能如表 10.3 所示。

表 10.3　I/O 端口分配功能

序号	PLC 地址(PLC 端子)	电气符号(面板端子)	功　能
1	X00	SD	启动(SD)
2	Y00	L1	指示灯 L1
3	Y01	L2	指示灯 L2
4	Y02	L3	指示灯 L3
5	YO3	L4	指示灯 L4
6	Y04	L5	指示灯 L5
7	Y05	L6	指示灯 L6
8	Y06	L7	指示灯 L7
9	Y07	L8	指示灯 L8
10	主机 COM、面板 COM 接电源 GND		电源地端
11	主机 COM0、COM1、COM2、COM3 等电源 GND		电源地端
12	面板 V+接电源+24V		电源正端

10.2.7　控制接线图

天塔之光控制流程如图 10.8 所示。

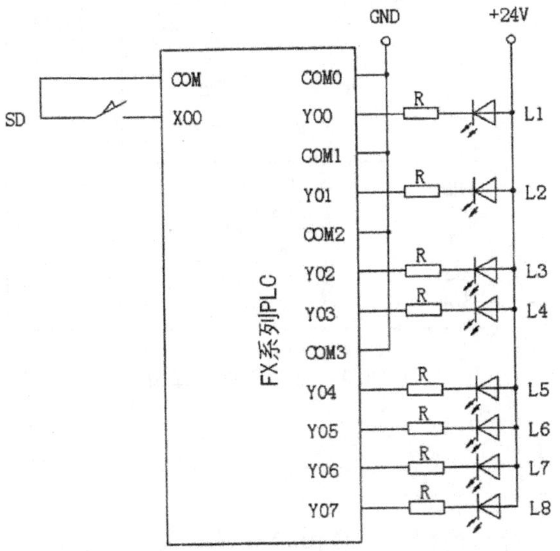

图 10.8　天塔之光控制流程

§10.3 自动售货机控制

10.3.1 设计目的

(1) 计数器指令的使用及编程。
(2) 自动售货机控制系统的接线、调试及操作。

10.3.2 面板

自动售货机面板如图10.9所示。

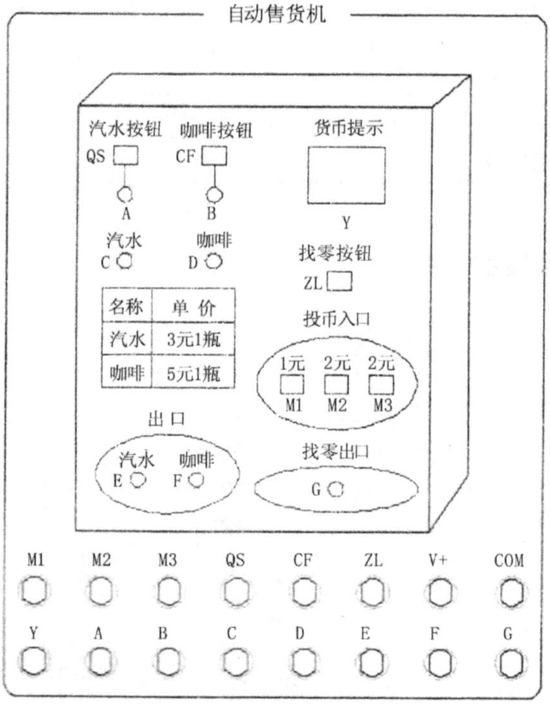

图10.9 自动售货机面板

10.3.3 控制要求

(1) 按M1、M2、M3按键,模拟投入货币,Y0显示投入的货币的数量,按动"QS"和"CF"按键分别代表购买"汽水"和"咖啡"。出口处的"E"和"F"表示"汽水"和"咖啡"已经取出。购买后Y0显示剩余的货币,按下"ZL"按键代表找零。

(2) 按下“M1”、“M2”、“M3”三个开关，模拟投入 1 元、2 元、3 元的货币，投入的货币可以累加起来，通过 YO 的数码管显示出当前投入的货币总数。

(3) 售货机内的两种饮料有相对应价格，当投入的货币大于等于其售价时，对应的汽水指示灯 C、咖啡指示灯 D 点亮，表示可以购买。

(4) 当可以购买时，按下相应的“汽水按钮”或“咖啡按钮”，同时与之对应的汽水指示灯 C 或咖啡指示灯 B 点亮，表示已经购买了汽水或咖啡。

(5) 在购买了汽水或咖啡后，Y0 显示当前的余额，按下“找零按钮”后，Y0 显示 00，表示已经清零。

10.3.4　程序流程图

自动售货机控制流程如图 10.10 所示。

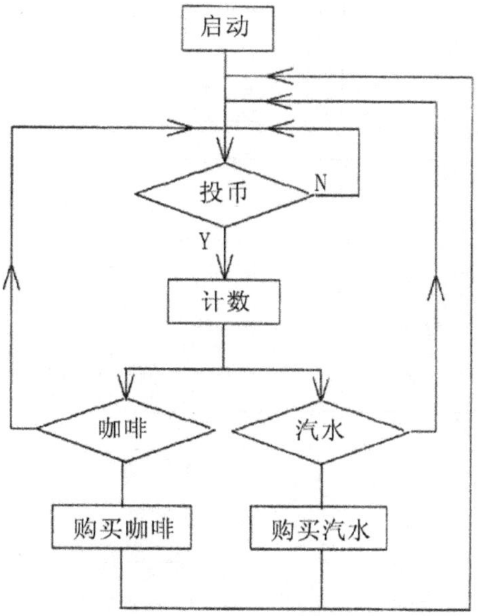

图 10.10　自动售货机控制流程

10.3.5 功能梯形图

自动售货机控制功能梯形如图 10.11 所示。

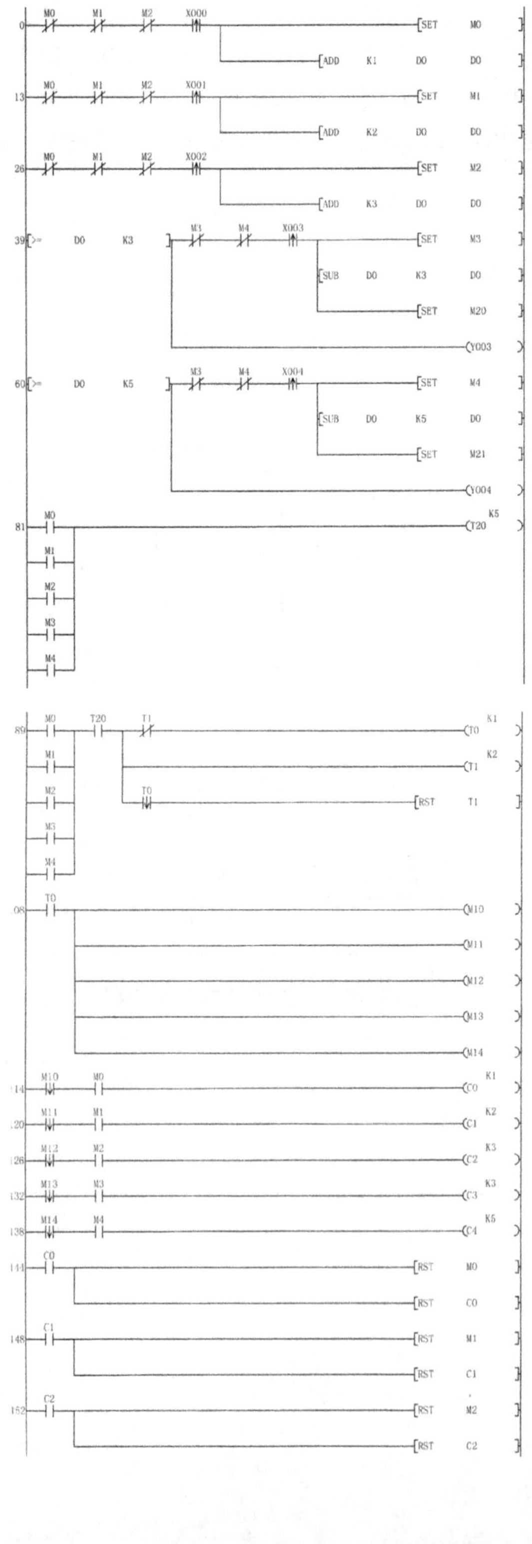

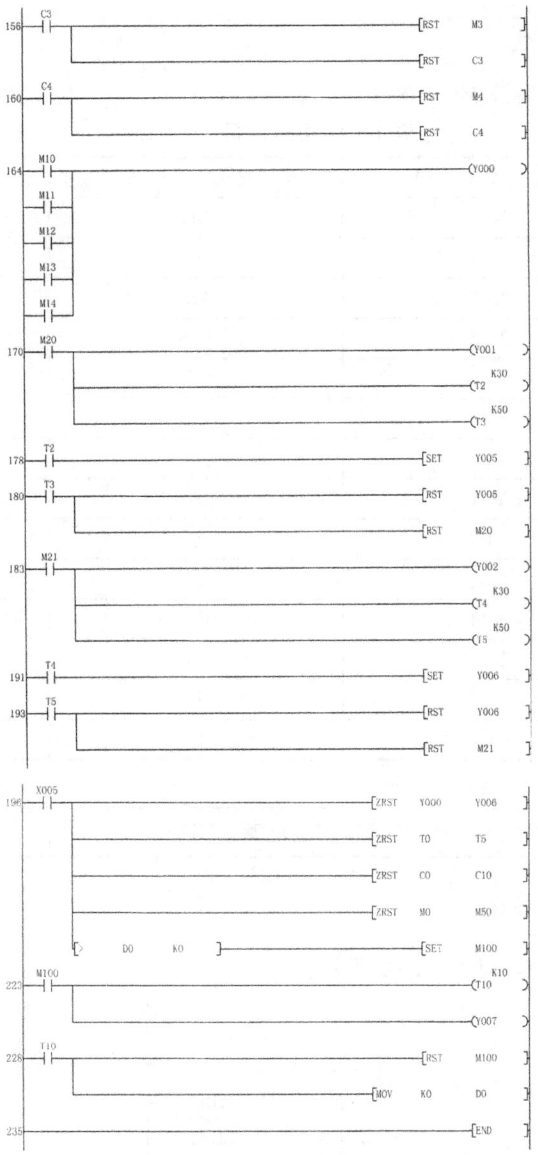

图 10.11　自动售货机控制功能梯形

10.3.6 端口分配

I/O 端口分配功能如表 10.4 所示。

表 10.4 I/O 端口分配功能

序号	PLC 地址(PLC 端子)	电气符号(面板端子)	功　能
1	X00	M1	1 元投币
2	X01	M2	2 元投币
3	X02	M3	3 元投币
4	X03	QS	汽水按钮
5	X04	CF	咖啡按钮
6	X05	ZL	找零按钮
7	Y00	Y	货币指示
8	Y01	A	汽水按钮提示
9	Y02	B	咖啡按钮提示
10	YO3	C	汽水
11	Y04	D	咖啡
12	Y05	E	汽水出口
13	Y06	F	咖啡出口
14	Y07	G	找零出口
15	面板 V＋接电源＋24V		电源正端
16	主机 COM0、COM1、COM2 等接电源 GND		电源地端

10.3.7 控制接线图

自动售货机控制流程如图 10.12 所示。

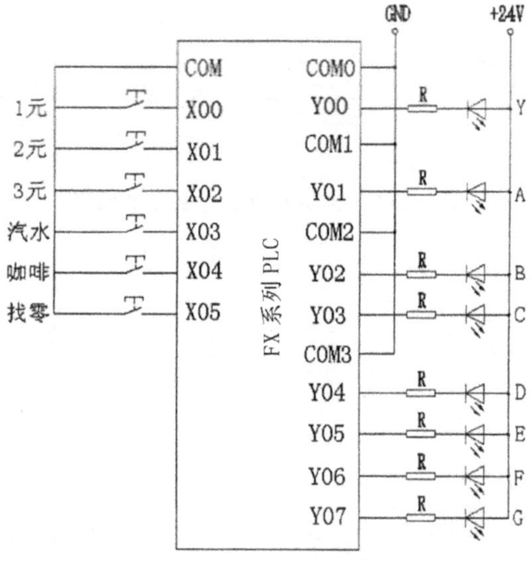

图 10.12 自动售货机控制流程

参考文献

[1] 邹金慧.可编程控制器及其系统.重庆:重庆大学出版社,2011.

[2] 高勤.可编程控制器原理及应用(三菱机型)(第3版).北京:电子工业出版社,2013.

[3] 张玉华,陈金艳,贾玉芬.可编程控制器原理及应用(三菱机型).北京:北京大学出版社,2009.

[4] (美)John W. Webb,(美)Ronald A. Reis.可编程逻辑控制器:原理与应用(第五版).北京:电子工业出版社,2005.

[5] 刘涛,姜一兵. PLC技术实验实训指导教程(三菱FX系列).安徽:安徽大学出版社,2009.

[6] 向晓汉.三菱FX系列PLC完全精通教程.北京:化学工业出版社,2012.

[7] 李金城.三菱FX系列PLC定位控制应用技术.北京:电子工业出版社,2014.

[8] (美)默里斯.可编程逻辑控制器.杨智,王琅,朱海锋译.北京:机械工业出版社,2006.

[9] 人力资源和社会保障部教材办公室.可编程序控制器及其应用(三菱)(第三版).北京:中国劳动社会保障出版社,2015.

[10] 张鹤鸣,刘耀元,张辉先.可编程控制器原理及应用教程(第二版).北京:北京大学出版社,2011.

后　　记

本书是编者多年来对可编程控制器教学和实践的总结,全面、系统地介绍了三菱 FX2N 系列可编程控制器的相关内容。首先介绍了可编程控制器的基础知识,之后详细讲解了三菱 FX2N 系列的基本指令、步进指令、应用指令及其编程,随后从常用特殊功能模块、通信功能、编程器与编程软件功能、实际应用、设计实训等更全面系统地讲解了可编程控制器技术及实践应用。本书可作为本科生教材和教师教学参考书,也可供相关专业技术人员参考。

本书的编写参考了国内外诸多教材和技术资料,在此,对相关编者和技术人员表示感谢。

编　者

2018 年 7 月于河南大学